數學

（一）

莊紹容・楊精松　編著

東華書局

國家圖書館出版品預行編目資料

數學 / 莊紹容, 楊精松編著. -- 初版. -- 臺北市：臺灣東華, 2010.07-2012.01
第 1 冊；19x26 公分

ISBN 978-957-483-610-9 (第 1 冊：平裝). --
ISBN 978-957-483-611-6 (第 2 冊：平裝). --
ISBN 978-957-483-657-4 (第 3 冊：平裝). --
ISBN 978-957-483-694-9 (第 4 冊：平裝)

1. 數學

310　　　　　　　　　　　99014466

數學（一）

編 著 者	莊紹容・楊精松
發 行 人	蔡彥卿
出 版 者	臺灣東華書局股份有限公司
地　　址	臺北市重慶南路一段一四七號三樓
電　　話	(02) 2311-4027
傳　　真	(02) 2311-6615
劃撥帳號	00064813
網　　址	www.tunghua.com.tw
讀者服務	service@tunghua.com.tw

2028 27 26 25 24 QK 12 11 10 9 8 7

ISBN　978-957-483-610-9

版權所有　・　翻印必究

編輯大意

一、本書是依據教育部頒佈之五年制專科學校數學課程標準,予以重新整合並合併前後相同的教材,編輯而成.

二、本書分為四冊,可供五年制工業類專科學校一、二年級使用.

三、本書旨在提供學生基本的數學知識,使學生具有運用數學的能力. 一、二冊每冊均附有隨堂練習,以增加學生的學習成效.

四、本書編寫著重從實例出發,使學生先有具體的概念,再做理論的推演,互相印證,以便達到由淺入深、循序漸進的功效.

五、本書雖經編者精心編著,惟謬誤之處在所難免,尚祈學者先進大力斧正,以匡不逮.

目 次

第 1 章	邏輯與集合	**1**
1-1	簡單邏輯概念	2
1-2	集合表示法及其運算	5

第 2 章	數	**19**
2-1	整　數	20
2-2	有理數，實數	39
2-3	複　數	59
2-4	一元二次方程式	68

第 3 章	直線方程式	**81**
3-1	平面直角坐標系、距離公式與分點坐標	82
3-2	直線的斜率與直線方程式	90

第 4 章	函數與函數的圖形	**107**
4-1	函數的意義	108
4-2	函數的運算與合成	116
4-3	函數的圖形	122

4-4	反函數	130

第 5 章　二次函數　　**137**

5-1	二次函數與其圖形	138
5-2	二次函數的最大值與最小值	144

第 6 章　指數與對數　　**149**

6-1	指數與其運算	150
6-2	指數函數與其圖形	159
6-3	對數與其運算	166
6-4	對數函數與其圖形	174
6-5	常用對數	179

第 7 章　方程式　　**185**

7-1	一元 n 次方程式	186
7-2	分式方程式	200
7-3	無理方程式	203

第 8 章　不等式　　**207**

8-1	不等式的意義，絕對不等式	208
8-2	一元不等式的解法	216
8-3	一元二次不等式	221
8-4	其他一元不等式的解法	228
8-5	二元一次不等式	234
8-6	二元線性規劃	239

第 9 章　矩　陣　　**253**

9-1	矩陣的意義	254
9-2	矩陣的運算	259

9-3	利用矩陣解一次方程組	274
9-4	可逆方陣	290

第 10 章　行列式　　　　　　　　　　　　　　　　　　　　303

10-1	排列、偶排列與奇排列	304
10-2	行列式的定義、二階與三階行列式	305
10-3	行列式的性質	309
10-4	行列式的展開	314
10-5	利用行列式求逆方陣	321
10-6	克雷瑪法則解一次方程組	327

附表 1　四位常用對數表　　　　　　　　　　　　　　　　　333

附表 2　指數函數表　　　　　　　　　　　　　　　　　　　335

附表 3　自然對數表　　　　　　　　　　　　　　　　　　　336

習題答案　　　　　　　　　　　　　　　　　　　　　　　　337

1

邏輯與集合

本章學習目標

- 簡單邏輯概念
- 集合表示法及其運算

1-1 簡單邏輯概念

在數學討論中，所用到的語句，不論是用語文或用符號表出之語句，皆稱之為**數學語句**．例如：

1. 兩平行線間所截之同位角相等．
2. 在平面上，任一三角形之三內角和為 180°．
3. 3 加 5 等於 7．

上面所述 1、2、3. 均為**數學語句**，只是 1、2. 的敘述為真，3. 的敘述為偽．

敘述一般可以分成**簡單敘述**與**複合敘述**，所謂簡單敘述就是一個不能夠再被分析為更多的敘述，如上所述之例 1.．而複合敘述是以"若 (前提)……則 (結論)……"，"且"、"或"連接簡單敘述所成之另一新敘述．

瞭解了數學語句之後，若將兩敘述 p、q 以"若 p 則 q"的形式結合而成的複合敘述稱為**命題**，記為" $p \Rightarrow q$ "．此種形式的命題稱為**條件命題**，p 稱為命題的**假設**(或前提)，q 稱為命題的**結論**．例如：

$$p：天下雨，$$
$$q：我不外出，$$
$$p \Rightarrow q：若是天下雨，則我不外出．$$

複合敘述可藉下列記號表示之，

1. p 且 q 記為 $p \wedge q$．（"且"記作 $\wedge$）
2. p 或 q 記為 $p \vee q$．（"或"記作 $\vee$）
3. 若 p 則 q 記為 $p \Rightarrow q$．
4. 若 p 則 q 且 若 q 則 p，記為 $p \Leftrightarrow q$．

另有關命題之形態可歸納為下列四種，

1. 原命題：若 p 則 q
2. 逆命題：若 q 則 p

3. 否命題：若非 p 則非 q

4. 逆否命題：若非 q 則非 p，或說 "若 p 則 q" 與 "若非 q 則非 p" 是**對偶命題**.

在**原命題**（或**條件命題**）$p \Rightarrow q$ 中，將結論作假設，假設作結論，可得另一條件命題 $q \Rightarrow p$，稱為 $p \Rightarrow q$ 的**逆命題**. 如果將命題 $p \Rightarrow q$ 與其逆命題 $q \Rightarrow p$，用「且」($\wedge$) 字連接，則得 $(p \Rightarrow q) \wedge (q \Rightarrow p)$，記為 $p \Leftrightarrow q$，讀作 "若且唯若 p 則 q". 若命題 "$p \Rightarrow q$" 為真，則稱 p **導致** q 或 p **蘊涵** q，記為 $p \Rightarrow q$（讀作 p implies q），而稱 p 為 q 的**充分條件**，同時，q 是 p 的必要條件. 反之，若命題 "$q \Rightarrow p$" 為真，記為 $q \Rightarrow p$，稱 p 為 q 的必要條件，而 q 為 p 的充分條件，亦即，$(p \Rightarrow q) \wedge (q \Rightarrow p)$ 為真時，記為 $p \Leftrightarrow q$，稱 p、q 互為**充要條件**. 例如：

1. 命題 "若 $a=0$，則 $a \cdot b=0$"，視 $a=0$ 為 p，$a \cdot b=0$ 為 q. 如果 $a=0$ 成立，則必可得到 $a \cdot b=0$，即 $p \Rightarrow q$ 成立，記為 "$p \Rightarrow q$"，故 $a=0$ 為 $a \cdot b=0$ 的充分條件. 但如果 $a \cdot b=0$ 成立，未必 $a=0$ 成立，因可能 $b=0$. 於是，無法得到 $q \Rightarrow p$，即 $a=0$ 不為 $a \cdot b=0$ 的必要條件. 因必要條件未成立，故 $a=0$ 與 $a \cdot b=0$ 自然不互為充要條件.

2. 命題 "設 $a, b \in \mathbb{R}$，若 $a=b=0$，則 $a^2+b^2=0$"，視 $a=b=0$ 為 p，$a^2+b^2=0$ 為 q. 如果 $a=b=0$，必可得到 $a^2+b^2=0$，故 $a=b=0$ 為 $a^2+b^2=0$ 的充分條件；如果 $a^2+b^2=0$，因 $a, b \in \mathbb{R}$，故必 $a=b=0$，即可得 $a^2+b^2=0$ 亦為 $a=b=0$ 的充分條件，p 為 q 的充分條件，q 又為 p 的充分條件，故 p、q 互為充要條件，即 $a=b=0$ 與 $a^2+b^2=0$ 互為充要條件.

例題 1 若 $a、b \in \mathbb{R}$，則 $a+b=0$ 為 $a=b=0$ 的什麼條件？

解 若 $a+b=0$，則 $a=b=0$ 不一定成立.（例如：$a=1$，$b=-1$ 亦可.）
若 $a=b=0$，則 $a+b=0$ 顯然成立，故 $a+b=0$ 為 $a=b=0$ 的必要條件.

例題 2 $x+2=x^2$ 為 $\sqrt{x+2}=x$ 的什麼條件？

解 因 $\sqrt{x+2}=x \Rightarrow x+2=x^2$，但 $x^2=x+2 \Rightarrow x=\pm\sqrt{x+2}$.
所以，$x^2=x+2 \Rightarrow x=\sqrt{x+2}$ 不成立，故 $x+2=x^2$ 為 $\sqrt{x+2}=x$ 之必要條件.

隨堂練習 1 ✎　$ab=0$ 為 $a=0$ 或 $b=0$ 的什麼條件？

　　答案：充要條件.

綜合以上所論，在命題 p、q 中，讀者對以下三點應予注意：

1. $p \xrightarrow[\text{由右推演至左不恆成立}]{\text{由左推演至右恆成立}} q$，則 p 為 q 的充分條件.

2. $p \xrightarrow[\text{由右推演至左恆成立}]{\text{由左推演至右不恆成立}} q$，則 p 為 q 的必要條件.

3. $p \xrightarrow[\text{由右推演至左恆成立}]{\text{由左推演至右恆成立}} q$，則 p、q 互為充要條件.

習題 1-1

在下列各題的空格內填入 (充分，必要，充要).

1. $\triangle ABC$，$\angle A > 90°$ 是 $\triangle ABC$ 為鈍角三角形的_____條件.

2. $x=6$ 或 $x=1$ 為 $\sqrt{x+3}=x-3$ 的_____條件.

3. $x=1$ 為 $x^2-x=0$ 的_____條件.

4. $(x+3)(x-3)=0$ 為 $x=3$ 的_____條件.

5. a、$b \in \mathbb{R}$，a^2+b^2 是 $a=0$ 或 $b=0$ 的_____條件.

6. $\triangle ABC$ 中，$\angle A$ 為直角是 $\triangle ABC$ 為直角三角形的_____條件.

7. $\triangle ABC$ 中，$\angle B$ 為銳角是 $\triangle ABC$ 為銳角三角形的_____條件.

8. x、y 均為正數，則 $x>1$ 或 $y>1$ 為 $xy>1$ 的_____條件.

9. $x=0$ 是 $x^2=0$ 的_____條件.

10. "$x>9$" 為 "$x>25$" 的_____條件.

11. $\triangle ABC$ 中，"$\angle A=60°$" 為 $\triangle ABC$ 是一個正三角形的_____條件.

12. $a=b=1$ 是 $2a-b=2b-a=1$ 的_____條件.
13. 設 a、b、$c \in \mathbb{R}$，"$a>b$" 為 "$a+c>b+c$" 的_____條件.
14. 設 a、b、$c \in \mathbb{R}$，則 $a \neq b$ 為 $a^2 \neq b^2$ 的_____條件.
15. 設 x、$y \in \mathbb{R}$，則 $x>y$ 為 $x^2>y^2$ 的_____條件.
16. 若 a、b、$c \in \mathbb{R}$，$a^2+b^2+c^2-ab-bc-ca=0$ 是 $a=b=c$ 的_____條件.
17. a、b、$c \in \mathbb{R}$，$a+b+c \neq 0$，則 $a^3+b^3+c^3=3abc$ 為 $a=b=c$ 的_____條件.

▶▶ 1-2 集合表示法及其運算

直覺地說，**集合**是一組明確的事物所組成的群體，集合中的每一個事物，稱為該集合的**元素**. 例如，某大學的數學研究所今年暑假只招收三位研究生，"小明"、"大華"、"偉國"，此三位研究生就構成一集合，表示為

$$A=\{小明, 大華, 偉國\}$$

一般而言，我們用英文大寫字母，如 A、B、C、T、S 等表示**集合**. 小明、大華、偉國為集合之元素，以英文小寫字母如 a、b、x、y 等表示. 若一集合僅含有少數的幾個元素，通常是把這些元素逐一列舉出來，並用括號 "{ }" 將它們寫在一起，我們就稱這種表示法為**表列式** (或表列法).

例如，由 m、n、p、q 所成的集合 A，記作

$$A=\{m, n, p, q\}.$$

如果某集合之元素具有絕對明確的性質，我們亦可用此性質去描述該集合. 例如：

$$\{偶數\}=\{\pm 2, \pm 4, \pm 6, \cdots\}.$$

習慣上，若一集合所含的元素，具有某種共同的性質，則利用這集合的元素所具有的性質，以符號

$$\{x \mid x \text{ 所滿足的性質}\}$$

來表示，稱之為**集合構式**.

例題 1 集合 A 由所有正奇數所成的集合，記作 $A=\{x\,|\,x$ 為正奇數$\}$，其中 x 代表集合中任一元素.

例題 2 $B=\{x\,|\,x^2-3x+2=0\}=\{1, 2\}$ 意指集合 B 是由方程式 $x^2-3x+2=0$ 的根所組成.

若 a 是集合 A 的一個元素，即 a 屬於 A，記作

$$a\in A,$$

讀作 "a 屬於 A" 或 "a 是 A 的一個元素".

若 a 不是 A 的一個元素，即 a 不屬於 A，記作

$$a\notin A,$$

讀作 "a 不屬於 A" 或 "a 不是 A 的一個元素".

例如，由上二例，知 $5\in A$，$3\notin B$.

一個集合，若不含有任何元素，則稱這集合為**空集合**，以 ϕ 或 $\{\ \}$ 表示. 例如，現在世界上所有恐龍所成的集合為 ϕ. 又如，在自然數中，滿足方程式 $6+x=4$ 的自然數所成之集合為 ϕ.

一、集合的分類

1. 有限集合

若一集合中所含之元素個數為有限個，則稱此集合為**有限集合**.

例題 3 令 $A=\{x\,|\,(x-2)(x-3)(x-5)=0\}$，則 $A=\{2, 3, 5\}$.

2. 無限集合

若一集合中所含之元素個數為無限個，則稱此集合為**無限集合**.

例題 4 $B=\{x\,|\,0<x<1,\ x\in I\!R\}$，則 $B=\{$所有在 0 與 1 之間的實數$\}$.

二、集合的關係

若二集合 A、B 所含的元素完全相同，則稱 A 與 B **相等**，即 A 中的任意元素都是 B 的元素，且 B 中的任意元素也是 A 的元素，記作 $A=B$ 或 $B=A$. A 與 B 不相等時，記作 $A \neq B$ 或 $B \neq A$.

例題 5 設 $A=\{-4, 2\}$，$B=\{x \mid x^2+2x-8=0\}$，則 $A=B$.

例題 6 在 $\dfrac{1}{3}$ 與 $\dfrac{9}{2}$ 之間所有整數所成的集合與 $\dfrac{3}{4}$ 至 $\dfrac{14}{3}$ 之間所有整數所成的集合，皆為 $\{1, 2, 3, 4\}$，故此二集合相等.

定義 1-1 ↰

設 A、B 表二集合，若 A 中的每一元素皆為 B 中的元素，則稱 A 為 B 的**部分集合**或**子集合**，記作

$$A \subset B$$

讀作 "A 包含於 B" 或 "A 是 B 的子集合"，或記作

$$B \supset A$$

讀作 "B 包含 A".

依定義 1-1，A 與 B 的關係如以圖形表示之，則如圖 1-1 所示.

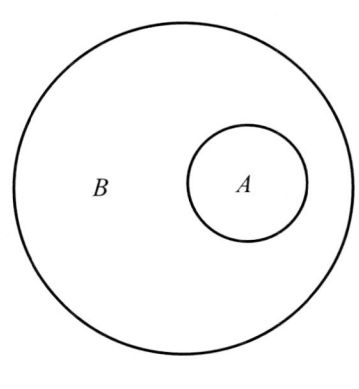

圖 1-1

例題 7 空集合 ϕ 是每一集合的子集合.

例題 8 設 $A=\{1, 4, 5\}$, $B=\{1, 4, 5, 7, 9, 11\}$, 則 $A \subset B$ 或 $B \supset A$.

定理 1-1 ↵

$A \subset B$, $B \subset A \Rightarrow A = B$.

證：因 $A \subset B$, 故 $\forall$ (對每一個) $x \in A \Rightarrow x \in B$.
又 $B \subset A$, 故 $\forall x \in B \Rightarrow x \in A$.
所以, $x \in A \Leftrightarrow x \in B$.
即, $A = B$.

定理 1-2 ↵

$A \subset B$, $B \subset C \Rightarrow A \subset C$.

證：因 $A \subset B$, 故 $\forall x \in A \Rightarrow x \in B$.
因 $B \subset C$, 故 $\forall x \in B \Rightarrow x \in C$.
可知 $\forall x \in A \Rightarrow x \in B \Rightarrow x \in C$.
所以, $A \subset C$.

若以集合的關係而論，今設 A 是所有滿足性質 p 的元素所組成的集合，B 是所有滿足性質 q 的元素所組成的集合. 因為 $p \Rightarrow q$ 成立，任何一個滿足性質 p 的元素，應該具有性質 q，所以 $A \subset B$. 反過來說，若 $A \subset B$，則 A 是 B 的充分條件，且 B 是 A 的必要條件. 因此，$p \Rightarrow q$ 與 $A \subset B$ 的意義是一致的. 又當 $p \Leftrightarrow q$ 為真時，p 是 q 的充要條件，q 是 p 的充要條件. 若以集合的關係而論，則有 $A \subset B \land B \subset A$，所以 $A = B$. 反過來說，若 $A = B$，則 A 是 B 的充要條件，且 B 是 A 的充要條件. 因此，$p \Leftrightarrow q$ 與 $A = B$ 的意義是一致的.

三、集合的運算

1. 宇集合

　　在集合性質及應用中，若每一集合皆為某一固定集合的子集合，則稱這固定集合為宇集合，通常以大寫的英文字母 U 代表．

例題 9　在平面幾何中，平面內所有點所組成的集合即為宇集合．

2. 聯集

定義 1-2

二集合 A、B 的**聯集**，以 $A \cup B$ 表之，定義為
$$A \cup B = \{x \mid x \in A \text{ 或 } x \in B\}$$
$A \cup B$ 讀作"A 聯集 B"或"A 與 B 的聯集"．

　　A 與 B 的聯集藉著文氏圖的表示，則顯而易見．文氏圖在習慣上，以矩形區域表示宇集合，其內部的區域表示其子集合，如圖 1-2 所示．

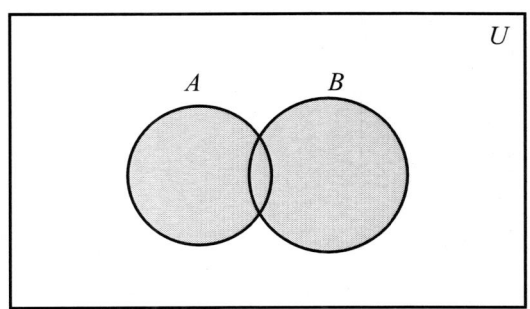

圖 1-2　顏色部分表 $A \cup B$

　　由定義 1-2，易知 $A \subset A \cup B$，$B \subset A \cup B$．

例題 10　設 $A = \{x \mid x(x-1) = 0\}$，$B = \{x \mid x(x-2) = 0\}$，
則 $A \cup B = \{x \mid x(x-1)(x-2) = 0\}$．

3. 交集

定義 1-3

二集合 A、B 的**交集**，以 $A \cap B$ 表示之，定義為

$$A \cap B = \{x \mid x \in A \text{ 且 } x \in B\}$$

$A \cap B$ 讀作 "A 交集 B" 或 "A 與 B 的交集"。

以文氏圖表示 $A \cap B$，如圖 1-3 所示．

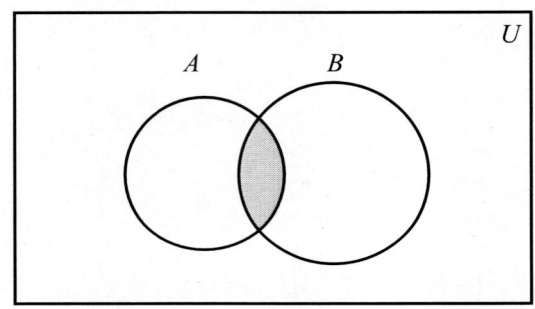

圖 1-3　顏色部分表 $A \cap B$

顯然，$A \cap B \subset A$，$A \cap B \subset B$．

例題 11　設 $A=\{1, 2, 5\}$，$B=\{x \mid (x-1)(x-3)(x-4)=0\}$，則 $A \cap B = \{1\}$．

若二集合 A、B 無任何公共元素，即表 A 與 B 的交集是空集合，亦即

$$A \cap B = \phi$$

若 A 與 B 的交集為 ϕ，亦稱 A 與 B 不相交，如圖 1-4 所示．

若 A 與 B 的交集，不為空集合，則稱 A 與 B 相交．

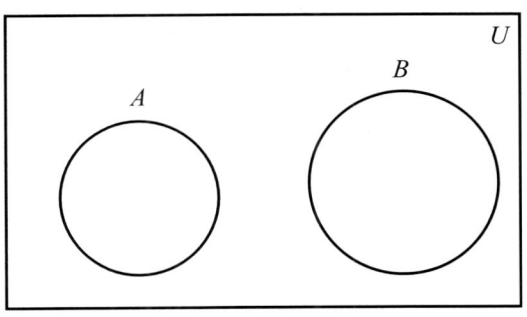

圖 1-4

例題 12 設 $A=\{2n\,|\,n\in\mathbb{N}\}$，$B=\{3m\,|\,m\in\mathbb{N}\}$，則

$$A\cap B=\{x\,|\,x\text{ 是 2 的正整數倍，也是 3 的正整數倍}\}$$
$$=\{x\,|\,x\text{ 是 6 的正整數倍}\}$$
$$=\{6p\,|\,p\in\mathbb{N}\}.$$

例題 13 設 $A=\{2x\,|\,x\text{ 為整數}\}$，$B=\{2x+1\,|\,x\text{ 為整數}\}$，求 $A\cup B$ 與 $A\cap B$．

解 集合 A 表示所有偶數所成的集合，集合 B 表示所有奇數所成的集合，故

$$A\cup B=\{p\,|\,p\text{ 為整數}\}$$
$$A\cap B=\phi$$

若二集合無共同的元素，則稱此二集合**互斥**．

例題 14 設 $A=\{(x,\,y)\,|\,y=x\}$，$B=\{(x,\,y)\,|\,y=x+2\}$，$C=\{(x,\,y)\,|\,y=3x\}$，則

$$A\cap B=\phi,\ A\cap C=\{(0,\,0)\},\ B\cap C=\{(1,\,3)\}.$$

例題 15 設 $A=\{(x,\,y)\,|\,2x-y-1=0\}$，$B=\{(x,\,y)\,|\,3x-y-2=0\}$，其中 x、y 為實數，求 $A\cap B=$？並說明其幾何意義．

解 有序數對 $(x,\,y)$ 要滿足 $2x-y-1=0$ 與 $3x-y-2=0$，所以 x、y 是下列聯立方程式的解：

$$\begin{cases} 2x-y=1 \\ 3x-y=2 \end{cases}$$

解之，得 $x=1$，$y=1$，即 $A \cap B = \{(1, 1)\}$. (此集合僅含一個元素，即數對 $(1, 1)$.)

集合 A 與集合 B 分別表示平面上二條不平行之直線，$A \cap B$ 表該二條直線之交點 $(1, 1)$.

隨堂練習 2 設 $A=\{x \mid x^2-3x+2=0\}$，$B=\{3, 5\}$，求 $A \cap B = ?$
答案：ϕ

4. 差集

定義 1-4

二集合 A、B 的差，以 $A-B$ (或 $A \backslash B$) 表之，定義為

$$A-B=\{x \mid x \in A \text{ 且 } x \notin B\}.$$

(注意，此定義並不要求 $A \supset B$.) $A-B$ 讀作 "A 減 B".

以文氏圖表示 $A-B$，如圖 1-5 所示.

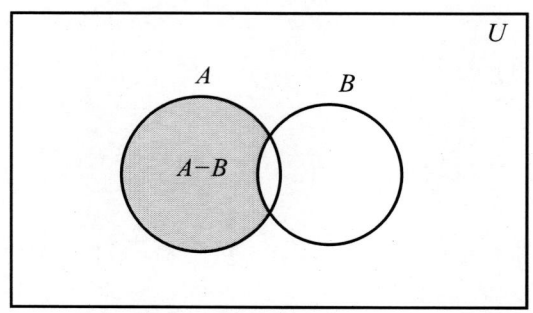

圖 1-5 顏色部分表 $A-B$

例題 16 設 $A=\{x \mid x \geq 4\}$，$B=\{x \mid x \leq 9\}$，$C=\{x \mid x \leq 3\}$，
求 (1) $A-B$ (2) $A-C$ (3) $(A-B) \cap (A-C)$.

解 (1) $A-B=\{x \mid x > 9\}$.
(2) $A-C=A$，即 $A-C=\{x \mid x \geq 4\}$.

(3) $(A-B) \cap (A-C) = \{x \mid x > 9\} \cap \{x \mid x \geq 4\} = \{x \mid x > 9\}$.

5. 餘集合

定義 1-5

設集合 A 是宇集合 U 的子集合，則凡屬於 U 而不屬於 A 的元素所成的集合，稱為 A 的**餘集合**，以 A' 或 A^C 表示之，定義為

$$A' = U - A = \{x \mid x \in U \text{ 且 } x \notin A\}$$

由文氏圖 1-6 易知，$A' = U - A$，$A \cap A' = \phi$，而 $A \cup A' = U$。

註：$A - B = A \cap B'$。

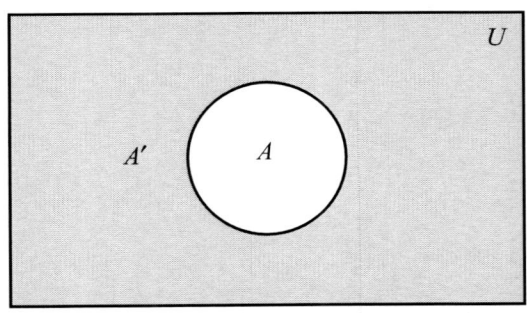

圖 1-6　顏色部分表 A'

例題 17　設 $U = \{a, b, c, d, e\}$，$A = \{a, b, d\}$，$B = \{b, d, e\}$，求
(1) $A' \cap B$　(2) $A \cup B'$　(3) $A' \cap B'$。

解　(1) $A' \cap B = \{c, e\} \cap \{b, d, e\} = \{e\}$
(2) $A \cup B' = \{a, b, d\} \cup \{a, c\} = \{a, b, c, d\}$
(3) $A' \cap B' = \{c, e\} \cap \{a, c\} = \{c\}$。

例題 18　設 $A = \{x \mid x \text{ 是實數，且 } 0 \leq x < 4\}$，$B = \{x \mid x \text{ 是實數，且 } -1 < x \leq 1\}$，試求下列各集合並以數線表示之．
(1) $A \cap B$　(2) $A \cup B$　(3) $A - B$　(4) A'。

解 (1) $A \cap B = \{x \mid x\ \text{是實數},\ \text{且}\ 0 \leq x \leq 1\}$
(2) $A \cup B = \{x \mid x\ \text{是實數},\ \text{且}\ -1 < x < 4\}$
(3) $A - B = \{x \mid x\ \text{是實數},\ \text{且}\ 1 < x < 4\}$
(4) $A' = \{x \mid x\ \text{是實數},\ \text{且}\ x < 0\ \text{或}\ x \geq 4\}$

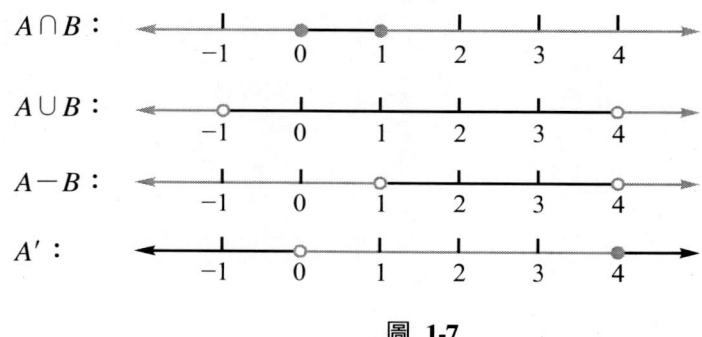

圖 1-7

例題 19 狄摩根定律：

$$(A \cup B)' = A' \cap B'$$
$$(A \cap B)' = A' \cup B'$$

6. 積集合

設 A、B 為任意二集合，所有有序數對 (a, b) (其中 $a \in A$, $b \in B$) 所組成的集合，稱為 A 與 B 的**積集合**，記作 $A \times B$，即

$$A \times B = \{(a,\ b) \mid a \in A\ \text{且}\ b \in B\}.$$

例題 20 令 $A = \{1,\ 2,\ 3\}$，$B = \{a,\ b\}$，則

$$A \times B = \{(1,\ a),\ (2,\ a),\ (3,\ a),\ (1,\ b),\ (2,\ b),\ (3,\ b)\}$$

$$B \times A = \{(a,\ 1),\ (a,\ 2),\ (a,\ 3),\ (b,\ 1),\ (b,\ 2),\ (b,\ 3)\}$$

顯然，$A \times B \neq B \times A$.

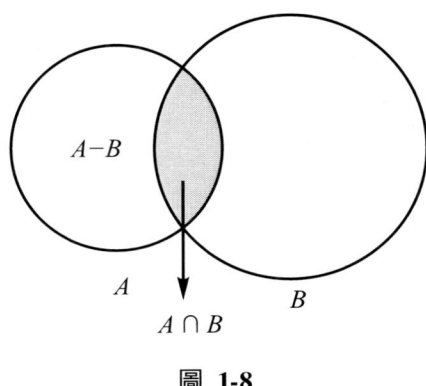

圖 1-8

若以 $n(A)$ 與 $n(B)$ 分別表示有限集合 A 與 B 之元素的個數，則我們很容易瞭解，對於互斥的二有限集合 A 與 B 有下列之關係：

$$n(A \cup B) = n(A) + n(B)$$

若 A、B 相交，則由圖 1-8 得知：

$$A \cup B = (A - B) \cup B$$

而 $$(A - B) \cap B = \phi$$

故 $$n(A \cup B) = n(A - B) + n(B) \tag{1-2-1}$$

又 $$A = (A - B) \cup (A \cap B)$$

而 $$(A - B) \cap (A \cap B) = \phi$$

故 $$n(A) = n(A - B) + n(A \cap B) \tag{1-2-2}$$

由式 (1-2-1) 減式 (1-2-2) 得知：

$$n(A \cup B) = n(A) + n(B) - n(A \cap B) \tag{1-2-3}$$

式 (1-2-3) 稱之為**排容原理**．

事實上，當 A 與 B 二集合互斥時，則 $n(A \cap B) = 0$，故式 (1-2-3) 對任意二集合 A、B 均成立．若 $A \cap B \neq \phi$，由式 (1-2-3) 移項，得

$$n(A \cap B) = n(A) + n(B) - n(A \cup B) \tag{1-2-4}$$

式 (1-2-3) 亦可推廣如下式：

$$n(A \cup B \cup C)$$
$$= n(A) + n(B) + n(C) - n(A \cap B) - n(B \cap C) - n(A \cap C) + n(A \cap B \cap C) \tag{1-2-5}$$

例題 21 試舉例說明方程式 $n(A \cup B) = n(A) + n(B) - n(A \cap B)$ 成立.

解 設 $A = \{1, 2, 5, 7, 9\}$，$B = \{2, 4, 5, 9\} \Rightarrow n(A) = 5$，$n(B) = 4$

$A \cup B = \{1, 2, 4, 5, 7, 9\}$，$A \cap B = \{2, 5, 9\}$

$\Rightarrow n(A \cup B) = 6 = n(A) + n(B) - n(A \cap B)$

故 $n(A \cup B) = n(A) + n(B) - n(A \cap B)$

成立.

習題 1-2

1. 設 $\mathbb{Z}$ 為整數集合，$\mathbb{Q}$ 為有理數集合，$\mathbb{N}$ 為自然數集合，下列各數哪些屬於 $\mathbb{Z}$？哪些屬於 $\mathbb{Q}$？哪些屬於 $\mathbb{N}$？試以符號寫出.

$$0, \frac{1}{2}, \sqrt{2}, 1, \pi$$

2. 設 $A = \{1, 2, 3, 5, 8, 9\}$，且設

$B = \{x \mid x\ 為偶數,\ x \in A\}$
$C = \{x \mid x\ 為奇數,\ x \in A\}$
$D = \{x \mid x\ 為大於\ 4\ 的自然數,\ x \in A\}$

試以列舉法表出 B、C、D 各集合.

3. 試將下列各集合用列舉法表出.

(1) A 為所有一位正整數所成的集合.

(2) S 為 number 一字之字母所成的集合.

(3) B 為方程式 $x(x-2)(x^2-1)=0$ 之所有實根所成的集合.

(4) C 為小於 25 且可被 3 整除之所有正整數的集合.

4. 試用集合構式寫出下列各集合.

(1) $X=\{3, 6, 9\}$

(2) $A=\{10, 100, 1000, 10000, \cdots\cdots\}$

(3) A 為一切偶數所構成的集合.

(4) $Y=\{-6, -5, -4, -3, -2, -1, 0, 1, 2, 3, 4, 5, 6\}$

5. 設 $A=\{1, 3, 4\}$, $B=\{2, 4, 6\}$, $C=\{x \mid x$ 為偶數$\}$, $D=\{x \mid x$ 為奇數$\}$, 則下列各式中, 何者為真? 何者為偽?

(1) $A \subset B$ (2) $B \subset C$ (3) $C \subset D$

(4) $A \subset D$ (5) $A \subset C$ (6) $D \subset A$.

6. 設 $A=\{x \mid x$ 為實數, $0 \leq x \leq 2\}$, $B=\{x \mid x$ 為實數, $1 \leq x \leq 3\}$, 求 $A \cup B$ 與 $A \cap B$.

7. 設 $A=\{x \mid x$ 為實數, $0 < x < 1\}$, $B=\{x \mid x$ 為實數, $1 < x < 2\}$, 求 $A \cup B$ 與 $A \cap B$.

8. 設 $A=\{(x, y) \mid 3x-2y=7, x, y \in \mathbb{R}\}$、$B=\{(x, y) \mid 5x+3y=2, x, y \in \mathbb{R}\}$, 試求 $A \cap B$.

9. 設 $U=\{1, 2, 3, 4, 5, 6\}$, $A=\{1, 2, 3, 4\}$, $B=\{3, 4, 5, 6\}$, 求 $A-B$, $B-A$, A', B', $A' \cap B'$, $A' \cup B'$.

10. 設 $A=\{1, 2, 3, 4\}$, $B=\{2, 4, 6, 8\}$, $C=\{3, 4, 5, 6\}$, 試求

(1) $A \cup B$ (2) $(A \cup B) \cup C$ (3) $A \cup (B \cup C)$.

11. 設 $A=\{1, 2, 3, 4\}$, $B=\{2, 4, 6, 8\}$, $C=\{3, 4, 5, 6\}$, 試求

(1) $(A \cap B) \cap C$ (2) $A \cap (B \cap C)$.

12. 設 $U=\{a, b, c, d, e\}$, $A=\{a, b, d\}$, $B=\{b, d, e\}$, 試求

(1) $A' \cap B$ (2) $A \cup B'$ (3) $A' \cap B'$

(4) $B'-A'$ (5) $(A \cap B)'$ (6) $(A \cup B)'$.

13. 設 $A=\{(x, y) \mid y=x\}$, $B=\{(x, y) \mid y=x+1\}$, $C=\{(x, y) \mid y=2x\}$, 試求

(1) $A \cap B$ (2) $A \cap C$ (3) $B \cap C$.

14. $A=\{1, 2, 5\}$, $B=\{x \mid (x-1)(x-3)(x-4)=0\}$, 求 $A \cup B$.

15. 設 $A=\{a, b, c, d, e\}$, $B=\{b, c, e, f\}$, $C=\{a, b, d, f, g\}$, 求證 $A \cap (B \cup C) = (A \cap B) \cup (A \cap C)$.

16. 設 $A=\{a, b, c, d, e\}$, $B=\{b, c, d\}$, $C=\{a, b, c, f\}$, 下列各敘述何者為真？

　　(1) $B \subset A$ 　　(2) $B \cap C = \phi$ 　　(3) $A \cup B \subset A$

　　(4) $d \in A \cap C$ 　　(5) $f \in B \cup C$ 　　(6) $a \notin A \cap B$.

17. 設 $A=\{x \mid x < -1 \text{ 或 } x > 1\}$, $B=\{x \mid -2 \leq x \leq 2\}$, 試求 $A-B$、$B-A$.

18. 設 $A=\{a, b\}$, $B=\{1, 3\}$, 試寫出

　　(1) $A \times B$ 　(2) $B \times A$ 　(3) $A \times B$ 與 $B \times A$ 是否相等.

19. 設 $S=\{(x, y) \mid 3x+y+2=0, x-y+6=0\}$, $T=\{(x, y) \mid 2x+y=a, x-y=b\}$, 若 $S=T$, 求 (a, b).

20. 設 $A=\{x \mid x^2-ax-4=0\}$, $B=\{x \mid x^2+ax+b=0\}$, 若 $A \cap B = \{-1\}$, 試求

　　(1) $A \cup B$ 　　(2) $A-B$.

2
數

本章學習目標

- 整　數
- 有理數，實數
- 複　數
- 一元二次方程式

▶▶ 2-1 整　數

一、整數的性質

人類為了計算東西的個數而造出了 1，2，3，4，5，……等計物數，亦即**自然數**. 在自然數的領域中，形如 $6+x=6$ 或 $4+x=1$ 等的方程式，均無解答. 因此，有對自然數加以擴充的必要. 於是引進 0 (讀作"零") 表 $6+x=6$ 的解，以 -3 (讀作"負3") 表 $4+x=1$ 的解，這種新數，如 -3，即稱為**負整數**，而稱自然數為**正整數**. 正整數、負整數和零合稱為**整數**.

所有自然數所成的集合，以 $\mathbb{N}$ 表之. 所有整數所成的集合，以 $\mathbb{Z}$ 表之. 即

$$\mathbb{Z}=\{\cdots, -3, -2, -1, 0, 1, 2, 3, \cdots\}.$$

關於整數對於 $+$ (加)、$\cdot$ (乘) 的運算，有下列各項規定：
設 $a \cdot b \in \mathbb{N}$，則

$$a+(-a)=(-a)+a=0$$
$$-(-a)=a$$
$$(-a)+(-b)=-(a+b)$$
$$a+(-b)=(-b)+a=a-b \ (若 \ a>b)$$
$$a+(-b)=(-b)+a=-(b-a) \ (若 \ a<b)$$
$$a \cdot 0 = 0 \cdot a = 0$$
$$a \cdot (-b) = (-b) \cdot a = -(a \cdot b)$$
$$(-a) \cdot (-b) = (-b) \cdot (-a) = a \cdot b$$

整數除了對於 $+$、$\cdot$ 之運算有上面的規定外，尚有下列的基本性質.

1. 整數之四則運算具有下列的基本性質：

設 a、b、c 均為任意整數，則

(1) $a+b$、$a-b$、$a \cdot b$ 也皆為整數，但 $a \div b$ 就不一定為整數，故整數對於加法、減法、乘法均具有封閉性，而對除法則無封閉性.

(2) $a+b=b+a$ (加法交換律)

　　$a \cdot b = b \cdot a$ (乘法交換律)

(3) $(a+b)+c=a+(b+c)$ (加法結合律)

　　$(a \cdot b) \cdot c = a \cdot (b \cdot c)$ (乘法結合律)

(4) $(a+b) \cdot c = a \cdot c + b \cdot c$ (分配律)

　　$a \cdot (b+c) = a \cdot b + a \cdot c$

(5) 若 $a+c=b+c$，則 $a=b$. (加法消去律)

　　若 $a \cdot c = b \cdot c$，$c \neq 0$，則 $a=b$. (乘法消去律)

(6) $a+0=0+a=a$，$a \cdot 0 = 0$，$a \cdot 1 = a$. (0 為加法單位元素，

　　　　　　　　　　　　　　　　　　　　　　　　　1 為乘法單位元素)

(7) $a \in \mathbb{Z}$ 的加法反元素為 "$-a$"：$a+(-a)=0$.

(8) $a \cdot b \neq 0 \Leftrightarrow a \neq 0$ 且 $b \neq 0$.

　　$a \cdot b = 0 \Leftrightarrow a = 0$ 或 $b=0$.

(9) 若 a、b 均為正整數，則必存在唯一的一組整數 q、r 使得 $a = q \cdot b + r$，且 $0 \leq r < b$. (除法原理)

性質 (9) 中的 q、r 分別稱為以 b 除 a 所得的**商**與**餘數**. 例如：

$$1158 = 105 \times 11 + 3.$$

我們知道以 11 除 1158 的商為 105，餘數是 3，計算如下：

$$\begin{array}{r} 105 \\ 11 \overline{\smash{\big)}\,1158} \\ \underline{11} \\ 58 \\ \underline{55} \\ 3 \end{array}$$

任意兩整數 a、b 之間的關係，尚存有大小 (次序) 的關係.

定義 2-1

對任意兩整數 a 與 b，$a < b$ 表示存在一 $n \in \mathbb{N}$，使得 $a+n=b$.

2. 整數的大小關係具有下列的性質：

   設 a、b、c 均為任意整數.

   (1) 下列關係必有且僅有一種成立：

   $a > b$，$a = b$，$a < b$.   (三一律)

   (2) 若 $a > b$，$b > c$，則 $a > c$.   (遞移律)

   (3) $a > b \Rightarrow a+c > b+c$.   (加法律)

   (4) 若 $c > 0$，則 $a > b \Rightarrow a \cdot c > b \cdot c$.

     若 $c < 0$，則 $a > b \Rightarrow a \cdot c < b \cdot c$.   (乘法律)

定義 2-2

對任意兩整數 a 與 b，$a \geq b$ 表示 $a=b$ 或 $a > b$.

例題 1 設 a、$b \in \mathbb{Z}$，

(1) 試證：$(a-b)^2 = a^2 - 2ab + b^2$.

(2) 利用 (1) 求 999^2 的值.

解 (1) $(a-b)^2 = (a-b)(a-b) = a(a-b) - b(a-b)$
$= a^2 - ab - (ba - b^2)$
$= a^2 - ab - ba + b^2 = a^2 - ab - ab + b^2$
$= a^2 - 2ab + b^2$

(2) $999^2 = (1000-1)^2 = 1000^2 - 2 \times 1000 \times 1 + 1^2$
$= 1,000,000 - 2,000 + 1$
$= 998,001$

例題 2 若 n 為奇數，證明 n^2 也是奇數.

解 若 n 為奇數, 則 n 可以寫成

$$n = 2k+1, \ k \in \mathbb{Z}$$

則 $$n^2 = (2k+1)^2 = 4k^2 + 4k + 1 = 2(2k^2 + 2k) + 1$$

也是奇數. (因 $2(2k^2+2k)$ 為偶數.)

二、因數與倍數

由於整數對除法沒有封閉性, 例如 $13 \div 2$ 就不是整數, 而 $10 \div 2 = 5$ 是整數, 所以 10 是 2 的**倍數**, 2 是 10 的**因數**.

定義 2-3

設 a、$b \in \mathbb{Z}$, $b \neq 0$, 若存在 $c \in \mathbb{Z}$, 使得 $a = b \cdot c$, 則謂 b **可整除** a, a 稱為 b 的**倍數**, b 稱為 a 的**因數**, 以 $b \mid a$ 表示之. 又以 $b \nmid a$ 表示 b 不能整除 a, 即 b 不是 a 的因數.

例題 3 若 p 是 q 的因數, 證明 $-p$ 也是 q 的因數.

解 因為 p 是 q 的因數, 所以 q 可以寫成

$$q = pn, \ \text{其中} \ n \ \text{為整數}$$

因此 $q = (-p)(-n)$ 是 $-p$ 的倍數, 即 $-p$ 也是 q 的因數.

如果一個數的因數是正的, 我們簡稱為**正因數**; 同理, 正的倍數簡稱為**正倍數**. 在討論因數及倍數時, 如果沒有特別的必要, 一般我們都以正因數與正倍數為代表.

定義 2-4

設 a、b 為正整數, 若 $b \mid a$, 且 $b \neq 1$, $b \neq a$, 則稱 b 為 a 的一個**真因數**.

例如：12 的真因數有 2、3、4、6.

定理 2-1 ↪

若 a、b、c 均為整數，$b \neq 0$，$c \neq 0$，則
(1) 若 $c|b$，且 $b|a$，則 $c|a$.（遞移律）
(2) 若 $c|a$，且 $c|b$，則 $\forall m$、$n \in \mathbb{Z}$，使得 $c|am+bn$.（線性組合）

註：$c|am-bn$ 亦成立.

證：(1) $c|b$，且 $b|a \Rightarrow \exists$(存在) m、$n \in \mathbb{Z}$，使得 $a=b \cdot m$，$b=c \cdot n$
　　　　　$\Rightarrow a=(c \cdot n) \cdot m = c \cdot (n \cdot m)$　　n、$m \in \mathbb{Z}$
　　　　　$\Rightarrow c|a$
　　(2) $c|a$，且 $c|b \Rightarrow \exists r$、$s \in \mathbb{Z}$，使得 $a=cr$，$b=cs$
　　　　　$\Rightarrow am+bn=(cr)m+(cs)n=c(mr+ns)$

而 $mr+ns \in \mathbb{Z}$，故 $c|am+bn$.

例題 4 設 p 是正整數，已知 $p|3p+12$，求 p 之值.

解 由於 $p|3p+12$，故存在一正整數 q 使 $3p+12=qp$，
因此，$12=qp-3p=p(q-3)$，即 $p|12$，
所以，p 可為 $1, 2, 3, 4, 6, 12$.

推　論

若 $m_1, m_2, \cdots, m_k \in \mathbb{Z}$，$d|a_1$，$d|a_2$，$\cdots$，$d|a_k$，則

$$d|(m_1a_1+m_2a_2+\cdots+m_ka_k).$$

例題 5 設 $a、b、c \in \mathbb{Z}$，若 $a|b+c$，且 $a|b-c$，試證：$a|2b$，$a|2c$.

解 $a|b+c$，且 $a|b-c \Rightarrow a|(b+c)+(b-c) \Rightarrow a|2b$.
$a|b+c$，且 $a|b-c \Rightarrow a|(b+c)-(b-c) \Rightarrow a|2c$.

例題 6 設 a 滿足 $a|(a+8)$，$(a-1)|(a+11)$，$(a-4)|(3a+6)$，則 a 之值為何？
(a 為整數)

解 若 $a|(a+b)$，則 $a|b$. 是本題解題關鍵.
因為 $a|(a+8)$，且 $a|a \Rightarrow a|8 \Rightarrow a = \pm 1, \pm 2, \pm 4, \pm 8$ 代入

$$\begin{cases} (a-1)|(a+11) \\ (a-4)|(3a+6) \end{cases}$$

檢驗.
得知 $a=2$ 或 $a=-2$，同時滿足已知的三式.
所以 $a=2$ 或 $a=-2$ 為所求.

隨堂練習 1
(1) 設 $m、n$ 為正整數，$m > 1$，若 $m|9n+4$，$m|6n+5$，求 m 之值.
(2) 設 a 為整數，且 $a+2|3a-2$，求 a 之值.
答案：(1) $m=7$，(2) $a=-10, -6, -4, -3, -1, 0, 2, 6$.

例題 7 若 $\dfrac{5n+12}{2n-3}$ 為正整數 (n 為正整數)，求 n 之值.

解 因為 $\dfrac{5n+12}{2n-3}$ 為正整數，所以

$$\begin{cases} (2n-3)|(5n+12) \\ (2n-3)|(2n-3) \end{cases}$$

故 $(2n-3)|(5n+12) \times 2 - 5(2n-3)$
$\Rightarrow (2n-3)|39$

則 $2n-3 = \pm 1, \pm 3, \pm 13, \pm 39$，但 n 為正整數，且 $\dfrac{5n+12}{2n-3}$ 為正整數.

所以，$2n-3 = 1, 3, 13, 39 \Rightarrow n = 2, 3, 8, 21.$

隨堂練習 2 $a、b \in \mathbb{N}$，試證 $b|a \Rightarrow a \geq b.$

定義 2-5

若 p 是大於 1 的正整數，且 p 僅有 1 與 p 兩個正因數，則 p 稱為**質數**.

例如：$2, 3, 5, 7, 11, 13, 17, 19, \cdots$ 等均是質數. (1 不是質數，而 2 是最小的質數.)

定義 2-6

設 n 是正整數，若 n 有真因數，則 n 稱為**合成數**.

例如：$4, 6, 8, 9, 10, 12, 14, \cdots$ 等均是合成數.

例題 8 設 n 為質數，且 $\dfrac{n^3+3n^2-4n+40}{n-1}$ 亦為質數，求 n 的值.

解 $\dfrac{n^3+3n^2-4n+40}{n-1} = (n^2+4n) + \dfrac{40}{n-1}$

可知 $n-1$ 為 40 的因數，故 $n-1$ 可為 $1, 2, 4, 5, 8, 10, 20, 40.$
因 n 為質數，故 $n = 2, 3, 5, 11, 41.$

但 $n = 2, 5, 11, 41$ 代入 $n^2+4n+\dfrac{40}{n-1}$ 中並非質數.

$n = 3$ 代入原式得 $9+12+\dfrac{40}{2} = 41$ 為質數.

故 $n = 3.$

定義 2-7

若 $b|a$，且 b 是質數，則稱 b 是 a 的質因數.

例題 9 設 n 為大於 1 的正整數，試證：若 n 不是質數，則 n 必定有小於或等於 $\sqrt{n}$ 的質因數.

解 假設 n 不是質數，又令 $n=rs$ ($r>1$, $s>1$, 且 r、s 為正整數).

若 $r>\sqrt{n}$，且 $s>\sqrt{n}$，則 $n=rs>\sqrt{n}\sqrt{n}$，即 $n>n$，此為矛盾.

因此，$r\leq\sqrt{n}$ 或 $s\leq\sqrt{n}$.

所以，n 必定有小於或等於 $\sqrt{n}$ 的質因數.

例題 10 試判斷 2311 是否為質數？

解 利用例 9 的結果，因 $\sqrt{2311}\approx 48.07$，而 2, 3, 5, 7, 11, 13, 17, 19, 23, 29, 31, 37, 41, 43, 47 均不是 2311 的因數，故 2311 是質數.

由以上的討論，顯然，質數 p 只能分解成 $p=1\cdot p=p\cdot 1$. 若整數 $n>1$，且 n 不是質數，則 n 可分解成 $n=a\cdot b$，其中 a 與 b 均大於 1 而小於 n. 若 a 或 b 不是質數，則可繼續分解，最後可將 n 分解成

$$n=p_1^{a_1}\cdot p_2^{a_2}\cdot p_3^{a_3}\cdot\cdots\cdot p_r^{a_r}$$

的形式，其中 p_1, p_2, p_3, $\cdots$, p_r 為不同的質數，且 $p_1<p_2<p_3<\cdots<p_r$，a_1, a_2, $\cdots$, a_r 為正整數，這種分解式稱為 n 的**標準分解式**.

定理 2-2 算術基本定理

大於 1 的自然數均可分解為質數的連乘積.

例題 11 試將 240 分解為質數的連乘積.

解

```
2 | 240
2 | 120
2 |  60
2 |  30
3 |  15
       5
```

240 的標準分解式為 $240 = 2^4 \cdot 3^1 \cdot 5^1$.

上例中，將 240 分解為質數的連乘積，在國民中學的數學課程中已學過了，但如果數字太大，我們就得利用倍數的判別法去找因數．常見之因、倍數的判別法如下，若一個整數為

1. 2 的倍數 ⇔ 末位數為偶數．
2. 3 的倍數 ⇔ 數字之和為 3 的倍數．

   例如：10869 中各位數字之和是 $1+0+8+6+9=24=3 \cdot 8$，所以 10869 是 3 的倍數．因為

   $10869 = 10000 \cdot 1 + 1000 \cdot 0 + 100 \cdot 8 + 10 \cdot 6 + 9$
   $= (9999+1) \cdot 1 + (999+1) \cdot 0 + (99+1) \cdot 8 + (9+1) \cdot 6 + 9$
   $= 9999 \cdot 1 + 999 \cdot 0 + 99 \cdot 8 + 9 \cdot 6 + 1 \cdot 1 + 1 \cdot 0 + 1 \cdot 8 + 1 \cdot 6 + 9$
   $= 3(3333 \cdot 1 + 333 \cdot 0 + 33 \cdot 8 + 3 \cdot 6) + (1+0+8+6+9)$

   所以 10869 是 3 的倍數的充要條件為 $1+0+8+6+9$ 是 3 的倍數．

3. 4 的倍數 ⇔ 末兩位為 4 的倍數．
4. 5 的倍數 ⇔ 末位數為 0 或 5．
5. 6 的倍數 ⇔ 連續三整數之連乘積或可被 2 且 3 整除者一定可被 6 整除．
6. 7 的倍數 ⇔ 末位起向左每三位為一區間，(第奇數個區間之和)－(第偶數個區間之和)＝7 的倍數．
7. 8 的倍數 ⇔ 末三位為 8 的倍數．

8. 9 的倍數 ⇔ 數字之和為 9 的倍數.

9. 11 的倍數 ⇔ 末位數字起，(奇數位數字之和)−(偶數位數字之和)＝11 的倍數.

10. 15 的倍數 ⇔ 是 3 的倍數且是 5 的倍數.

註：13 的倍數與 7 的倍數判別法相同.

隨堂練習 3 ✎　求 1260 之標準分解式.

　　答案：$1260 = 2^2 \cdot 3^2 \cdot 5 \cdot 7$.

例題 12　試將 888888 的所有質因數由小而大列出來.

解

$$\begin{array}{r|l} 8 & 888888 \\ \hline 3 & 111111 \\ \hline 7 & 37037 \\ \hline 11 & 5291 \\ \hline 13 & 481 \\ \hline & 37 \end{array}$$

888888 的標準分解式為 $888888 = 2^3 \cdot 3 \cdot 7 \cdot 11 \cdot 13 \cdot 37$.
故 888888 的所有質因數，依次為 2, 3, 7, 11, 13, 37.

例題 13　試利用因式分解將 333333，分解為標準分解式.

解

$$333333 = \frac{1}{3} \cdot 999999 = \frac{1}{3}(10^6 - 1) = \frac{1}{3}(10^6 - 1^6)$$

$$= \frac{1}{3}(10^3 + 1)(10^3 - 1)$$

$$= \frac{1}{3}(10 + 1)(10^2 - 10 + 1)(10 - 1)(10^2 + 10 + 1)$$

$$= \frac{1}{3} \cdot 11 \cdot 91 \cdot 9 \cdot 111$$

$$= \frac{1}{3} \cdot 11 \cdot 7 \cdot 13 \cdot 3 \cdot 3 \cdot 3 \cdot 37$$

$$= 3^2 \cdot 7 \cdot 11 \cdot 13 \cdot 37$$

故 333333 之標準分解式為 $3^2 \cdot 7 \cdot 11 \cdot 13 \cdot 37$.

三、最大公因數

定義 2-8

設 $a_1, a_2, \cdots, a_k \in \mathbb{Z}$ $(k \geq 2)$，若整數 d 同時是 $a_1, a_2, \cdots, a_k$ 的因數，則 d 稱為 $a_1, a_2, \cdots, a_k$ 的**公因數**，其中最大的正公因數稱為 $a_1, a_2, \cdots, a_k$ 的**最大公因數**，以 $(a_1, a_2, \cdots, a_k)$ 或 $\gcd(a_1, a_2, \cdots, a_k)$ 表示. 若 $a_1, a_2, \cdots, a_k$ 除 ± 1 外再沒有其他公因數，則稱 $a_1, a_2, \cdots, a_k$ 為**互質**，即 $(a_1, a_2, a_3, \cdots, a_k) = 1$.

例如：36, 60, 80 的公因數有 ± 1, ± 2, ± 4，其中最大正公因數為 4，所以 $(36, 60, 80) = 4$.

若欲求 $(a_1, a_2, a_3, \cdots, a_k)$，可先將 $a_1, a_2, \cdots, a_k$ 分解成標準式，再取各數的每一個共同質因數的最低次方者相乘，就得最大公因數.

例題 14 求 $(540, 504, 810)$.

解 (1) 540, 504, 810 的標準分解式為

$$540 = 2^2 \cdot 3^3 \cdot 5, \quad 504 = 2^3 \cdot 3^2 \cdot 7, \quad 810 = 2 \cdot 3^4 \cdot 5,$$

由上式知 $2 \cdot 3^2 = 18$ 是 540、504、810 的公因數，且是最大的公因數. 故 $(540, 504, 810) = 18$.

(2) 利用直式求 $(540, 504, 810)$.

	540	504	810
2	270	252	405
3	90	84	135
3	30	28	45

則 $2 \cdot 3^2 = 18$ 即為所求的最大公因數.

隨堂練習 4 ✎ 求 $(360, 300, 900)$.

答案：60.

利用標準分解式求數個整數的最大公因數，若遇數字較大時，此一方法並不簡便，現在介紹一種輾轉相除法 [即歐幾里得演算法 (Euclid algorithm)]，因此我們先討論下面的定理.

定理 2-3 ↪

設 a、b 為兩個正整數，$b \neq 0$，以 b 除 a 所得商數為 q，餘數為 r，即 $a = b \cdot q + r$ $(0 \leq r < b)$，即 a、b 的最大公因數與 r、b 的最大公因數相等，即 $(a, b) = (r, b)$，換句話說，被除數與除數的最大公因數等於餘數與除數的最大公因數.

證：設 $(a, b) = d_1$, $(r, b) = d_2$.

(a) 先證 $d_1 | d_2$. 因 $d_1 = (a, b)$，且 $d_1 | a$, $d_1 | b$,
故 $d_1 | (a - qb) \Rightarrow d_1 | r$，又 $d_1 | b \Rightarrow d_1 | d_2$ [∵ $(r, b) = d_2$].

(b) 再證 $d_2 | d_1$. 因 $d_2 = (r, b)$，且 $d_2 | r$, $d_2 | b$,
故 $d_2 | (qb + r) \Rightarrow d_2 | a$，又 $d_2 | b \Rightarrow d_2 | d_1$ [∵ $(a, b) = d_1$].

由 (a)、(b) 之結果得知 $d_1 = d_2$，即 $(a, b) = (r, b)$.

對於兩個正整數 a 與 b，由除法原理知，存在唯一的一組整數 q_1 與 r_1，使得

$a = q_1 b + r_1$ $\qquad (0 \leq r_1 < b)$. $\qquad$ 若 $r_1 \neq 0$，則

$b = q_2 r_1 + r_2$ $\qquad (0 \leq r_2 < r_1)$. $\qquad$ 若 $r_2 \neq 0$，則

$r_1 = q_3 r_2 + r_3$ $\qquad (0 \leq r_3 < r_2)$. $\qquad$ 若 $r_3 \neq 0$，則

$r_2 = q_4 r_3 + r_4$ $\qquad (0 \leq r_4 < r_3)$. $\qquad$ 若 $r_4 \neq 0$，則

$\vdots$

$r_{n-3} = q_{n-1} r_{n-2} + r_{n-1}$ $\qquad (0 \leq r_{n-1} < r_{n-2})$. $\qquad$ 若 $r_{n-1} \neq 0$，則

$r_{n-2} = q_n r_{n-1}$

設 $(a, b) = d$，則由輾轉相除法原理可得

$$d = (a, b) = (b, r_1) = (r_1, r_2) = (r_2, r_3) = \cdots = (r_{n-2}, r_{n-1}) = r_{n-1} \quad (\because r_{n-2} = q_n r_{n-1} + 0)$$

故由輾轉相除法求得使餘數為 0 的除數 r_{n-1}，即 a 與 b 的最大公因數．

將上面計算各式合併，即得

$$\begin{array}{r|cc|l}
q_1 & a & b & q_2 \\
& bq_1 & r_1q_2 & \\
q_3 & \overline{r_1} & \overline{r_2} & q_4 \\
& r_2q_3 & r_3q_4 & \\
\vdots & \overline{r_3} & \overline{r_4} & \vdots \\
& \vdots & \vdots & \\
& \overline{r_{n-1}} & \overline{r_n = 0} &
\end{array}$$

例題 15 試利用輾轉相除法求 $(2438, 1007)$．

解

$$\begin{array}{r|cc|l}
q_1 = 2 & 2438 & 1007 & 2 = q_2 \\
& 2014 & 848 & \\
q_3 = 2 & \overline{r_1 = 424} & \overline{r_2 = 159} & 1 = q_4 \\
& 318 & 106 & \\
q_5 = 2 & \overline{r_3 = 106} & \overline{r_4 = 53} & \\
& 106 & & \\
& \overline{r_5 = 0} & &
\end{array}$$

由上面的直式計算，可得下列各式：

$$2438 = 1007 \cdot 2 + 424$$
$$1007 = 424 \cdot 2 + 159$$
$$424 = 159 \cdot 2 + 106$$
$$159 = 106 \cdot 1 + 53$$
$$106 = 53 \cdot 2$$

所以，$(2438, 1007) = (1007, 424) = (424, 159) = (159, 106)$
$= (106, 53) = 53.$

隨堂練習 5　試利用輾轉相除法求 $(3431, 2397)$.

答案：$47.$

讀者求最大公因數時，不必寫出上列各橫式，在直式後直接寫出所求的最大公因數即可.

求三個較大整數的最大公因數時，如果不容易化成標準分解式，可先用輾轉相除法，求兩個整數的最大公因數，再以所求得的最大公因數與第三個整數，求最大公因數，即得所求.

例題 16　求 $(2438, 1007, 13356).$

解　由例題 15 得 $(2438, 1007) = 53$，再求 $(53, 13356)$

$$
\begin{array}{r|r|l}
53 & 13356 & 2 \\
 & 106 & \\ \hline
 & 275 & 5 \\
 & 265 & \\ \hline
 & 106 & 2 \\
 & 106 & \\ \hline
 & 0 &
\end{array}
$$

即得 $(53, 13356) = 53,$

故得 $(2438, 1007, 13356) = 53.$

例題 17　試證 10627 與 -4147 互質.

解　因 -4147 的因數與 4147 的因數完全相同，所以

$$(10627, -4147) = (10627, 4147)$$

現在求 (10627, 4147)

$q_1=2$		10627	4147	$1=q_2$
		8294	2333	
$q_3=1$	$r_1=$	2333	$r_2=$ 1814	$3=q_4$
		1814	1557	
$q_5=2$	$r_3=$	519	$r_4=$ 257	$50=q_6$
		514	250	
$q_7=2$	$r_5=$	5	7	
		4	5	
	$r_7=$	1	$r_6=$ 2	$2=q_8$
			2	
			$r_8=$ 0	

所以，$(10627, -4147) = (10627, 4147) = 1$，

即 10627 與 -4147 互質.

四、最小公倍數

定義 2-9

若 $a_1, a_2, a_3, \cdots, a_k$ 為 k 個不為 0 的整數，則 $a_1, a_2, a_3, \cdots, a_k$ 的共同倍數，稱為 $a_1, a_2, a_3, \cdots, a_k$ 的**公倍數**，公倍數中最小的正公倍數稱為 $a_1, a_2, a_3, \cdots, a_k$ 的**最小公倍數**，以符號 $[a_1, a_2, a_3, \cdots, a_k]$ 表示之.

欲求 $[a_1, a_2, a_3, \cdots, a_k]$，可將 $a_1, a_2, a_3, \cdots, a_k$ 分解為標準式，再取各質因數中最高次方者相乘.

例如：

$$540 = 2^2 \cdot 3^3 \cdot 5$$
$$504 = 2^3 \cdot 3^2 \cdot 7$$
$$810 = 2 \cdot 3^4 \cdot 5$$

所以，$[540, 504, 810]=2^3 \cdot 3^4 \cdot 5 \cdot 7 = 22680.$

定理 2-4

設 a、b 均為正整數，若 $a=a_1d$, $b=b_1d$，其中 $d=(a, b)$，且 $(a_1, b_1)=1$，則 $[a, b]=a_1b_1d.$

證：設 $L=m_1a=m_2b$，m_1、$m_2 \in \mathbb{N}$，則 $L=m_1a_1d=m_2b_1d.$

於是，$m_1a_1=m_2b_1.$

因 $(a_1, b_1)=1$，所以，$b_1|m_1$，$a_1|m_2.$

設 $m_1=n_1b_1$，$m_2=n_2a_1$，n_1、$n_2 \in \mathbb{N}$，則 $L=n_1b_1a_1d=n_2a_1b_1d.$

於是，$L \geq a_1b_1d$，所以，$[a, b]=a_1b_1d.$

定理 2-5

設 a、b 均為不等於 0 的整數，則

$$[a, b] = \frac{|ab|}{(a, b)}.$$

證：因 a 與 $|a|$ 有相同的因數與倍數，b 與 $|b|$ 有相同的因數與倍數，所以

$$(a, b)=(|a|, |b|), \quad [a, b]=[|a|, |b|] \quad \text{①}$$

設 $d=(|a|, |b|)$，$|a|=a_1d$，$|b|=b_1d$，a_1、$b_1 \in \mathbb{N}$

則由定理 2-4，得

$$[|a|, |b|]=a_1b_1d=\frac{(a_1d)(b_1d)}{d}=\frac{|a||b|}{d}=\frac{|ab|}{(|a|, |b|)} \quad \text{②}$$

由 ①、② 兩式，可得

$$[a, b]=\frac{|ab|}{(a, b)}.$$

推論

(1) $(a, b, c)[a, b, c]$ 不一定等於 $|abc|$，如 $a=3$, $b=9$, $c=81$.

(2) 設 a、b、c 均為整數，且 $ab \neq 0$，若 $(a, b)=(b, c)=(c, a)=1$，則 $(a, b, c) \cdot [a, b, c] = |abc|$.

例題 18 求 $[850, -1105]$.

解 先求 $(850, -1105)$，

$$850 = 2 \cdot 5^2 \cdot 17 = 10 \cdot 85$$
$$1105 = 5 \cdot 13 \cdot 17 = 13 \cdot 85$$

所以， $(850, -1105) = (850, 1105) = 85$

故 $[850, -1105] = \dfrac{|850 \cdot (-1105)|}{85} = 11050.$

隨堂練習 6 試利用輾轉相除法求 1596、2527 的最大公因數與最小公倍數.

答案：$(1596, 2527) = 133$, $[1596, 2527] = 30324$.

定理 2-6

將 k 個整數 $a_1, a_2, a_3, \cdots, a_k$ 分為若干組，這些組的最小公倍數的最小公倍數，就是 $a_1, a_2, \cdots, a_k$ 的最小公倍數，即

$$[a_1, a_2, a_3, \cdots, a_k] = [[a_1, a_2, \cdots, a_{k_1}], [a_{k_1+1}, \cdots, a_{k_2}],$$
$$\cdots, [a_{k_m+1}, \cdots, a_k]].$$

例題 19 求 $[654, 84, 311465]$.

解 用輾轉相除法，求得

$$(84, 311465) = 7$$

$$[84,311465]=\frac{84\cdot311465}{7}=3737580$$

由定理 2-6 知，

$$[654,84,311465]=[654,[84,311465]]=[654,3737580]$$

用輾轉相除法，求得

$$(654,3737580)=6$$

所以，

$$[654,3737580]=\frac{654\cdot3737580}{6}=654\cdot622930$$
$$=407396220.$$

例題 20 已知二個自然數的最大公因數為 42，最小公倍數為 252，試求這二個自然數.

解 設此二個自然數為 p 與 q 且 $p<q$，則由題意得知，$(p,q)=42$，$[p,q]=252$.

令 $p=42m$，$q=42n$，其中 m、$n\in\mathbb{N}$

因

$$[p,q]=\frac{|pq|}{(p,q)}$$

故得

$$252=\frac{(42m)\cdot(42n)}{42}=42mn$$

化簡得 $mn=6$，解得

$$\begin{cases}m=1\\n=6\end{cases} \quad \text{或} \quad \begin{cases}m=2\\n=3\end{cases}$$

代入得

$$\begin{cases}p=42\cdot1=42\\q=42\cdot6=252\end{cases} \quad \text{或} \quad \begin{cases}p=42\cdot2=84\\q=42\cdot3=126\end{cases}$$

這二個自然數為 42 與 252，或 84 與 126.

習題 2-1

1. 設 $a、b \in \mathbb{Z}$，(1) 試證：$(a-b)^3 = a^3 - b^3 - 3ab(a-b)$；(2) 利用 (1) 求 999^3 的值．

2. 利用簡便方法求下列各值：
   (1) $765^2 - 235^2$ (2) 885×915

3. 設 $x、a、b \in \mathbb{Z}$，(1) 試證：$(x+a)(x+b) = (x+a+b)x + ab$；(2) 利用 (1) 求 229×221 的值．

4. 設 $a、b、c \in \mathbb{Z}$，試證：
$$(a+b+c)^2 = a^2 + b^2 + c^2 + 2ab + 2bc + 2ca$$

5. 設 n 為正整數，試證：n 為奇數 $\Leftrightarrow n^2$ 為奇數．

6. 設 $x、y \in \mathbb{Z}$，則 $x^2 - 3xy - 4y^2 = -9$ 之整數解有幾組？

7. $\dfrac{x-y}{xy} + \dfrac{1}{6} = 0$ 之正整數解 (x, y) 中 $x+y$ 最大為多少？

8. 試將下列各整數寫成標準分解式．
   (1) 1500   (2) 3600   (3) $3^{12} - 7^6$ (4) 333333

9. 下列何者為質數？
   (1) 311   (2) 313   (3) 317   (4) 319   (5) 323   (6) 1951   (7) 1953

10. 設 $a = 98765$，$b = 345$，試求滿足 $a = b \cdot q + r$ 且 $0 \leq r < b$ 之整數 $q、r$．

11. 求 (1) (1596, 2527)   (2) (3431, 2397)   (3) (12240, 6936, 16524)
    (4) [4312, 1008]   (5) [108, 84, 78]

12. 設 $a、b$ 為任意正整數且 $a < b$，試證明存在一個正整數 n，使得 $na > b$．

13. $213a_1a_2$ 是 55 的倍數，試求 a_1 與 a_2 之值．

14. 若四位數 $24x2$ 為 4 的倍數，則 x 之解集合為何？

15. 令 $m、n \in \mathbb{N}$，若 $m | 8n+7$ 且 $m | 6n+4$，求 m 之值．

16. 設 a 為正整數且 $3a-1 | 8a+2$，試求 a 之值．

17. 設 $p \in \mathbb{N}$，且 $\dfrac{3p+25}{2p-5} \in \mathbb{N}$，試求 p 之值.

18. 設 $x \in \mathbb{N}$，且 x^4+4 為質數，試求 x 值及此質數.

19. 設 x、$y \in \mathbb{Z}$，且 x 與 y 之關係為 $y^2-4x=1$，試判斷 x、y 分別為奇數或偶數.

2-2 有理數，實數

一、有理數

在日常生活或工作中，隨時隨地會遇到許多不可比較性的問題，也就是說某一種類的事物，它並不可以按照自然的個別單位，一個一個地去數一數的. 例如：這本書有多重？將一個西瓜分給 10 人，每人得到這個西瓜的多少？……等等，當然，整數就不夠去處理這些問題，於是便產生了分數.

對於兩個整數 a、b，當 $b \neq 0$ 時，我們來討論形如

$$bx=a$$

的方程式在整數中有解的問題.

若 $b=1$，$a=2$，則 $x=2$.

若 $b=-3$，$a=3$，則 $x=-1$.

若 $b=2$，$a=3$，則 $x=$?

這時發現在整數中，就不一定有解；如果要使 $bx=a$ 一定有解，則必須 $x=\dfrac{a}{b}$.

定義 2-10

一整數 a 除以非零的整數 b，記作 $\dfrac{a}{b}$，$b \neq 0$，即稱為**分數**，a 稱為**分子**，b 稱為**分母**；當 $b=1$ 時，此分數即為**一整數**.

定義 2-11

凡是能寫成形如 $\dfrac{q}{p}$ 的數，其中 q、p 是整數，且 $p \neq 0$，則該數稱為**有理數**，有關有理數之集合，常記作 $\mathbb{Q}$，即

$$\mathbb{Q} = \left\{ \dfrac{q}{p} \,\middle|\, p \cdot q \in \mathbb{Z}, \text{ 且 } p \neq 0, (q, p) = 1 \right\}.$$

註：$\mathbb{N} \subset \mathbb{Z} \subset \mathbb{Q}$.

有理數除了用分數形式表示外，還有一種小數表示法，任一有理數均可化為有限小數或循環小數．反之，任一有限小數或循環小數，均可化為一個有理數．

若 $c \neq 0$，$b \neq 0$，則

$$bx = a \Leftrightarrow c \cdot (bx) = c \cdot a$$
$$\Leftrightarrow (c \cdot b)x = c \cdot a$$
$$\Leftrightarrow x = \dfrac{c \cdot a}{c \cdot b}$$

所以，

$$\dfrac{a}{b} = \dfrac{c \cdot a}{c \cdot b}.$$

上式由左式化為右式，稱為**擴分**；由右式化為左式，稱為**約分**．

例如：有理數 $\dfrac{15}{375}$ 約分後可化為 $\dfrac{1}{25}$；$\dfrac{1}{25}$ 擴分後可寫成 $\dfrac{15}{375}$，所以它們代表同一個數．

已知整數 a、b、c、d，且 $bd \neq 0$，若 $d \cdot a = b \cdot c$，則

$$\dfrac{d \cdot a}{d \cdot b} = \dfrac{b \cdot c}{d \cdot b}$$

即

$$\dfrac{a}{b} = \dfrac{c}{d}$$

又由約分與擴分，可以推出

$$\frac{a}{b} = \frac{(-1) \cdot a}{(-1) \cdot b} = \frac{-a}{-b}$$

$$\frac{-a}{b} = \frac{(-1) \cdot (-a)}{(-1) \cdot b} = \frac{a}{-b} = -\frac{a}{b}.$$

對於兩個有理數 $\frac{a}{b}$、$\frac{c}{d}$，其四則運算規則如下：

$$\frac{a}{b} \pm \frac{c}{d} = \frac{ad \pm bc}{bd}$$

$$\frac{a}{b} \cdot \frac{c}{d} = \frac{ac}{bd}$$

$$c \neq 0, \quad \frac{a}{b} \div \frac{c}{d} = \frac{a}{b} \cdot \frac{d}{c} = \frac{ad}{bc}$$

所以，兩有理數的和、差、積、商，仍是有理數．

有理數與整數一樣有正與負的分別．設有理數 $\frac{q}{p}$，在 $p \cdot q > 0$ 的情況下，可稱 $\frac{q}{p}$ 為正有理數，而在 $p \cdot q < 0$ 的情況下，則稱 $\frac{q}{p}$ 為負有理數．同樣的，在有理數之間也有大小關係．若 a 與 b 是兩個有理數，且 $a-b$ 為正數，則稱 a 大於 b，以 $a > b$ 表示．若 $a-b$ 為負數，則稱 a 小於 b，以 $a < b$ 表示．依此，有理數的大小關係具有下列性質：若 a、b 與 c 為有理數，則

1. 下列三式恰有一式成立：$a > b$，$a = b$，$a < b$．(三一律)
2. 若 $a > b$ 且 $b > c$，則 $a > c$．(遞移律)

由於上述的說明，若 a、b、$c \in \mathbb{Q}$，就有下面的運算性質：

1. $a > 0$，$b > 0 \Leftrightarrow ab > 0$
2. $a < 0$，$b < 0 \Leftrightarrow ab > 0$

於是

$$ab > 0 \Rightarrow \text{或} \begin{matrix} a > 0 \text{ 且 } b > 0 \\ a < 0 \text{ 且 } b < 0. \end{matrix}$$

3. $a > 0,\ b < 0 \Rightarrow ab < 0$
4. $a < 0,\ b > 0 \Rightarrow ab < 0$

於是

$$ab < 0 \Rightarrow \text{或} \begin{matrix} a > 0 \text{ 且 } b < 0 \\ a < 0 \text{ 且 } b > 0. \end{matrix}$$

5. 若 $\dfrac{a}{b}$、$\dfrac{c}{d} \in \mathbb{Q}$，且 $bd > 0$，則

$$ad < bc \Leftrightarrow \dfrac{a}{b} < \dfrac{c}{d}.$$

6. $a > b$ 且 $b > c \Rightarrow a > c.$
7. $a > b \Leftrightarrow a + c > b + c.$
8. 已知 $a > b$，若 $c > 0$，則 $ac > bc$；若 $c < 0$，則 $ac < bc.$
9. 設 a、$b \in \mathbb{Q}$，$a > b$，則存在一數 $c \in \mathbb{Q}$，滿足 $a > c > b.$

  此 c 為無限多個，該性質可推得有理數的**稠密性**. 所謂有理數的稠密性即任二相異有理數之間至少有一個有理數存在，這個性質稱為有理數的稠密性.

  一有理數必可化為有限小數或循環小數；反之，任一有限小數或循環小數必為有理數. 例如，$0.3 = \dfrac{3}{10}$，$0.\overline{3} = \dfrac{3}{9}.$

例題 1 化循環小數 $3.\overline{417}$ 為有理數.

解 設 $x = 3.\overline{417}$，則

$$1000x = 3417.\overline{417} = 3417 + 0.\overline{417} = 3417 + (x - 3)$$

$$999x = 3414$$

即

$$x = \dfrac{3414}{999} = \dfrac{1138}{333}$$

故 $$3.\overline{417}=\frac{1138}{333}.$$

例題 2 試比較 $\dfrac{17}{29}$、$\dfrac{47}{59}$、$\dfrac{31}{43}$ 的大小.

解
$$\frac{47}{59}-\frac{31}{43}=\frac{2021-1829}{2537}=\frac{192}{2537}>0$$

$$\frac{31}{43}-\frac{17}{29}=\frac{899-731}{1247}=\frac{68}{1247}>0$$

故 $$\frac{47}{59}>\frac{31}{43}>\frac{17}{29}.$$

註：本題三個數均小於 1 且分子與分母均相差 12，則分母愈大者分數之值愈大．若三數均大於 1，且分子與分母差一定值，則分母愈小者分數之值愈大，如 $\dfrac{19}{12}>\dfrac{32}{25}>\dfrac{38}{31}.$

隨堂練習 7 設 a、b、x、y 均為正有理數，且 $a>b$，$x>y$，試比較 $\dfrac{a}{b}$、$\dfrac{a+x}{b+x}$、$\dfrac{a+y}{b+y}$ 的大小．

答案：$\dfrac{a}{b}>\dfrac{a+y}{b+y}>\dfrac{a+x}{b+x}.$

例題 3 試證 $\sqrt{3}\notin\mathbb{Q}.$

解 令 $\sqrt{3}=\dfrac{q}{p}$，p、$q\in\mathbb{N}$，則

$$q^2=3p^2 \quad\cdots\cdots\cdots\cdots\cdots\cdots\cdots\cdots\cdots\cdots\cdots\cdots ①$$

因 $(p,q)=1$，可知 $3\mid q^2$，又 3 是質數，故

$$3\,|\,q \quad\cdots\cdots\cdots\cdots\cdots\cdots\cdots\cdots\cdots\cdots\cdots\cdots\cdots\cdots ②$$

令 $q=3k$，$k \in \mathbb{N}$，代入 ① 可得 $p^2=3k^2$，故

$$3\,|\,p \quad\cdots\cdots\cdots\cdots\cdots\cdots\cdots\cdots\cdots\cdots\cdots\cdots\cdots\cdots ③$$

由 ②、③ 知 3 為 p、q 的公因數與 $(p, q)=1$ 矛盾，所以 $\sqrt{3} \notin \mathbb{Q}$。

二、無理數

由上面的例題，我們得知在有理數系中，對於形如 $x^2=3$ 這一類的方程式在有理數系中無解．欲解決此問題，必須推廣數系．因此，我們將有理數推廣到實數．

定義 2-12

凡不能化成分數的數稱為**無理數**．由有理數、無理數所組成的集合稱為**實數集合**，記作 $\mathbb{R}$．數系之間的包含關係如下：

$$實數\begin{cases}有理數\begin{cases}分數\,(有限小數，循環小數)\\整數\begin{cases}正整數\,(自然數)\\0\\負整數\end{cases}\end{cases}\\無理數\,(不循環的無限小數)\end{cases}$$

註：$\mathbb{N} \subset \mathbb{Z} \subset \mathbb{Q} \subset \mathbb{R}$．

定義 2-13

設 p 為任意數，n 為正整數（自然數），若有一數 q，使得 $q^n=p$，則我們稱"p 為 q 的 n 次方"或"q 為 p 的 n 次方根"．當 n 為奇數時，p 的 n 次方根恰有一個，記為 $\sqrt[n]{p}$，即

$$(\sqrt[n]{p})^n = p.$$

依上述之定義，若 n 為偶數，令 $n=2k$，$k\in\mathbb{N}$，此時
$$q^n = q^{2k} = p$$
則 $\qquad (-q)^n = (-q)^{2k} = (-1)^{2k}\, q^{2k} = q^{2k} = q^n = p$

即 q 與 $-q$ 均為 p 的 n 次方根．但習慣上，我們要求 $\sqrt[n]{p} = \sqrt[2k]{p} > 0$．符號「$\sqrt[n]{}$」稱為**根號**，$\sqrt[n]{p}$ 稱為**根數**，n 稱為**根數次數**．

另外關於根數的運算，讀者應注意下列一些運算規則：(其中 m、n、r 為正整數，p、q 為有理數.)

1. $\sqrt[n]{p} = \sqrt[nr]{p^r}$
2. $\sqrt[n]{pq} = \sqrt[n]{p}\,\sqrt[n]{q}$

   上式 n 為奇數．如果 n 為偶數，就得要求 $p>0$，$q>0$．

3. $(\sqrt[n]{p})^m = \sqrt[n]{p^m}$
4. $\sqrt[nm]{p^m} = \sqrt[n]{p}$

   上式若 $p<0$，則不一定成立，例如，$\sqrt[4]{(-3)^2} \neq \sqrt{-3}$．

5. $\sqrt[n]{\dfrac{p}{q}} = \dfrac{\sqrt[n]{p}}{\sqrt[n]{q}}$，$q \neq 0$，例如，$\sqrt[3]{\dfrac{8}{27}} = \dfrac{\sqrt[3]{8}}{\sqrt[3]{27}} = \dfrac{2}{3}$．

   上式 n 為奇數．如果 n 為偶數，就得要求 $p>0$，$q>0$．

6. $\sqrt[n]{\sqrt[m]{p}} = \sqrt[nm]{p}$

   上式若 $p<0$，此式不一定成立，例如，$\sqrt{\sqrt{-1}} \neq \sqrt[4]{-1}$．

7. 自根號內提出因數
$$\sqrt[n]{p^n q} = p\sqrt[n]{q}．$$

8. 化異次根數為同次根數
$$\sqrt[n]{p} = \sqrt[nm]{p^m}，\quad \sqrt[m]{q} = \sqrt[nm]{q^n}．$$

9. 有理化分母

(a) $\sqrt[n]{\dfrac{p}{q}} = \sqrt[n]{\dfrac{pq^{n-1}}{qq^{n-1}}} = \sqrt[n]{\dfrac{pq^{n-1}}{q^n}} = \dfrac{\sqrt[n]{pq^{n-1}}}{q}$

(b) $\dfrac{A}{\sqrt{p}+\sqrt{q}} = \dfrac{A(\sqrt{p}-\sqrt{q})}{(\sqrt{p}+\sqrt{q})(\sqrt{p}-\sqrt{q})} = \dfrac{A(\sqrt{p}-\sqrt{q})}{p-q}$

10. 二次根數 $\sqrt{p+2\sqrt{q}}$ 的完全平方根

令 $\sqrt{p+2\sqrt{q}} = \sqrt{x}+\sqrt{y}$

$\Rightarrow (\sqrt{p+2\sqrt{q}})^2 = (\sqrt{x}+\sqrt{y})^2$

$\Rightarrow p+2\sqrt{q} = (\sqrt{x})^2 + 2\sqrt{x}\sqrt{y} + (\sqrt{y})^2$

$\Rightarrow p+2\sqrt{q} = (x+y) + 2\sqrt{xy}$

$\Rightarrow p = x+y,\ q = xy.$

例題 4 利用上述規則，化簡下列各根數：

(1) $\sqrt[8]{16}$，　(2) $(\sqrt[3]{4})^2$，　(3) $\sqrt[3]{\dfrac{3\cdot 63}{2^3\cdot 4^3}}$，　(4) $\sqrt{\sqrt{81}}$．

解 (1) $\sqrt[8]{16} = \sqrt[8]{4^2} = \sqrt[4\times 2]{2^4} = \sqrt{2}$

(2) $(\sqrt[3]{4})^2 = \sqrt[3]{4^2} = \sqrt[3]{16}$

(3) $\sqrt[3]{\dfrac{3\cdot 63}{2^3\cdot 4^3}} = \dfrac{\sqrt[3]{3\cdot 63}}{\sqrt[3]{2^3\cdot 4^3}} = \dfrac{\sqrt[3]{3\cdot 3^2\cdot 7}}{\sqrt[3]{2^3}\cdot \sqrt[3]{4^3}} = \dfrac{\sqrt[3]{3^3}\cdot \sqrt[3]{7}}{\sqrt[3]{2^3}\cdot \sqrt[3]{4^3}}$

$= \dfrac{3\cdot \sqrt[3]{7}}{2\cdot 4} = \dfrac{3}{8}\sqrt[3]{7}$

(4) $\sqrt{\sqrt{81}} = \sqrt[2\times 2]{81} = \sqrt[4]{3^4} = 3.$

隨堂練習 8 試化簡 $\dfrac{1}{\sqrt{3}-\sqrt{2}}+\dfrac{1}{2-\sqrt{3}}$.

答案：$2\sqrt{3}+\sqrt{2}+2$.

隨堂練習 9 試化簡 $\dfrac{1}{\sqrt{2}+\sqrt{3}+\sqrt{6}}$.

答案：$\dfrac{7\sqrt{2}+5\sqrt{3}-\sqrt{6}-12}{23}$.

例題 5 試將 $\dfrac{1}{\sqrt[3]{4}+1}$ 之分母的根號消除掉.

解 利用 $a^3+b^3=(a+b)(a^2-ab+b^2)$ 的公式. 分子、分母同乘以 $(\sqrt[3]{4})^2-\sqrt[3]{4}+1$，

$$\dfrac{1}{\sqrt[3]{4}+1}=\dfrac{(\sqrt[3]{4})^2-\sqrt[3]{4}+1}{(\sqrt[3]{4}+1)[(\sqrt[3]{4})^2-\sqrt[3]{4}+1]}=\dfrac{\sqrt[3]{16}-\sqrt[3]{4}+1}{(\sqrt[3]{4})^3+1}$$

$$=\dfrac{\sqrt[3]{16}-\sqrt[3]{4}+1}{5}.$$

例題 6 試比較 $\sqrt{2}$、$\sqrt[3]{3}$、$\sqrt[4]{5}$ 的大小.

解
$$\sqrt{2}=\sqrt[12]{2^6}=\sqrt[12]{64}$$

$$\sqrt[3]{3}=\sqrt[12]{3^4}=\sqrt[12]{81}$$

$$\sqrt[4]{5}=\sqrt[12]{5^3}=\sqrt[12]{125}$$

因為 $64<81<125$，可得

$$\sqrt[12]{64}<\sqrt[12]{81}<\sqrt[12]{125}$$

即
$$\sqrt{2}<\sqrt[3]{3}<\sqrt[4]{5}.$$

隨堂練習 10 試比較 $\sqrt{3}$、$\sqrt[3]{4}$、$\sqrt[4]{5}$ 的大小.

答案：$\sqrt[4]{5} < \sqrt[3]{4} < \sqrt{3}$.

隨堂練習 11 設 $f(x) = \sqrt{x+1} + \sqrt{x}$，$x \geq 0$，求 $\dfrac{1}{f(1)} + \dfrac{1}{f(2)} + \cdots + \dfrac{1}{f(99)}$ 之值.

答案：9.

隨堂練習 12 設有理數 x、y 滿足 $\sqrt{\dfrac{7}{6} + \sqrt{\dfrac{4}{3}}} = \sqrt{x} + \sqrt{y}$，其中 $x > y$，試求 x、y 之值.

答案：$x = \dfrac{2}{3}$，$y = \dfrac{1}{2}$.

例題 7 試求 $5 + 2\sqrt{6}$ 之平方根.

解 設 $5 + 2\sqrt{6}$ 的平方根為 $\pm(\sqrt{x} + \sqrt{y})$

則
$$[\pm(\sqrt{x} + \sqrt{y})]^2 = 5 + 2\sqrt{6}$$
$$\Rightarrow x + y + 2\sqrt{xy} = 5 + 2\sqrt{6}$$
$$\therefore \begin{cases} x+y=5 \\ xy=6 \end{cases} \Rightarrow \begin{cases} x=3 \\ y=2 \end{cases} \text{ 或 } \begin{cases} x=2 \\ y=3 \end{cases}$$

故 $5 + 2\sqrt{6}$ 的平方根為 $\pm(\sqrt{2} + \sqrt{3})$.

三、數線，實數系

在國民中學裡，已經講述過**數線**，也就是先作一條水平直線，在這直線上，任取一點 O 表示數 0，稱為**原點**；然後取一個固定長度的線段為一單位長，並規定向右為正，向左為負. 由 O 點開始，分別以單位長為間隔，向右順次取點，表示數 1, 2, 3, $\cdots$；向左順次取點，表示數 -1, -2, -3, $\cdots$；如圖 2-1 所示.

```
|—— 單位長
```

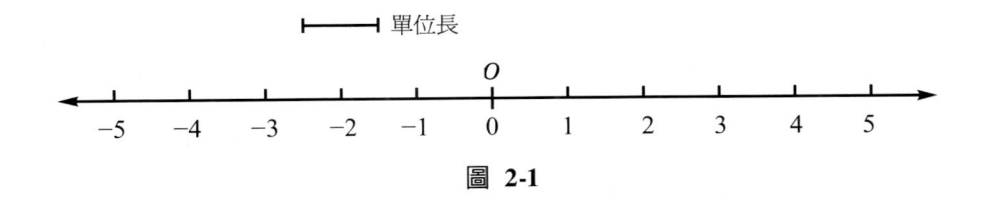

```
     -5  -4  -3  -2  -1   0   1   2   3   4   5
                          O
```
圖 2-1

再二等分上述的每一間隔，即可得表示數 $\dfrac{1}{2}$, $\dfrac{3}{2}$, $\dfrac{5}{2}$, … 及 $-\dfrac{1}{2}$, $-\dfrac{3}{2}$, $-\dfrac{5}{2}$, … 等的點，如圖 2-2 所示．

```
   -9/2 -7/2 -5/2 -3/2 -1/2  1/2 3/2 5/2 7/2 9/2
    -5  -4  -3  -2  -1   0   1   2   3   4   5
```
圖 2-2

對於其他的分數，可依 n 等分 (n 為正整數) 一線段的作法，亦可畫出表示每一分數 $\dfrac{a}{n}$ 的點 (a 為正整數)，於是，在這直線上，均可畫出一點來表示每一個有理數．由於有理數的稠密性，所以，有理數在這直線上，是非常稠密的，但是仍不能把這直線填滿，也就是說，在這直線上還有很多的點，不能用有理數來表示它．例如，

$$\sqrt{2},\ \sqrt{3},\ \sqrt{5},\ \cdots$$

等等，均不是有理數，而稱為**無理數**．所有的有理數與無理數所成的集合稱為**實數系**，以 $\mathbb{R}$ 表示之．由上所述，對於每一個實數，在直線上均有一點來表示它；而直線上的每一點，必可表示一個實數，這直線稱為**數線**．實數對於加法與乘法的運算、不等關係，具有與有理數一樣的性質，讀者試著自行一一列出．

例題 8 試在一條數線上標出代表 $\dfrac{4}{3}$ 之點．

解 (1) 如圖 2-3 所示，通過原點 O 作一條異於數線之直線 L．
(2) 在 L 上取三點 A、B、C，使得 $\overline{OA}=\overline{AB}=\overline{BC}$，且 O、A、B、C 皆相異．

(3) 令 P 代表 4 之點，作 $\overline{PC}$．

(4) 過 A 作一直線平行於直線 CP，且交數線於 Q 點，則 Q 點即為所求．

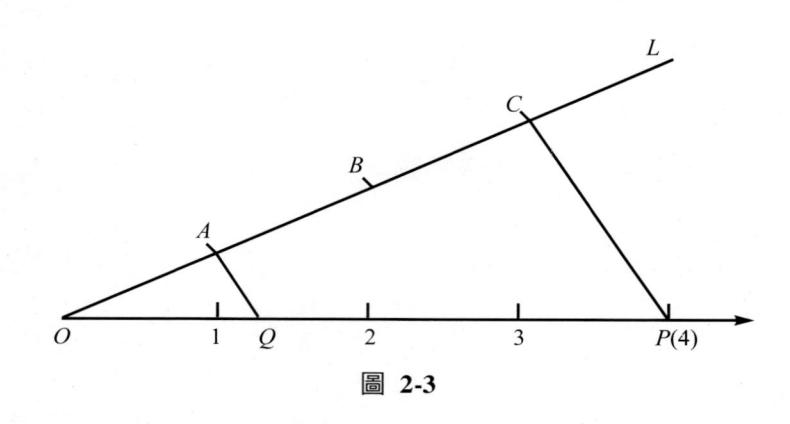

圖 2-3

證：因為 $\overline{AQ} \parallel \overline{CP}$

所以 $\dfrac{\overline{OQ}}{\overline{OP}} = \dfrac{\overline{OA}}{\overline{OC}}$

即 $\dfrac{\overline{OQ}}{4} = \dfrac{1}{3}$

因此 $\overline{OQ} = \dfrac{4}{3}$

故 Q 點合於所求．

對於實數也有大小關係，設 a、b 均屬於實數 $\mathbb{R}$，以 a、$b \in \mathbb{R}$ 表之，若 $b - a > 0$，則稱 b 大於 a，以 $b > a$ 或 $a < b$ 表之．當它們表示在數線上時，有下列的規定：

1. 若 $a < b$，則 b 在 a 的右邊．
2. 若 $0 < a < b$，則 a、b 均在 0 的右邊．
3. 若 $a < 0 < b$，則 a 在 0 的左邊，b 在 0 的右邊．
4. 若 $a < b < 0$，則 a 在 b 的左邊，b 在 0 的左邊．

定義 2-14

設 a、$b \in \mathbb{R}$，且 $a < b$，則稱下列四集合為**區間**，且稱 a、b 為區間的端點．

$$S_1 = \{x \mid a < x < b\}$$
$$S_2 = \{x \mid a \leq x \leq b\}$$
$$S_3 = \{x \mid a < x \leq b\}$$
$$S_4 = \{x \mid a \leq x < b\}$$

S_1 不含任一端點，稱為**開區間**，記作 (a, b)，即

$$(a, b) = \{x \mid a < x < b\}$$

S_2 含有二端點，稱為**閉區間**，記作 $[a, b]$，即

$$[a, b] = \{x \mid a \leq x \leq b\}$$

S_3 與 S_4 分別以 $(a, b]$ 與 $[a, b)$ 表之，稱為**半開區間**或**半閉區間**，即

$$(a, b] = \{x \mid a < x \leq b\}$$
$$[a, b) = \{x \mid a \leq x < b\}$$

仿此，以 (a, ∞) 表所有大於 a 的數所成的集合，即

$$(a, \infty) = \{x \mid x > a\}$$

且稱 (a, ∞) 為**無限區間**．

其他無限區間，分別定義如下：

$$(-\infty, a) = \{x \mid x < a\}$$
$$(-\infty, a] = \{x \mid x \leq a\}$$
$$[a, \infty) = \{x \mid x \geq a\}$$
$$(-\infty, \infty) = \{x \mid x \in \mathbb{R}\}.$$

式中 ∞ 表正無窮大，$-\infty$ 表負無窮大，兩者均非實數．上述開區間、閉區間、半開或半閉區間及其他各無限區間，分別以圖形表之，如圖 2-4 至 2-12 所示．

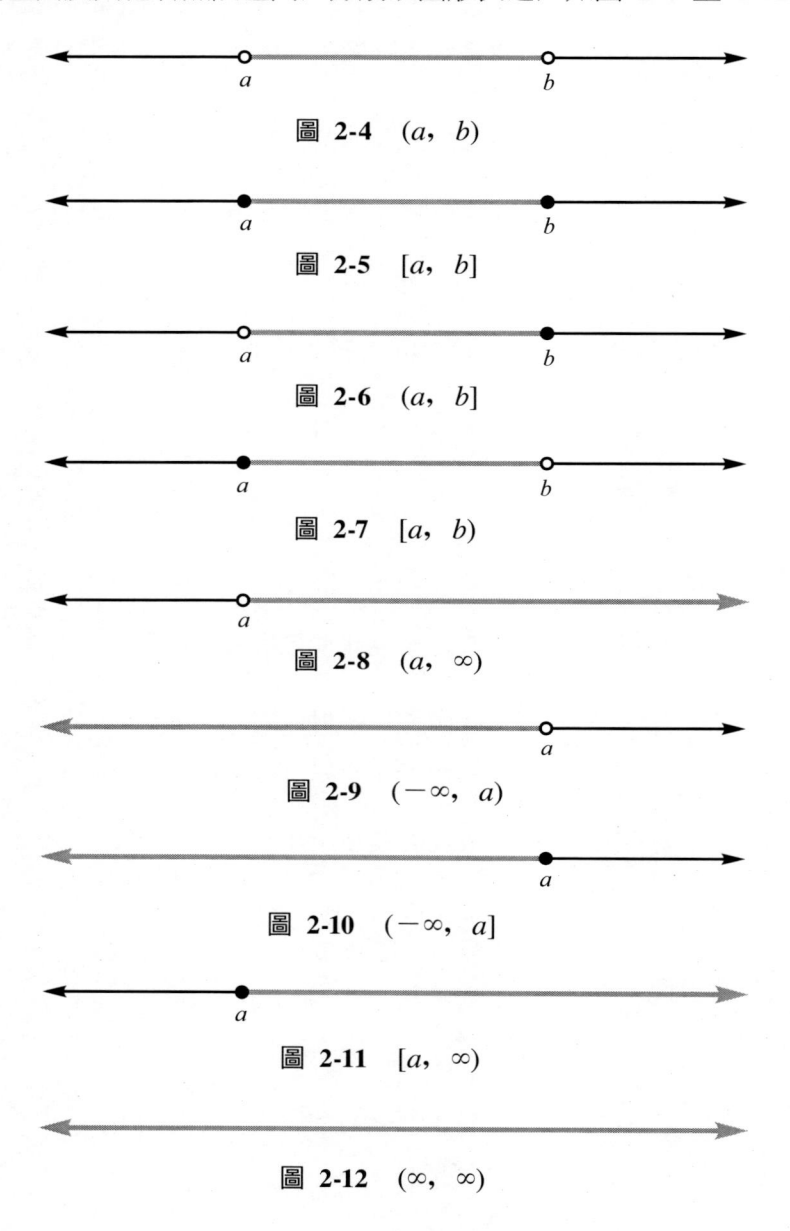

圖 2-4　(a, b)

圖 2-5　$[a, b]$

圖 2-6　$(a, b]$

圖 2-7　$[a, b)$

圖 2-8　(a, ∞)

圖 2-9　$(-\infty, a)$

圖 2-10　$(-\infty, a]$

圖 2-11　$[a, \infty)$

圖 2-12　(∞, ∞)

例題 9　求 $[-2, 6) \cap (-3, 3)$．

解　如下圖所示，

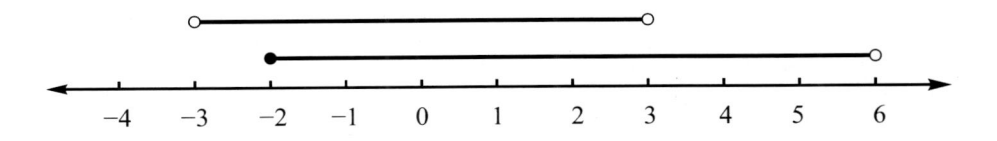

取重疊部分得 $[-2, 6) \cap (-3, 3) = [-2, 3)$.

隨堂練習 13 求 $(-2, 2] \cup [0, 4]$.

答案：$(-2, 4]$.

四、實數的絕對值

設 $a \in \mathbb{R}$，則 $a < 0$ 或 $a \geq 0$ 兩者中必有一者成立．若 $a < 0$，則 $-a > 0$，故對任意實數 a 而言，必有一個非負的實數存在，而這非負的實數，或為 a，或為 $-a$．依此，定義 a 的絕對值如下：

定義 2-15

一實數 a 的絕對值以 $|a|$ 表之，其值不為負．

$$|a| = \begin{cases} a, & \text{若 } a \geq 0 \\ -a, & \text{若 } a < 0 \end{cases}$$

如圖 2-13 所示．

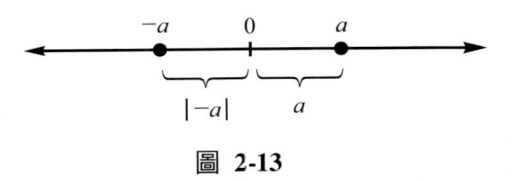

圖 2-13

例如：$|5| = 5$，$|-\sqrt{2}| = -(-\sqrt{2}) = \sqrt{2}$．

一般而言，實數 a 與 b 的距離，即為 $|a-b|$．而

$$|a-b| = \begin{cases} a-b, & \text{當 } a \geq b \text{ 時} \\ b-a, & \text{當 } a < b \text{ 時} \end{cases}$$

如圖 2-14 與 2-15 所示.

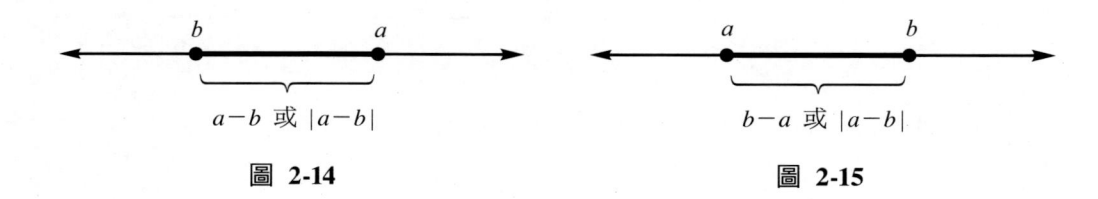

```
         b        a                          a         b
    ←————●————————●————→              ←————●—————————●————→
         └────┬───┘                         └────┬────┘
          a−b 或 |a−b|                        b−a 或 |a−b|
             圖 2-14                               圖 2-15
```

例如：-5 與 7 的距離是 $|-5-7|=12$，$8\sqrt{2}$ 與 $3\sqrt{2}$ 的距離是 $|8\sqrt{2}-3\sqrt{2}|=5\sqrt{2}$.

定義 2-16

設 $p \in \mathbb{R}$，則稱 p 的平方根為一數 q，使 $q^2=p$.

依定義 2-16，若 $p>0$，則 p 的平方根有兩個，如 4 的平方根為 $+2$ 或 -2. 一正實數 p 的一個正平方根以 $\sqrt{p}$ 表之，且稱為**主平方根**，如 4 的主平方根為 $\sqrt{4}=2$.

例題 10 設 $a \in \mathbb{R}$，試證 $\sqrt{a^2}=|a|$.

解 當 $a \geq 0$ 時，$\sqrt{a^2}=a=|a|$.

當 $a < 0$ 時，$\sqrt{a^2}=-a=|a|$.

故 $\sqrt{a^2}=|a|$.

例題 11 設 $a \in \mathbb{R}$，試證：$|a|=|-a|$.

解 當 $a \geq 0$ 時，則 $-a \leq 0$，故 $|a|=a=-(-a)=|-a|$.

當 $a < 0$ 時，則 $-a > 0$，故 $|a|=-a=|-a|$.

關於實數的絕對值性質如下所述：

定理 2-7

1. 若 $a \in \mathbb{R}$，則 $|a| = |-a|$.
2. 若 $a \in \mathbb{R}$，則 $-|a| \leq a \leq |a|$.
3. 設 $a \in \mathbb{R}$，且 $a > 0$，則 $|x| \leq a \Leftrightarrow -a \leq x \leq a$.
4. 設 $a \in \mathbb{R}$，且 $a > 0$，則 $|x| \geq a \Leftrightarrow x \geq a$ 或 $x \leq -a$.
5. 設 $a \geq 0, b \geq 0, x \in \mathbb{R}$，則 $a \leq |x| \leq b \Leftrightarrow |x| \geq a$ 且 $|x| \leq b \Leftrightarrow$ ($x \geq a$ 或 $x \leq -a$) 且 $(-b \leq x \leq b)$.
6. 若 $a、b \in \mathbb{R}$，則 $|a \cdot b| = |a| \cdot |b|$.
7. 若 $a、b \in \mathbb{R}, b \neq 0$，則 $\left|\dfrac{a}{b}\right| = \dfrac{|a|}{|b|}$.
8. 若 $a、b \in \mathbb{R}$，則 $|a+b| \leq |a|+|b|$ ($|a+b| = |a|+|b| \Rightarrow ab \geq 0$)，此不等式稱為**三角不等式**.
9. 若 $a、b \in \mathbb{R}$，則 $|a-b| \geq |a|-|b|$.

例題 12 設 $a \geq 0$，試證 $|x| \leq a$ 為 $-a \leq x \leq a$ 的充分必要條件.

解 (1) 設 $|x| \leq a$.
若 $x \geq 0$，則 $-a \leq 0 \leq x = |x| \leq a$，
若 $x < 0$，則 $|x| = -x$，
因 $|x| \leq a$，即 $-x \leq a$，即 $x \geq -a$，
故 $-a \leq x < 0 \leq a$，
即 $-a \leq x \leq a$，
故 $|x| \leq a$ 為 $-a \leq x \leq a$ 的充分條件.

(2) 設 $-a \leq x \leq a$.
若 $x \geq 0$，則 $|x| = x \leq a$，
若 $x < 0$，則 $|x| = -x$，
因 $-a \leq x$，故 $a \geq -x = |x|$ 或 $|x| \leq a$，
故 $|x| \leq a$ 為 $-a \leq x \leq a$ 的必要條件.

由 (1)、(2) 知，$|x| \leq a$ 為 $-a \leq x \leq a$ 的充分必要條件.

例題 13 試求不等式 $|3-2x| \leq |x+4|$ 之解，並以區間表示之．

解 將絕對值不等式改寫成

$$\sqrt{(3-2x)^2} \leq \sqrt{(x+4)^2}$$
$$\Leftrightarrow (3-2x)^2 \leq (x+4)^2$$
$$\Leftrightarrow 9-12x+4x^2 \leq x^2+8x+16$$
$$\Leftrightarrow 3x^2-20x-7 \leq 0$$
$$\Leftrightarrow (x-7)(3x+1) \leq 0$$
$$\Leftrightarrow -\frac{1}{3} \leq x \leq 7$$

故解集合為 $\left[-\dfrac{1}{3},\ 7\right]$．

例題 14 設 a、b 為實數，$|a+1| \leq 3$，$|b-3| \leq 3$，試求 $3b-2a$ 之範圍．

解 因為　　　　　　　　$-3 \leq a+1 \leq 3$
所以，　　　　　　　　$-4 \leq a \leq 2$
又　　　　　　$(-4)\cdot(-2) \geq -2a \geq 2\cdot(-2)$
故　　　　　　　　$-4 \leq -2a \leq 8$ ……………①
因為　　　　　　　　$-3 \leq b-3 \leq 3$
所以，　　　　　　　　$0 \leq b \leq 6$
故　　　　　　　　$0 \leq 3b \leq 18$ ……………②
①＋② 得，　　　　$-4 \leq 3b-2a \leq 26$

例題 15 試將集合 $\{x\,|\,|x+3| \geq 1,\ x \in \mathbb{R}\} = \{x\,|\,x \geq -2$ 或 $x \leq -4,\ x \in \mathbb{R}\} = (-\infty,\ -4] \cup [-2,\ \infty)$ 以數線表之．

解

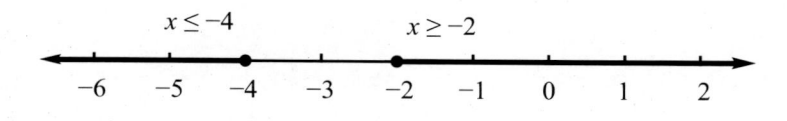

圖 2-16

註：不含端點時，以空心圓表之，包含端點則以實心圓表之.

例題 16 設 $D_1=\{x\mid |x+3|\geq 1\}$，$D_2=\{x\mid |x-1|\leq 2\}$，試求 $D_1\cap D_2=?$

解 $|x+3|\geq 1 \Leftrightarrow x+3\geq 1$ 或 $x+3\leq -1$

故 $D_1=\{x\mid x\geq -2$ 或 $x\leq -4\}$

$|x-1|\leq 2 \Leftrightarrow -2\leq x-1\leq 2$

故 $D_2=\{x\mid -1\leq x\leq 3\}$

所以，$D_1\cap D_2=\{x\mid -1\leq x\leq 3\}=[-1,\ 3]$.

隨堂練習 14 設 $A=\{x\mid |x-3|\geq 4,\ x\in\mathbb{R}\}$，$B=\{x\mid 2\leq x\leq 8,\ x\in\mathbb{R}\}$，試求 $A\cap B=?$

答案：$A\cap B=\{x\mid 7\leq x\leq 8,\ x\in\mathbb{R}\}=[7,\ 8]$.

隨堂練習 15 試解不等式：$\begin{cases} |x+1|>4 \\ |x-2|\leq 6 \end{cases}$.

答案：$\{x\mid -3<x\leq 8,\ x\in\mathbb{R}\}=(-3,\ 8]$.

隨堂練習 16 設 x、$y\in\mathbb{R}$，$|x-3|\leq 1$，$|y-5|\leq 2$，若 $\left|\dfrac{x}{y}-\dfrac{17}{21}\right|\leq b$，則 b 之值為何？

答案：$b=\dfrac{11}{21}$.

習題 2-2

1. 化下列循環小數為有理數.

(1) $0.\overline{23}$ (2) $0.0\overline{37}$ (3) $0.2\overline{31}$

2. 設 $a \in \mathbb{N}$，二分數 $\dfrac{4}{5+a}$ 與 $\dfrac{a+2}{3a+1}$ 相等，試求 a 之值．

3. 設 x、$y \in \mathbb{Q}$，$3 \leq x \leq 5$，$\dfrac{1}{2} \leq y \leq \dfrac{2}{3}$，而 $\dfrac{x}{y}$ 之最大值為 a，最小值為 b，試求 a 與 b 之值．

4. 設 a、b、c、$d \in \mathbb{N}$，且 $a < b < c < d$，試比較有理數 $P = \dfrac{a}{b}$、$Q = \dfrac{a+c}{b+c}$、$T = \dfrac{a+d}{b+d}$ 之大小順序．

5. 若 $x \in \mathbb{Q}$，試求 $\dfrac{1}{x - \dfrac{1}{x + \dfrac{1}{x}}} = 20x$ 之解集合．

6. 設 A、B、P 在數線上之坐標依次為 -7、5、x，且 $\overline{AP} = \dfrac{3}{5}\overline{BP}$，試求 x 之值？

7. 設 $x = 1 + \sqrt{2}$，則 $x^2 - 2x + 2$ 之值為何？

8. 試比較 $\sqrt[15]{16}$、$\sqrt[10]{6}$、$\sqrt[6]{3}$ 的大小．

9. 試化簡下列各式．

(1) $\sqrt[5]{3^{20}} \cdot \sqrt{\sqrt{3^{12}}}$

(2) $7\sqrt[3]{54} + 3\sqrt[3]{16} - 7\sqrt[3]{2} - 5\sqrt[3]{128}$

(3) $\dfrac{3+\sqrt{2}}{1+\sqrt{2}}$

(4) $\dfrac{4}{1+\sqrt{2}+\sqrt{3}}$

(5) $\dfrac{1}{\sqrt{2}+\sqrt{3}} + \dfrac{1}{\sqrt{3}+2}$

(6) $\sqrt{6-2\sqrt{8}}$

(7) $\sqrt{22+8\sqrt{6}}$

10. 試求下列各式 x 之範圍．

(1) $|3x-2| > 3$ (2) $|3x-2| \leq 8$

11. 試證 $\sqrt{2}$ 為無理數.

12. 已知 $\sqrt{6} = 2.44949$，求 $\dfrac{4\sqrt{2} - 2\sqrt{3}}{\sqrt{3} + \sqrt{2}}$ 的近似值正確到小數第二位.

13. 試化簡下式：

$$\dfrac{2}{\sqrt{10-4\sqrt{6}}} - \dfrac{3}{\sqrt{7-2\sqrt{10}}} - \dfrac{4}{\sqrt{8+2\sqrt{12}}}$$

14. 有一分數 $\dfrac{1a435}{44}$ 化為小數時為有限小數，試求 a 之值.

15. 若 $|ax+3| \geq b$ 之解為 $x \leq 2$ 或 $x \geq 6$，試求 a、b 之值.

16. 設 $x = \dfrac{2\sqrt{2}}{3}$，求 $\dfrac{\sqrt{1+x} - \sqrt{1-x}}{\sqrt{1+x} + \sqrt{1-x}}$.

17. 試解不等式 $||x-2|-5| \leq 4$.

18. 設數線上相異二點 A、B 的坐標分別為 a、b，且 $a < b$，今在 A、B 之間取一點 P，使 $\overline{AP} : \overline{PB} = m : n$，$m$、$n \in \mathbb{N}$，則 P 點之坐標為何？

19. 若 $\{x | -7 \leq x \leq 9\} = \{x | |x-a| \leq b\}$，試求 a、b 之值.

20. 若 $\{x | x \geq 10$ 或 $x \leq -2\} = \{x | |x-a| \geq b\}$，試求 a、b 之值.

21. 試證明 $5 + \sqrt{7}$ 為無理數.

▶▶ 2-3 複　數

一、複數與複數的性質

由前面所述，因為自然數不夠用，產生了負整數與零；整數不夠用，產生了有理數；有理數不夠用，產生了無理數. 所以實數系 $\mathbb{R}$ 是由自然數系 $\mathbb{N}$ 開始，經由整數

系 $\mathbb{Z}$，有理數系 $\mathbb{Q}$，逐步拓展得來的．

如果 x 是實數，則 x^2 必大於或等於 0，所以在實數系中，方程式

$$x^2+1=0, \quad (x-1)^2+2=0$$

是無解的，要使這個方程式有解，就得將實數系再行擴充，另創一個新的數系．

因為負數的平方根不可能為實數，由於 $\sqrt{-1}$ 能滿足 $x^2+1=0$，所以 $\sqrt{-1}$，$\sqrt{-2}$，$\sqrt{-3}$，…等均不是實數，而稱為**虛數**，又 $\sqrt{-1}$ 最簡單，特稱為**虛數單位**，通常以"i"表示 $\sqrt{-1}$，即

$$i=\sqrt{-1}$$

並且滿足

$$i^2=-1, \quad i^3=-i, \quad i^4=1, \quad i^5=i, \cdots$$

一般說來，若 $b>0$，則 $\sqrt{-b}$ 為虛數，即

$$\sqrt{-b}=\sqrt{b}\,i$$

當 $b<0$ 時，我們定義

$$\sqrt{b}=\sqrt{-b}\,i \tag{2-3-1}$$

讀者應注意在實數系中，若 $a \geq 0$，$b \geq 0$，則滿足

$$\sqrt{a}\,\sqrt{b}=\sqrt{ab} \tag{2-3-2}$$

但上式對於新的數系並不能滿足，因為

$$i^2=\sqrt{-1}\,\sqrt{-1}=\sqrt{(-1)(-1)}=\sqrt{1}=1$$

不能成立，否則會與 i 的定義相矛盾．

所以，當 $a<0$，$b<0$ 時，式 (2-3-2) 不能成立，必須轉變成式 (2-3-1) 才能相乘，即

$$\sqrt{a}\,\sqrt{b}=(\sqrt{-a}\,i)(\sqrt{-b}\,i)=-\sqrt{(-a)(-b)}=-\sqrt{ab}.$$

例題 1 以虛數單位"i"表示下列各虛數：

(1) $\sqrt{-16}$　　(2) $\sqrt{-144}$　　(3) $\sqrt{-\dfrac{3}{25}}$．

解 (1) $\sqrt{-16} = \sqrt{16}\, i = 4i$

(2) $\sqrt{-144} = \sqrt{144}\, i = 12i$

(3) $\sqrt{-\dfrac{3}{25}} = \sqrt{\dfrac{3}{25}}\, i = \dfrac{\sqrt{3}}{5}\, i$．

例題 2 求 $\sqrt{-8}\,\sqrt{-4}$ 與 $\sqrt{-7}\,\sqrt{6}$．

解 $\sqrt{-8}\,\sqrt{-4} = (\sqrt{8}\,i)(\sqrt{4}\,i) = (\sqrt{8}\cdot\sqrt{4})i^2 = -\sqrt{32} = -4\sqrt{2}$

$\sqrt{-7}\,\sqrt{6} = (\sqrt{7}\,i)(\sqrt{6}) = (\sqrt{7}\,\sqrt{6})i = \sqrt{42}\,i$．

隨堂練習 17 下列兩小題中的兩虛數是否相等？

(1) $\sqrt{-2}\,\sqrt{-3}$ 與 $\sqrt{(-2)(-3)}$，　(2) $\dfrac{\sqrt{3}}{\sqrt{-2}}$ 與 $\dfrac{\sqrt{-3}}{\sqrt{2}}$．

答案：(1) $\sqrt{-2}\,\sqrt{-3} \neq \sqrt{(-2)(-3)}$，(2) $\dfrac{\sqrt{3}}{\sqrt{-2}} \neq \dfrac{\sqrt{-3}}{\sqrt{2}}$．

設 a、b 為實數，且 $i^2 = -1$，由 a、b 與 i 所作成的新數 $a+bi$ 稱為**複數**，a 稱為這個複數的**實部**，b 稱為此複數的**虛部**．所有複數所成的集合 $\{a+bi \mid a、b \in \mathbb{R}\}$ 稱為**複數系**，記作 $\mathbb{C}$．

1. $0 \cdot i = 0$，$0 + 0 \cdot i = 0$，通常仍視 0 為實數．
2. 若 $a \neq 0$，$b = 0$，則 $a+bi = a+0i = a$；將一般的實數 a 看作虛部為 0 的複數．
3. 若 $a = 0$，$b \neq 0$，則 $a+bi = 0+bi = bi$，稱為**純虛數**，即，純虛數就是實部為 0 的複數．

依據上述，$1+5i$、$-5i$ 與 6 均是複數，且

$$1+5i \text{ 的實部是 } 1\text{，虛部是 } 5\text{；}$$
$$-5i=0-5i \text{ 的實部是 } 0\text{，虛部是 } -5\text{；}$$
$$6=6+0i \text{ 的實部是 } 6\text{，虛部是 } 0.$$

有關複數的相等、加法與乘法的運算定義如下：

定義 2-17

設 $a+bi, c+di \in \mathbb{C}$ (a、b、c、$d \in \mathbb{R}$)，則

(1) $a+bi=c+di \Rightarrow a=c, b=d.$

　　兩複數相等的充要條件為實部等於實部，虛部等於虛部。

(2) $(a+bi)+(c+di)=(a+c)+(b+d)i$

　　兩複數相加即其實部與虛部分別相加。

(3) $(a+bi)\cdot(c+di)=(ac-bd)+(ad+bc)i$

　　該關係可用來求複數的積。

$$\begin{aligned}(a+bi)(c+di) &= ac+adi+bci+bdi^2 \\ &= ac+adi+bci-bd \\ &= (ac-bd)+(ad+bc)i\end{aligned}$$

例題 3 若 x、$y \in \mathbb{R}$，且 $x+5+7i=2-(y+3)i$，求 x、y 的值.

解 因 $(x+5)+7i=2-(y+3)i$

故 $\begin{cases} x+5=2 \\ y+3=-7 \end{cases}$

可得 $x=-3, y=-10.$

例題 4 計算下列式子：

(1) $(2-3i)+(5+\sqrt{3}\,i)$ (2) $(2-3i)(\sqrt{3}+4i)$ (3) i^{35}.

解 (1) $(2-3i)+(5+\sqrt{3}\,i)=(2+5)+(\sqrt{3}-3)i=7+(\sqrt{3}-3)i$

(2) $(2-3i)(\sqrt{3}+4i)=[2\sqrt{3}-(-3)(4)]+[8+(-3)\sqrt{3}\,]i$
$=(2\sqrt{3}+12)+(8-3\sqrt{3}\,)i$

(3) $i^{35}=i^{32}\cdot i^3=(i^4)^8\cdot i^3=-i$

複數的加法與乘法滿足下列的性質.

定理 2-8

設 $z_1=x_1+y_1i$, $z_2=x_2+y_2i$, $z_3=x_3+y_3i$ 均為複數，則

(1) $z_1+z_2=z_2+z_1$ (加法交換律)

(2) $(z_1+z_2)+z_3=z_1+(z_2+z_3)$ (加法結合律)

(3) $0+z_1=z_1+0$

(4) 對每一 $z_1\in\mathbb{C}$，恰有一 $z\in\mathbb{C}$，使 $z_1+z=0$.

例如，$z_1=-4+i$, $z_2=2-\sqrt{3}\,i$，則 $-z_1=4-i$，

$$z_2-z_1=(2-\sqrt{3}\,i)+(4-i)=6-(\sqrt{3}+1)i.$$

例如，$z_1=2+3i$, $z_2=1+i$, $z_3=4-2i$，則

$$(z_1+z_2)+z_3=(3+4i)+(4-2i)$$
$$=7+2i=(2+3i)+(5-i)$$
$$=z_1+(z_2+z_3)$$
$$=7+2i.$$

定理 2-9

設 $z_1 = x_1 + y_1 i$, $z_2 = x_2 + y_2 i$, $z_3 = x_3 + y_3 i$ 均為複數，則

(1) $z_1 \cdot z_2 = z_2 \cdot z_1$ (乘法交換律)

(2) $(z_1 \cdot z_2) \cdot z_3 = z_1 \cdot (z_2 \cdot z_3)$ (乘法結合律)

(3) $1 \cdot z_1 = z_1 \cdot 1 = z_1$

(4) 對 $\mathbb{C}$ 中每一個 $z_1 \neq 0$，恰有一個 $z \in \mathbb{C}$，使 $z_1 \cdot z = 1$.

(5) $(z_1 + z_2) \cdot z_3 = z_1 z_3 + z_2 z_3$ (乘法對加法的分配律)

定理 2-9(3) 中的 1 是複數的乘法單位元素，定理 2-9(4) 中的

$$z = \frac{x_1}{x_1^2 + y_1^2} - \frac{y_1}{x_1^2 + y_1^2} i \tag{2-3-3}$$

是 $z_1 = x_1 + y_1 i$ 的乘法反元素，記作 z_1^{-1}. 對 z_1、$z_2 \in \mathbb{C}$，$z_1 \neq 0$，將 $z_2 z_1^{-1}$ 寫成 $\dfrac{z_2}{z_1}$，稱為複數 z_2 除以 z_1 的商. 所以，

$$\begin{aligned}
\frac{z_2}{z_1} &= z_2 \cdot z_1^{-1} = (x_2 + y_2 i)\left(\frac{x_1}{x_1^2 + y_1^2} - \frac{y_1}{x_1^2 + y_1^2} i\right) \\
&= \left(\frac{x_1 x_2}{x_1^2 + y_1^2} + \frac{y_1 y_2}{x_1^2 + y_1^2}\right) + \left(-\frac{x_2 y_1}{x_1^2 + y_1^2} + \frac{x_1 y_2}{x_1^2 + y_1^2}\right) i \\
&= \frac{x_1 x_2 + y_1 y_2}{x_1^2 + y_1^2} + \frac{x_1 y_2 - x_2 y_1}{x_1^2 + y_1^2} i.
\end{aligned} \tag{2-3-4}$$

例題 5 求 $\dfrac{\sqrt{3}}{2} + \dfrac{1}{2} i$ 的乘法反元素.

解 因 $\left(\dfrac{\sqrt{3}}{2}\right)^2 + \left(\dfrac{1}{2}\right)^2 = 1$

故 $\dfrac{\sqrt{3}}{2}+\dfrac{1}{2}i$ 的乘法反元素為 $\dfrac{\sqrt{3}}{2}-\dfrac{1}{2}i$.

例題 6 求 $\dfrac{7+6i}{2+i}$.

解 由式 (2-3-4) 知

$$\dfrac{7+6i}{2+i}=\dfrac{2\cdot 7+1\cdot 6}{2^2+1^2}+\dfrac{2\cdot 6-7\cdot 1}{2^2+1^2}i$$

$$=\dfrac{20}{5}+\dfrac{5}{5}i=4+i.$$

二、共軛複數

定義 2-18

設 x、$y \in \mathbb{R}$，$z=x+yi$，則稱 $x-yi$ 為 z 的**共軛複數**，記作 $\bar{z}$，即，

$$\bar{z}=x-yi.$$

定理 2-10

若 z_1、z_2 均為複數，則

(1) $\overline{z_1+z_2}=\overline{z_1}+\overline{z_2}$

(2) $\overline{z_1\cdot z_2}=\overline{z_1}\cdot\overline{z_2}$

(3) $\overline{z^n}=\bar{z}^n$

證：設 $z_1=x_0+y_0 i$，$z_2=x_1+y_1 i$，其中 x_0、y_0、x_1、y_1 均為實數.

(1) $\overline{z_1+z_2}=\overline{(x_0+y_0 i)+(x_1+y_1 i)}=\overline{(x_0+x_1)+(y_0+y_1)i}$

$\qquad\qquad=(x_0+x_1)-(y_0+y_1)i$

$\qquad\qquad=(x_0-y_0 i)+(x_1-y_1 i)=\overline{z_1}+\overline{z_2}$

(2) $\overline{z_1 \cdot z_2} = \overline{(x_0+y_0i) \cdot (x_1+y_1i)} = \overline{(x_0x_1-y_0y_1)+(x_0y_1+y_0x_1)i}$
$= (x_0x_1-y_0y_1)-(x_0y_1+y_0x_1)i$
$= (x_0-y_0i) \cdot (x_1-y_1i) = \overline{z_1} \cdot \overline{z_2}$

(3) $\overline{z^n} = \overline{z}^n$ 留給讀者自證.

例題 7 求 $\dfrac{2+3i}{-1+2i}$.

解 因分母 $-1+2i$ 的共軛複數為 $-1-2i$，故

$$\dfrac{2+3i}{-1+2i} = \dfrac{(2+3i)(-1-2i)}{(-1+2i)(-1-2i)}$$

$$= \dfrac{[2\cdot(-1)-3\cdot(-2)]+[2\cdot(-2)+3\cdot(-1)]i}{(-1)^2+2^2}$$

$$= \dfrac{4-7i}{5} = \dfrac{4}{5}-\dfrac{7}{5}i.$$

例題 8 設 $z=\dfrac{12+4i}{3-i}$ ，求 $\overline{z}$.

解 $\overline{z} = \overline{\dfrac{12+4i}{3-i}} = \dfrac{12-4i}{3+i} = \dfrac{(12-4i)(3-i)}{(3+i)(3-i)}$

$$= \dfrac{32-24i}{3^2+1^2} = \dfrac{16}{5}-\dfrac{12}{5}i.$$

隨堂練習 18 計算 $(7-4i)\div(-2+3i)$ 之值.

答案：$-2-i$.

隨堂練習 19 令 $\omega=\dfrac{-1+\sqrt{3}\,i}{2}$ ，試求 (1) ω^2, (2) ω^3, (3) $1+\omega+\omega^2$ 之值.

答案：(1) $\omega^2=\dfrac{-1-\sqrt{3}\,i}{2}$, (2) $\omega^3=1$, (3) $1+\omega+\omega^2=0$.

習題 2-3

試化簡下列各式.

1. $\sqrt{-2} + \sqrt{-3} + 2\sqrt{-2} + 5\sqrt{-7}$

2. $\dfrac{i}{2} + \dfrac{5}{\sqrt{-2}} - \dfrac{3i}{8} + \dfrac{7i}{\sqrt{18}}$

3. $(\sqrt{-5})(\sqrt{-6})(\sqrt{-2})$

4. $\left(\dfrac{i}{2}\right)\left(\dfrac{i}{2}\right)\left(\dfrac{\sqrt{-3}}{8}\right)\left(\dfrac{5}{\sqrt{-2}}\right)$

5. $(3-2i)+(5+i)$

6. i^{99}

7. i^{154}

試計算下列各題，並將其表為標準式.

8. $(-2+3i)+(6-i)$

9. $(2+\sqrt{2}\,i)(2-\sqrt{3}\,i)$

10. $\dfrac{5+2i}{3+i}$

11. $\dfrac{3-i}{2-4i}$

12. $(2-3i)^4$

13. $(5+2i)(4-3i)$

14. $\dfrac{1-i}{1+i}$

15. 試化簡 $\dfrac{5+2i}{3+i} + \dfrac{5-2i}{3-i}$.

16. 設 $\omega = \dfrac{-1+\sqrt{3}\,i}{2}$ ，試求 ω^{100} 之值.

17. 設 $x、y \in \mathbb{R}$ ，且 $(x+yi)^2 = i$ ，試求 x 與 y.

18. 求 $\left(\dfrac{8+5i}{3-2i}\right)$ 之共軛複數.

19. 求 $-3+4i$ 的兩個平方根.

2-4 一元二次方程式

在數學中，用數學符號及等號所表示的式子，稱為**等式**. 在等式中代表數之文字或符號，若只能用某一數或某些數來取代，等式才能夠成立，則此種等式稱為**方程式**. 方程式中所含的未知數，稱為方程式的**元**. 一實係數一元二次方程式都可化成下面的標準式：

$$ax^2+bx+c=0 \qquad (2\text{-}4\text{-}1)$$

其中 a、b、$c \in \mathbb{R}$，且 $a \neq 0$.

式 (2-4-1) 的解法可以用因式分解法、配方法及公式解法.

一、一元二次方程式的解法

1. 因式分解法

欲解式 (2-4-1)，首先我們考慮，若

$$ax^2+bx+c=(px+q)(rx+s), \quad p \neq 0, \; r \neq 0$$

則此一元二次方程式的解為 $px+q=0$ 或 $rx+s=0$，也就是說，$x=-\dfrac{q}{p}$ 或 $x=-\dfrac{s}{r}$.

因此，我們若能將二次式 ax^2+bx+c，利用國中數學的十字交乘法分解成兩個一次因式的乘積，則 $ax^2+bx+c=0$ 的解就很容易求出.

例題 1 試用十字交乘法分解 $2x^2-5x-3$ 之因式.

解

$$\begin{array}{c} 2x \quad\diagdown\quad +1 \\ x \quad\diagup\diagdown\quad -3 \\ \hline -6x \; + \; x \; = \; -5x \end{array}$$

$\therefore 2x^2-5x-3=(2x+1)(x-3)$.

例題 2 解方程式 $x^2-3x+2=0$.

解 因 $$x^2-3x+2=(x-1)(x-2)=0$$
故得 $x-1=0$ 或 $x-2=0$，即 $x=1$ 或 $x=2$.

例題 3 某人借錢 210 元，一年後還 121 元，再一年後又還了 121 元，才將本利還清，求年利率.

解 設年利率為 r，則依題意，
$$[210(1+r)-121](1+r)=121$$
可得
$$(89+210r)(1+r)=121$$
即，
$$210r^2+299r-32=0$$
$$(10r-1)(21r+32)=0$$

可得 $r=\dfrac{1}{10}$ 或 $r=-\dfrac{32}{21}$ (不合)，故年利率為 10%.

隨堂練習 20 有一個邊長為 6 公尺的正方形，它的每邊加上多長可使其成為面積是 50 平方公尺的正方形？

答案：$\sqrt{50}-6$ 公尺.

2. 配方法

將式 (2-4-1) 各項除以 a，即

$$x^2+\frac{b}{a}x+\frac{c}{a}=0 \tag{2-4-2}$$

$$x^2+\frac{b}{a}x=-\frac{c}{a}$$

兩邊同加 $\left(\dfrac{b}{2a}\right)^2$，可得

$$x^2+2\cdot\frac{b}{2a}x+\left(\frac{b}{2a}\right)^2=\left(\frac{b}{2a}\right)^2-\frac{c}{a}$$

即
$$\left(x+\frac{b}{2a}\right)^2=\frac{b^2-4ac}{4a^2}$$

兩邊開方，得
$$x+\frac{b}{2a}=\pm\frac{\sqrt{b^2-4ac}}{2a}$$

即
$$x=\frac{-b\pm\sqrt{b^2-4ac}}{2a}.$$

例題 4 試以配方法解方程式 $x^2-2x-2=0$.

解 因 $(x-1)^2=x^2-2x+1$

故原方程式可寫成
$$x^2-2x-2=x^2-2x+1-3=(x-1)^2-3=0$$

即 $(x-1)^2=3$

可得 $x-1=\pm\sqrt{3}$. 所以，$x=1+\sqrt{3}$ 或 $x=1-\sqrt{3}$.

隨堂練習 21 試以配方法解方程式 $3x^2-10x+2=0$.

答案：$x=\dfrac{5+\sqrt{19}}{3}$ 或 $x=\dfrac{5-\sqrt{19}}{3}$.

3. 公式解法

利用配方法，我們解得

$$x=\frac{-b\pm\sqrt{b^2-4ac}}{2a} \tag{2-4-3}$$

上式叫作一元二次方程式的**公式解**.

在式 (2-4-3) 中，我們所要注意的是：在國民中學裡曾討論過，$\sqrt{b^2-4ac}$ 是在 $b^2-4ac \geq 0$ 時才有意義．但是，由於已引進了**複數**，所以當 $b^2-4ac < 0$ 時，我們稱 $\sqrt{b^2-4ac}$ 為一**虛數**．

例題 5 解方程式 $3x^2-17x+10=0$．

解 應用公式 (2-4-3)，解得

$$x = \frac{17 \pm \sqrt{(-17)^2-4\times 3\times 10}}{2\times 3}$$

$$= \frac{17\pm\sqrt{169}}{6} = \frac{17\pm 13}{6}$$

故 $x=5$ 或 $x=\dfrac{2}{3}$．

例題 6 求解 $x^2-2ix-2=0$．

解 因為$\qquad\qquad\qquad x^2-2ix+i^2=2+i^2$

所以$\qquad\qquad\qquad\qquad (x-i)^2=1$

故$\qquad\qquad\qquad\qquad\quad x-i=\pm 1$

$x=1+i$ 或 $x=-1+i$．

【另解】利用公式 (2-4-3)，得

$$x=\frac{2i\pm\sqrt{4i^2+8}}{2}=\frac{2i\pm\sqrt{-4+8}}{2}\quad (\because i^2=-1)$$

$$= i\pm 1.$$

二、一元二次方程式根的討論

設 α、β 為實係數一元二次方程式

$$ax^2+bx+c=0$$

的二根，則由公式 (2-4-3) 得知

$$\alpha = \frac{-b+\sqrt{b^2-4ac}}{2a}, \quad \beta = \frac{-b-\sqrt{b^2-4ac}}{2a} \qquad \text{(2-4-4)}$$

對於上述的二根，可由 b^2-4ac 來判斷二根的性質，b^2-4ac 稱為一元二次方程式根的判別式，以 Δ 表示之，即，$\Delta = b^2-4ac$。茲就 a、b、$c \in \mathbb{Q}$，$a \neq 0$ 時如何用 Δ 來判定一元二次方程式的根為**實根**、**有理根**或**共軛複數根**，分別討論如下：

> 1. 當 $\Delta = 0$ 時，則 α 與 β 為相等的兩有理根，此時方程式稱為**有等根**，或有**重根**。
>
> 2. 當 $\Delta > 0$ 時，則 α 與 β 為相異的實根；且
>   (a) 若 Δ 為一完全平方數，則 α 與 β 為相異的兩有理根。
>   (b) 若 Δ 不為完全平方數，則 α 與 β 為相異的兩無理根。
>
> 3. 當 $\Delta < 0$ 時，則 α 與 β 為兩**共軛複數根**。

讀者應注意，複係數的二次方程式 $ax^2+bx+c=0$，不可以用判別式 $\Delta = b^2-4ac$ 來判定兩根的性質。例如，$x^2-ix-1=0$，雖 $\Delta = (-i)^2+4 > 0$，但兩根為 $\dfrac{i}{2} \pm \dfrac{\sqrt{3}}{2}$。

同理應注意，實係數的二次方程式 $ax^2+bx+c=0$，不可以用 Δ 為有理數的完全平方來判定方程式有有理根。例如，$x^2-2\sqrt{2}x+1=0$，$\Delta = b^2-4ac = (-2\sqrt{2})^2 - 4 \cdot 1 = 4 = (2)^2$，但兩根為 $\sqrt{2}+1$、$\sqrt{2}-1$。

例題 7 判斷下列方程式根的性質：

(1) $2x^2-x-21=0$，　　(2) $x^2-5x+9=0$。

解 (1) $2x^2-x-21=0$

$$\Delta = b^2-4ac = (-1)^2 - 4 \cdot 2 \cdot (-21) = 1 + 168 = 169 > 0$$

故兩根為相異的實根。

(2) $x^2-5x+9=0$

$$\Delta=b^2-4ac=(-5)^2-4\cdot1\cdot9=25-36=-11<0$$

故兩根為共軛複數根.

例題 8 設方程式 $3x^2-2(3m+1)x+3m^2-1=0$ 有：(1) 兩相異實根，(2) 兩相等實根，(3) 兩共軛複數根，試分別求實數 m 值的範圍.

解 $\Delta=[-2(3m+1)]^2-4\cdot3\cdot(3m^2-1)=4(3m+1)^2-12(3m^2-1)=8(3m+2)$

(1) 有兩相異實根，則 $\Delta>0$，即 $3m+2>0$，故 $m>-\dfrac{2}{3}$.

(2) 有兩相等實根，則 $\Delta=0$，故 $m=-\dfrac{2}{3}$.

(3) 有兩共軛複數根，則 $\Delta<0$，故 $m<-\dfrac{2}{3}$.

隨堂練習 22 設 $x^2-2x-k=0$，試決定 k 的範圍使得此方程式的兩根為：(1) 相等的實根，(2) 不相等的實根，(3) 共軛複數根.

答案：(1) $k=-1$，(2) $k>-1$，(3) $k<-1$.

例題 9 若方程式 $x^2+2(n+2)x+9n=0$ 有兩相等的實根，試決定 n 的值.

解 方程式有等根之條件為 $\Delta=b^2-4ac=0$，此處

$$a=1,\ b=2(n+2),\ c=9n$$

$$\Delta=[2(n+2)]^2-4\times1\times9n=0$$

即
$$n^2-5n+4=0$$

解得
$$n=4\ \text{或}\ n=1.$$

隨堂練習 23 $a\in\mathbb{Z}$，$a\neq-1$，若 $(1+a)x^2+2x+(1-a)=0$ 之兩根皆為整數，求 a 之解集合.

答案：a 之解集合為 $\{-3,\ -2,\ 0,\ 1\}$.

三、一元二次方程式根與係數的關係

一元二次方程式

$$ax^2+bx+c=0$$

(其中 a、b、$c \in \mathbb{R}$，$a \neq 0$) 的兩根分別為：

$$\alpha = \frac{-b+\sqrt{b^2-4ac}}{2a}, \quad \beta = \frac{-b-\sqrt{b^2-4ac}}{2a}$$

則

$$\alpha+\beta = \frac{-b+\sqrt{b^2-4ac}}{2a} + \frac{-b-\sqrt{b^2-4ac}}{2a}$$

$$= -\frac{2b}{2a} = -\frac{b}{a}$$

且

$$\alpha\beta = \left(\frac{-b+\sqrt{b^2-4ac}}{2a}\right)\left(\frac{-b-\sqrt{b^2-4ac}}{2a}\right)$$

$$= \frac{(-b)^2-(b^2-4ac)}{4a^2}$$

$$= \frac{b^2-b^2+4ac}{4a^2} = \frac{c}{a}.$$

定理 2-11

一元二次方程式 $ax^2+bx+c=0$ (其中 a、b、$c \in \mathbb{R}$，$a \neq 0$) 之兩根分別為 α 與 β，則

$$\begin{cases} \alpha+\beta = -\dfrac{b}{a} \\ \alpha\beta = \dfrac{c}{a} \end{cases}.$$

(2-4-5)

例題 10 設 $3x^2+bx+c=0$ 之兩根和為 8，兩根之積為 6，試求 b 與 c 之值.

解 由式 (2-4-5) 根與係數之關係知，

$$\frac{b}{3}=-8, \quad \frac{c}{3}=6$$

所以 $b=-24$，$c=18$.

例題 11 設 α 與 β 為 $2x^2-3x+6=0$ 的兩根，試求下列各值：
(1) $\alpha^2+\beta^2$, (2) $\alpha^3+\beta^3$.

解 由式 (2-4-5) 根與係數的關係，得

$$\begin{cases}\alpha+\beta=-\left(-\dfrac{3}{2}\right)=\dfrac{3}{2}\\ \alpha\beta=\dfrac{6}{2}=3\end{cases}$$

(1) $\alpha^2+\beta^2=\alpha^2+2\alpha\beta+\beta^2-2\alpha\beta=(\alpha+\beta)^2-2\alpha\beta$

$=\left(\dfrac{3}{2}\right)^2-2(3)=\dfrac{9}{4}-6=-\dfrac{15}{4}$.

(2) $\alpha^3+\beta^3=(\alpha+\beta)(\alpha^2-\alpha\beta+\beta^2)=(\alpha+\beta)[(\alpha+\beta)^2-3\alpha\beta]$

$=\dfrac{3}{2}\left(\dfrac{9}{4}-9\right)=-\dfrac{81}{8}$.

隨堂練習 24 設 α、β 為一元二次方程式 $x^2+8x+6=0$ 之兩根，試求
(1) $\alpha^2+\beta^2+\alpha\beta$ 與 (2) $\alpha^2+\beta^2-2\alpha\beta$ 之值.

答案：(1) 58，(2) 40.

例題 12 求以下列兩數為根的一元二次方程式.

(1) $\dfrac{7+\sqrt{3}}{4}$, $\dfrac{7-\sqrt{3}}{4}$ (2) $2+\sqrt{5}\,i$, $2-\sqrt{5}\,i$

解 (1) 設所求之一元二次方程式為

$$ax^2+bx+c=0,\ a\neq 0$$

則

$$x^2+\frac{b}{a}x+\frac{c}{a}=0$$

$$\alpha+\beta=\frac{7+\sqrt{3}}{4}+\frac{7-\sqrt{3}}{4}=\frac{7}{2}=-\frac{b}{a}$$

$$\alpha\beta=\frac{7+\sqrt{3}}{4}\cdot\frac{7-\sqrt{3}}{4}=\frac{49-3}{16}=\frac{23}{8}=\frac{c}{a}$$

故

$$x^2-\frac{7}{2}x+\frac{23}{8}=0$$

所求之一元二次方程式為 $8x^2-28x+23=0$.

【另解】

$$\left(x-\frac{7+\sqrt{3}}{4}\right)\left(x-\frac{7-\sqrt{3}}{4}\right)=0$$

則 $(4x-7-\sqrt{3})(4x-7+\sqrt{3})=0$

故 $(4x-7)^2-3=0$

得 $16x^2-56x+46=0$

或 $8x^2-28x+23=0$.

(2) $\alpha+\beta=2+\sqrt{5}\,i+2-\sqrt{5}\,i=4$

$\alpha\beta=(2+\sqrt{5}\,i)(2-\sqrt{5}\,i)=4-5i^2=4+5=9$

故所求一元二次方程式為 $x^2-4x+9=0$.

隨堂練習 25 求以下列兩數為根的一元二次方程式.

$$2+\sqrt{3},\ 2-\sqrt{3}$$

答案：$x^2-4x+1=0.$

例題 13 設 α 與 β 為一元二次方程式 $ax^2+bx+c=0$ 之兩根，試證

$$(\alpha-\beta)^2=\frac{b^2-4ac}{a^2}.$$

解 由根與係數的關係式 (2-4-5) 知

$$\alpha+\beta=-\frac{b}{a},\quad \alpha\beta=\frac{c}{a}$$

故得
$$(\alpha-\beta)^2=\alpha^2+2\alpha\beta+\beta^2-4\alpha\beta=(\alpha+\beta)^2-4\alpha\beta$$

$$=\left(-\frac{b}{a}\right)^2-4\cdot\frac{c}{a}=\frac{b^2-4ac}{a^2}.$$

例題 14 已知某二次方程式之兩根分別是方程式 $3x^2+8x+5=0$ 之兩根的三倍，求該二次方程式.

解 設 α 與 β 為 $3x^2+8x+5=0$ 的兩根，由式 (2-4-5) 知

$$\alpha+\beta=-\frac{8}{3},\quad \alpha\beta=\frac{5}{3}$$

而所求方程式為

$$(x-3\alpha)(x-3\beta)=x^2-(3\alpha+3\beta)x+(3\alpha)(3\beta)=0$$

即
$$x^2-3(\alpha+\beta)x+9\alpha\beta=0$$

可得
$$x^2-3\left(-\frac{8}{3}\right)x+9\left(\frac{5}{3}\right)=0$$

故
$$x^2+8x+15=0.$$

例題 15 設 α、β 為 $2x^2+9x+2=0$ 之二根，試求 $(\sqrt{\alpha}+\sqrt{\beta})^2$ 之值.

解 因

$$\Delta = 9^2 - 4 \times 2 \times 2 = 65 > 0$$

所以，α、β 為實數．

又由根與係數之關係知：

$$\begin{cases} \alpha + \beta = -\dfrac{9}{2} \quad \cdots\cdots\cdots\cdots\cdots\cdots\cdots ① \\ \alpha \cdot \beta = 1 \quad \cdots\cdots\cdots\cdots\cdots\cdots\cdots ② \end{cases}$$

由 ① 與 ② 知 $\alpha < 0$，$\beta < 0$

故 $(\sqrt{\alpha} + \sqrt{\beta})^2 = (\sqrt{-\alpha}\, i + \sqrt{-\beta}\, i)^2$

$$= -\alpha i^2 - \beta i^2 + 2\sqrt{(-\alpha) \cdot (-\beta)}\, i^2$$

$$= \alpha + \beta - 2\sqrt{\alpha\beta}$$

（∵ 若 $\alpha < 0$，$\beta < 0$，則 $\sqrt{\alpha} \cdot \sqrt{\beta} = -\sqrt{\alpha\beta}$）

$$= -\dfrac{9}{2} - 2 = -\dfrac{13}{2}.$$

習題 2-4

1. 試利用因式分解法解下列一元二次方程式．

(1) $5x^2 - 7x - 6 = 0$ (2) $x^2 + 2x + 1 = 0$

(3) $x^2 + 2x - 35 = 0$ (4) $20x^2 - 13x + 2 = 0$

(5) $9x^2 - 5x - 4 = 0$

2. 試利用配方法解下列一元二次方程式．

(1) $x^2 + x + 1 = 0$ (2) $3x^2 - 17x + 10 = 0$

(3) $6x^2 + x - 2 = 0$ (4) $2x^2 - 3x + 7 = 0$

(5) $21x^2+11x-2=0$ (6) $4x^2-2x+1=0$

3. 試利用公式解法解下列方程式.

 (1) $2x^2+\dfrac{1}{3}x-\dfrac{1}{3}=0$ (2) $2x^2+3x-4=0$

 (3) $x^2+x+1=0$ (4) $3x^2+5x+7=0$

 (5) $2(x+3)^2-5(x+3)=18$

4. 解方程式 $ix^2+(i-1)x-1=0$ (可利用因式分解法求解).

5. 試判斷下列方程式根的性質.

 (1) $5x^2+7x-3=0$ (2) $2x^2-4x+11=0$

 (3) $x^2-6x+3=0$

6. 設 $2x^2+kx+3=0$，試決定 k 的值使得此一元二次方程式的二根為相等的實數.

7. 試求 $x^2+|2x-1|=3$ 之實根.

8. 若 $k\in \mathbb{R}$，二次方程式 $kx^2+3x+1=0$

 (1) 有相異兩實根，求 k 之範圍.   (2) 有相等兩實根，求 k 之值.

 (3) 有兩共軛虛根，求 k 之範圍.   (4) 有兩實根，求 k 之範圍.

9. 設 α、β 為一元二次方程式 $x^2+8x+6=0$ 之兩根，試求下列各式的值：

 (1) $\alpha+\beta$ (2) $\alpha\beta$ (3) $\alpha^2+\beta^2$

 (4) $\dfrac{1}{\alpha}+\dfrac{1}{\beta}$ (5) $\dfrac{\beta}{\alpha}+\dfrac{\alpha}{\beta}$

10. 求以下列二數為根的一元二次方程式.

 (1) 3，-8 (2) $\dfrac{1}{2}$，$-\dfrac{2}{3}$

11. 設 α、β 為 $x^2-x-3=0$ 之二根，試求 $\dfrac{1}{(1+\alpha)^2}+\dfrac{1}{(1+\beta)^2}$ 之值.

12. 設方程式為 $3x^2+x-2k=0$，求出 k 之值使得此方程式有

 (1) 相異的實根， (2) 相等的實根， (3) 相異的虛根.

13. 設 $x^2+(k-13)x+k=0$ 的二根是自然數，求 k 之值.

14. 若 $z\in \mathbb{C}$，解 $z^2+(4-3i)z+1-7i=0$.

15. 試解方程式 $(2-\sqrt{3})x^2-2(\sqrt{3}-1)x-6=0$.

16. 設 $a<b<c$，試證明 $(x-a)(x-c)+(x-b)^2=0$ 有兩個相異實根.

17. 若方程式 $x^2+px+q=0$ 的二根為 α、β；$x^2-px+2q-3=0$ 的二根是 $\alpha+4$、$\beta+4$，試求 p 與 q 之值.

18. 設 α、β 為方程式 $3x^2+x-4=0$ 之兩根，試求 $|\alpha-\beta|$ 之值.

19. 甲、乙二人同解一個一元二次方程式；甲因看錯一次項係數，而得二根為 -3 與 8；而乙看錯常數項，而得二根為 4 與 -9，求原方程式與其二根.

20. 果園內種了 600 棵桔子樹，每行所種的棵數比行數的 2 倍少 10 棵，試問每行種多少棵？

3

直線方程式

本章學習目標

- 平面直角坐標系、距離公式與分點坐標
- 直線的斜率與直線方程式

3-1 平面直角坐標系、距離公式與分點坐標

在讀國中時，我們用實數來表示直線上的點，而構成直線坐標系．今對平面上的點，我們以直線坐標系為基礎來討論．

在一平面上，作互相垂直的二直線：其中一條為水平，另一條為垂直，它們相交於 O，以點 O 為原點，使每一直線成一數線（即以點 O 為原點的直線坐標系），這樣確定平面上一點之位置的坐標系，稱為**平面直角坐標系**，兩數線稱為坐標軸，水平線稱為**橫軸**，垂直線稱為**縱軸**，橫軸常簡稱為 x-軸，縱軸常簡稱為 y-軸．點 O 仍稱為原點．這坐標系所在的平面稱為坐標平面，規定 x-軸向右的方向為正，y-軸向上的方向為正．

對於坐標平面上不在軸上的任一點 P，過這點 P 分別作線段垂直於兩軸，交 x-軸於點 M，交 y-軸於點 N．若點 M 在 x-軸上對應的實數為 x，點 N 在 y-軸上對應的實數為 y，則以實數序對 (x, y) 表示點 P 在平面上的位置，而 (x, y) 稱為點 P 的坐標，x 稱為點 P 的橫坐標，或 x-坐標，y 稱為點 P 的縱坐標，或 y-坐標，如圖 3-1 所示．

在 x-軸上的點，其坐標為 $(x, 0)$，當 $x > 0$ 時，點在 y-軸的右方，當 $x < 0$ 時，點在 y-軸的左方．在 y-軸上的點，其坐標為 $(0, y)$，當 $y > 0$ 時，點在 x-軸的上方，

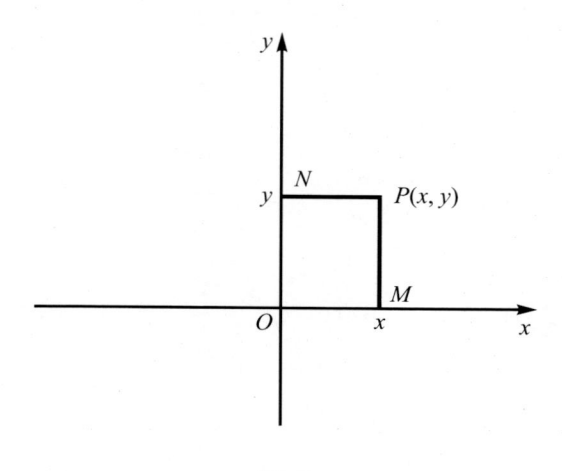

圖 3-1

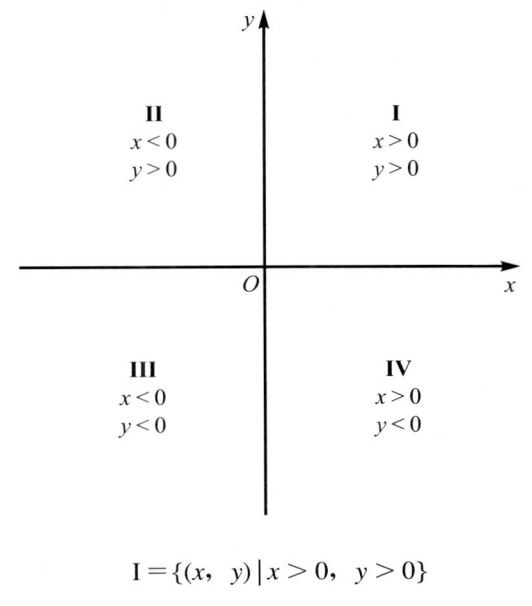

$$\text{I} = \{(x, y) \mid x > 0, y > 0\}$$
$$\text{II} = \{(x, y) \mid x < 0, y > 0\}$$
$$\text{III} = \{(x, y) \mid x < 0, y < 0\}$$
$$\text{IV} = \{(x, y) \mid x > 0, y < 0\}$$

圖 3-2

當 $y < 0$ 時，點在 x-軸的下方，原點的坐標為 $(0, 0)$.

兩坐標軸將坐標平面分成四個區域，稱為**象限**，而以坐標軸為界，如圖 3-2 所示，以 I、II、III、IV 分別表第一、第二、第三與第四象限.

坐標軸上的點不屬於任何一個象限.

例題 1 試問下列各點分別在第幾象限？
(1) $(3, -2)$, (2) $(-2, 5)$, (3) $(-5, -3)$.

解 (1) $x = 3 > 0$, $y = -2 < 0$, 故 $(3, -2)$ 在第 IV 象限.
(2) $x = -2 < 0$, $y = 5 > 0$, 故 $(-2, 5)$ 在第 II 象限.
(3) $x = -5 < 0$, $y = -3 < 0$, 故 $(-5, -3)$ 在第 III 象限.

直線坐標系上任意兩點 $P(x)$、$Q(y)$ 的距離為 $\overline{PQ} = |x - y|$，同理，對於平面上任意兩點的距離，我們可由下面定理得知.

定理 3-1

設 $P(x_1, y_1)$、$Q(x_2, y_2)$ 為平面上任意兩點，則此二點的距離為

$$\overline{PQ} = \sqrt{(x_1-x_2)^2 + (y_1-y_2)^2}.\tag{3-1-1}$$

證：(1) 設直線 PQ 不垂直於兩軸，過 P 與 Q 點分別作 x-軸及 y-軸的垂線交於 R 點，如圖 3-3 所示．

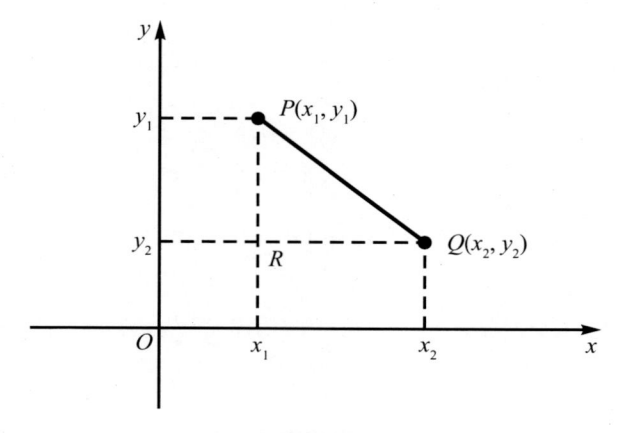

圖 3-3

由直角 $\triangle PQR$ 中得知 $\overline{RQ} = |x_1 - x_2|$，$\overline{PR} = |y_1 - y_2|$，故

$$\overline{PQ}^2 = \overline{RQ}^2 + \overline{PR}^2 = |x_1 - x_2|^2 + |y_1 - y_2|^2$$

$$\overline{PQ} = \sqrt{(x_1 - x_2)^2 + (y_1 - y_2)^2}.$$

(2) 若直線 PQ 平行於 x-軸，則 $y_1 = y_2$，如圖 3-4 所示，而

$$\overline{PQ} = |x_2 - x_1| = \sqrt{(x_2 - x_1)^2}$$
$$= \sqrt{(x_2 - x_1)^2 + 0^2}$$
$$= \sqrt{(x_2 - x_1)^2 + (y_2 - y_1)^2}.$$

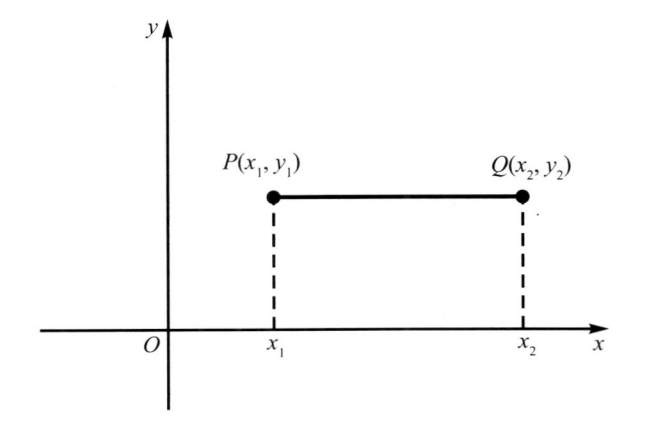

圖 3-4

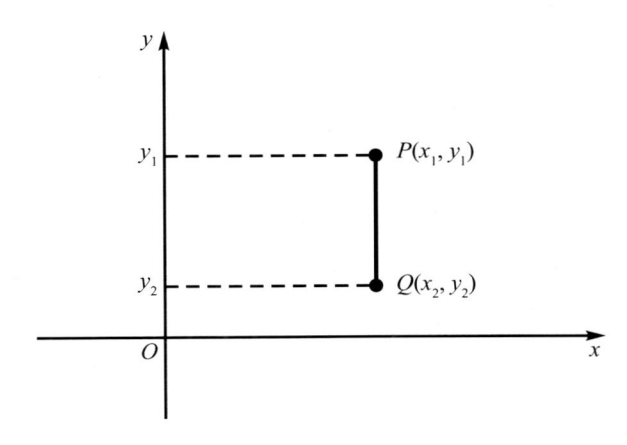

圖 3-5

(3) 若直線 PQ 垂直於 x-軸，則 $x_1 = x_2$，如圖 3-5 所示，而

$$\overline{PQ} = |y_2 - y_1| = \sqrt{(y_2 - y_1)^2} = \sqrt{0^2 + (y_2 - y_1)^2}$$
$$= \sqrt{(x_2 - x_1)^2 + (y_2 - y_1)^2}.$$

由 (1)、(2)、(3) 之討論，此定理得證.

例題 2 求 $(-3, 4)$ 與 $(5, -6)$ 二點間的距離.

解 設 P 的坐標為 $(-3, 4)$，Q 的坐標為 $(5, -6)$，

則 P、Q 二點間的距離為

$$\overline{PQ} = \sqrt{(-3-5)^2 + (4-(-6))^2} = \sqrt{164} = 2\sqrt{41}.$$

例題 3 設 $A(-1, 2)$、$B(3, -4)$、$C(5, -2)$，求 $\triangle ABC$ 三邊之長，此三角形是何種三角形？

解
$$\overline{AB} = \sqrt{(-1-3)^2 + (2-(-4))^2} = \sqrt{16+36} = 2\sqrt{13}$$
$$\overline{BC} = \sqrt{(3-5)^2 + (-4-(-2))^2} = \sqrt{4+4} = 2\sqrt{2}$$
$$\overline{AC} = \sqrt{(-1-5)^2 + (2-(-2))^2} = \sqrt{36+16} = 2\sqrt{13}$$

因為 $\overline{AB} = \overline{AC}$，所以 $\triangle ABC$ 是一個等腰三角形.

例題 4 設點 $P(x, y)$ 與三點 $O(0, 0)$、$A(0, 2)$、$B(1, 0)$ 等距離，求 P 點的坐標.

解 依定理 3-1 的距離公式，我們得到

$$\overline{PO} = \sqrt{x^2+y^2} = \sqrt{x^2+(y-2)^2} = \overline{PA}$$
$$\Rightarrow y^2 = (y-2)^2 \Rightarrow y = 1$$
$$\overline{PO} = \sqrt{x^2+y^2} = \sqrt{(x-1)^2+y^2} = \overline{PB}$$
$$\Rightarrow x^2 = (x-1)^2 \Rightarrow x = \frac{1}{2}$$

故 P 點的坐標為 $\left(\frac{1}{2}, 1\right)$.

定理 3-2 分點坐標

設 $P_1(x_1, y_1)$、$P_2(x_2, y_2)$、$P(x, y)$ 為一直線上相異的三點，且 P 介於 P_1、P_2 之間，以 $P_1 - P - P_2$ 表示之，則 P 點稱為 $\overline{P_1P_2}$ 的分點，且 $\dfrac{\overline{P_1P}}{\overline{PP_2}} = r$（r 稱為"分點 P 分割自 P_1 至 P_2 的線段的比值"），則

$$x = \frac{x_1 + rx_2}{1+r}, \qquad y = \frac{y_1 + ry_2}{1+r}$$

即 $$P\left(\frac{x_1 + rx_2}{1+r}, \frac{y_1 + ry_2}{1+r}\right). \tag{3-1-2}$$

證：(1) 設直線 P_1P_2 不垂直於兩軸，過 P_1、P、P_2 作直線平行於 x-軸及 y-軸交於 $A(x, y_1)$、$B(x_2, y_1)$、$C(x_2, y)$，如圖 3-6 所示.

$$\because \overline{PA} \parallel \overline{P_2B}$$

$$\therefore \frac{\overline{P_1P}}{\overline{PP_2}} = \frac{\overline{P_1A}}{\overline{AB}} \Rightarrow r = \frac{x - x_1}{x_2 - x} \Rightarrow x - x_1 = r(x_2 - x)$$

$$\Rightarrow x = \frac{x_1 + rx_2}{1+r}$$

$$\because \overline{PC} \parallel \overline{AB}$$

$$\therefore \frac{\overline{P_1P}}{\overline{PP_2}} = \frac{\overline{BC}}{\overline{CP_2}} \Rightarrow r = \frac{y - y_1}{y_2 - y} \Rightarrow y - y_1 = r(y_2 - y)$$

$$\Rightarrow y = \frac{y_1 + ry_2}{1+r}$$

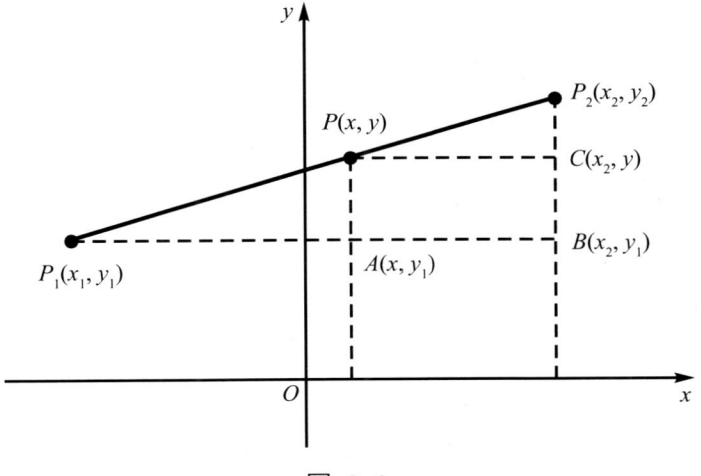

圖 3-6

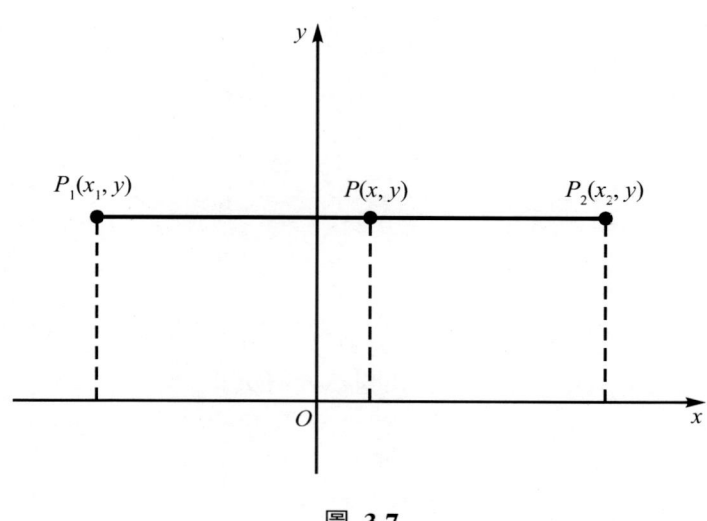

$$\text{故 } P\left(\frac{x_1+rx_2}{1+r}, \frac{y_1+ry_2}{1+r}\right).$$

(2) 若直線 $\overline{P_1P_2}$ 垂直於任一軸（假設 y-軸，則 $y_1=y=y_2$），如圖 3-7 所示，可自行證之.

由 (1)、(2) 得知，$x=\dfrac{x_1+rx_2}{1+r}$，$y=\dfrac{y_1+ry_2}{1+r}$，即 P 點之坐標為 $\left(\dfrac{x_1+rx_2}{1+r}, \dfrac{y_1+ry_2}{1+r}\right)$. 依據定理 3-2 得知，若 $r=1$，即 P 點為 $\overline{P_1P_2}$ 的中點，故 $\overline{P_1P_2}$ 之中點 $P(x, y)$ 為 $x=\dfrac{x_1+x_2}{2}$，$y=\dfrac{y_1+y_2}{2}$. 又當 P 在 $\overline{P_1P_2}$ 內時，則 $\overline{P_1P}$ 與 $\overline{PP_2}$ 為同一方向，r 為正數稱為**內分點**；在 $\overline{P_1P_2}$ 外時，$\overline{P_1P}$ 與 $\overline{PP_2}$ 之方向相反，r 為負數，稱為**外分點**.

例題 5 設平面坐標系兩點 $A(-3, 4)$、$B(5, -3)$，$C \in \overline{AB}$，且 $\overline{AC}=2\overline{BC}$，求 C 點的坐標.

解 ∵ $\overline{AC}=2\overline{BC}$ ∴ $\dfrac{\overline{AC}}{\overline{BC}}=2=r$，

代入式 (3-1-2)，得

$$x = \frac{x_1 + rx_2}{1+r}, \quad y = \frac{y_1 + ry_2}{1+r}$$

故 $\quad x = \dfrac{-3 + 2 \cdot 5}{1+2} = \dfrac{7}{3}, \quad y = \dfrac{4 + 2 \cdot (-3)}{1+2} = -\dfrac{2}{3}$

故 C 點之坐標為 $C\left(\dfrac{7}{3}, -\dfrac{2}{3}\right)$.

隨堂練習 1 設兩點的坐標分別為 $A(-3, 4)$、$B(5, -3)$，C 為 $\overline{AB}$ 上一點，且 $\overline{AC} = 5\overline{BC}$，求 C 點的坐標.

答案：$C\left(\dfrac{11}{3}, -\dfrac{11}{6}\right)$.

習題 3-1

試問下列各點分別在第幾象限？

1. $(3, -2)$ 　　**2.** $(-2, 5)$ 　　**3.** $(-5, -3)$

4. $(5, \sqrt{2})$ 　　**5.** $(-\sqrt{2}, -\sqrt{5})$

求下列各點與原點的距離.

6. $P_1(3, 1)$ 　　**7.** $P_2(5, -3)$ 　　**8.** $P_3(4, -3)$

求下列兩點間的距離.

9. $(3, 4)$ 與 $(-1, 2)$ 　　**10.** $(-7, 8)$ 與 $(3, -4)$

11. 試證：以 $A(2, 1)$、$B(7, 1)$、$C(9, 5)$、$D(4, 5)$ 為頂點的四邊形，為一平行四邊形.

12. 設平面坐標上 $P_1(x_1, y_1)$、$P_2(x_2, y_2)$，若 $P_1 - P_2 - P$，且 $\dfrac{\overline{P_1 P}}{\overline{PP_2}} = r$，試求 P 點之

坐標.

13. 設平面上三點 $A(1, 5)$、$B(-3, 1)$、$C(6, -4)$，求 $\triangle ABC$ 三邊之長，此三角形是何種三角形？

14. 坐標平面上，$ABCD$ 是一個矩形，已知 $A(-5, 6)$、$C(1, -2)$，求 $\overline{BD}$ 之長.

15. 於坐標平面上，$\triangle ABC$ 為正三角形，如右圖所示，A 點在第一象限，$B(-2, 0)$、$C(3, 0)$，求 A 點之坐標.

16. 已知 P 點的橫坐標為 -5，$\overline{OP} = 13$，求 P 點之縱坐標.

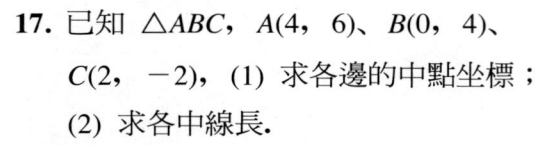

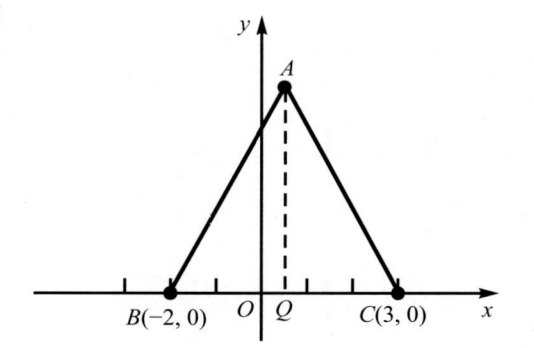

17. 已知 $\triangle ABC$，$A(4, 6)$、$B(0, 4)$、$C(2, -2)$，(1) 求各邊的中點坐標；(2) 求各中線長.

18. 於 xy-平面上，若 $A(-2, 3)$、$B(5, 1)$，P 點在 x-軸上，且滿足 $\overline{PA} = \overline{PB}$，則 P 點之坐標為何？

19. 三角形三中線的交點稱為重心. 設 $\triangle ABC$ 之三頂點坐標分別為 $A(x_1, y_1)$、$B(x_2, y_2)$、$C(x_3, y_3)$，試求其重心坐標.

20. $A(-1, 3)$、$B(0, 4)$，C 點在 x-軸上，$\triangle ABC$ 是一個等腰三角形，求 C 點之坐標.

▶▶ 3-2 直線的斜率與直線方程式

一、直線的斜率

在測量術裡，有關一個斜坡的傾斜程度，我們可用水平方向每前進一個單位距離時，垂直方向上升或下降多少個單位距離來表示. 在 xy-平面上，我們也可以用這個概念來表示直線的傾斜程度.

考慮 xy-平面上的一條非垂直線 L，而 $P_1(x_1, y_1)$ 與 $P_2(x_2, y_2)$ 為 L 上的兩點，如圖 3-8 所示. 那麼，水平變化 $x_2 - x_1$ 與垂直變化 $y_2 - y_1$ 分別為從 P_1 到 P_2 的橫

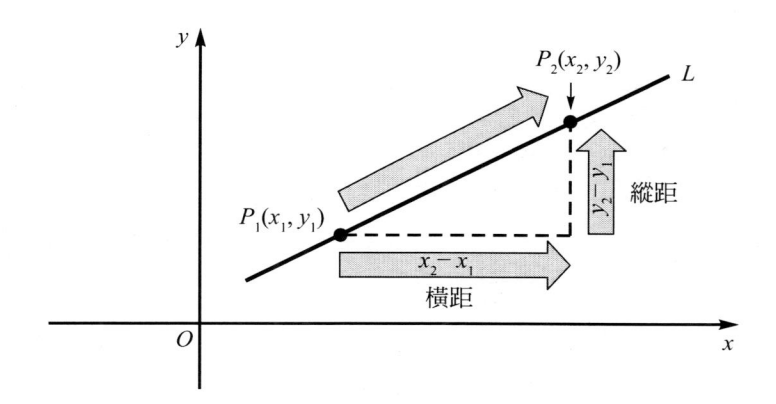

圖 3-8

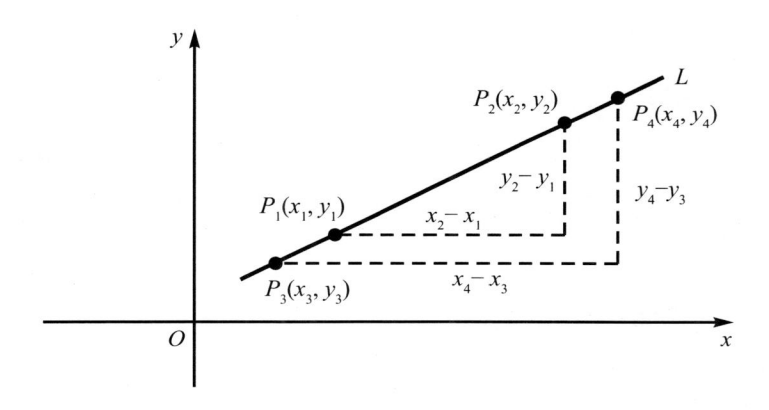

圖 3-9

距與縱距. 利用比例的概念，比值 $m=\dfrac{y_2-y_1}{x_2-x_1}$ 表示直線 L 的傾斜程度. 如果在直線 L 上任取其他相異兩點 $P_3(x_3, y_3)$ 及 $P_4(x_4, y_4)$，如圖 3-9 所示，依相似三角形的關係，可得

$$m=\dfrac{y_2-y_1}{x_2-x_1}=\dfrac{y_4-y_3}{x_4-x_3}$$

又因為

$$\dfrac{y_1-y_2}{x_1-x_2}=\dfrac{y_2-y_1}{x_2-x_1}$$

$$\dfrac{y_3-y_4}{x_3-x_4}=\dfrac{y_4-y_3}{x_4-x_3}$$

所以比值 m 不會因所選取的兩點不同或順序不同而改變其值. 只要 L 不是垂直線, 則便可以決定一個比值 m, 其為 L 的斜率, 定義如下:

定義 3-1

若 $P_1(x_1, y_1)$ 與 $P_2(x_2, y_2)$ 為非垂直線 L 上的兩相異點, 則 L 的**斜率** m 定義為

$$m = \frac{\text{縱距}}{\text{橫距}} = \frac{y_2 - y_1}{x_2 - x_1}.$$

註:若直線 P_1P_2 為垂直線, 則 $x_2 - x_1 = 0$, 此時我們不規定它的斜率. (有些人稱垂直線有無限大的斜率, 或無斜率.)

例題 1 在下列每一部分中, 求連接所給兩點之直線的斜率.

(1) 點 $(6, 2)$ 與點 $(8, 6)$.
(2) 點 $(2, 9)$ 與點 $(4, 3)$.
(3) 點 $(-2, 7)$ 與點 $(6, 7)$.

解 (1) 斜率為 $m = \dfrac{6-2}{8-6} = \dfrac{2}{4} = 2.$

(2) 斜率為 $m = \dfrac{3-9}{4-2} = \dfrac{-6}{2} = -3.$

(3) 斜率為 $m = \dfrac{7-7}{6-(-2)} = 0.$

非垂直線 L 在 xy-平面上傾斜的情形有下列三種 (如圖 3-10 所示):

1. 當 L 由左下到右上傾斜時, 其斜率為正.
2. 當 L 由左上到右下傾斜時, 其斜率為負.
3. 當 L 為水平時, 其斜率為 0.

(1) $m > 0$　　　　　　(2) $m < 0$　　　　　　(3) $m = 0$

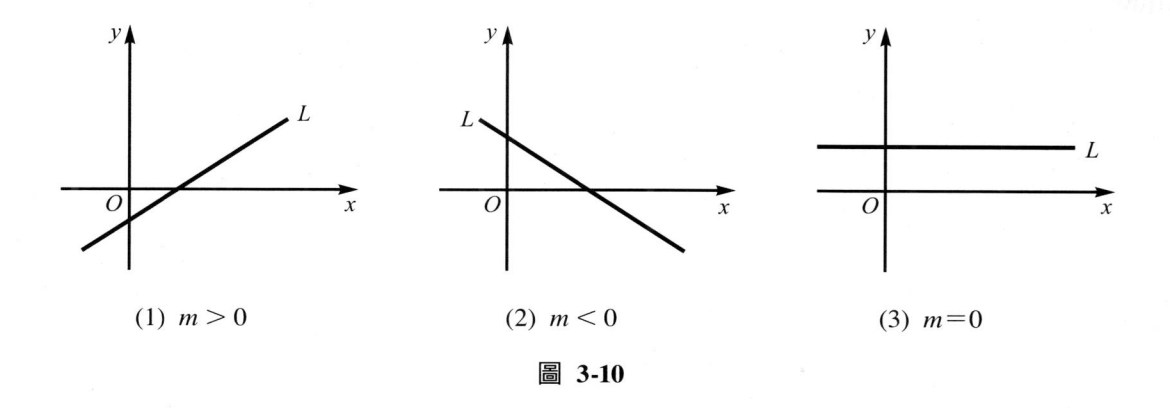

圖 3-10

直線的斜率既然是用來表示該直線的傾斜程度，那麼，直觀看來，平行直線的傾斜程度一樣，所以它們的斜率應該相等．現在，我們來證明這個事實．

定理 3-3

兩條非垂直線互相平行，若且唯若它們有相同的斜率．

證：設直線 L_1 與 L_2 均與 x-軸不垂直．通過 $(x_1, 0)$ 作 x-軸的垂線，與 L_1、L_2 分別交於 $A(x_1, y_1)$、$B(x_1, y_1')$．通過 $(x_2, 0)$ 作 x-軸的垂線，與 L_2、L_3 分別交於 $D(x_2, y_2)$、$C(x_2, y_2')$．

$$L_1 \parallel L_2 \Leftrightarrow ABCD \text{ 為平行四邊形}$$
$$\Leftrightarrow \overline{AB} = \overline{CD}$$
$$\Leftrightarrow y_1 - y_1' = y_2 - y_2' \Leftrightarrow y_2 - y_1 = y_2' - y_1'$$

但 L_1 的斜率 $= \dfrac{y_2 - y_1}{x_2 - x_1}$，$L_2$ 的斜率 $= \dfrac{y_2' - y_1'}{x_2 - x_1}$．故 $L_1 \parallel L_2 \Rightarrow L_1$ 的斜率 $= L_2$ 的斜率．如圖 3-11 所示．

例題 2 試證：以 $A(-4, -2)$、$B(2, 0)$、$C(8, 6)$ 及 $D(2, 4)$ 為頂點的四邊形是平行四邊形．

數學 (一)

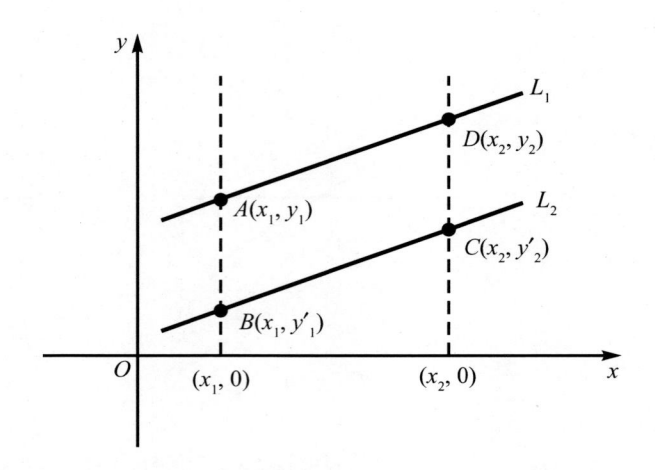

圖 3-11

解 我們以 m_{AB} 表示直線 AB 的斜率，則

$$m_{AB} = \frac{0-(-2)}{2-(-4)} = \frac{1}{3}$$

$$m_{CD} = \frac{4-6}{2-8} = \frac{1}{3}$$

$$m_{BC} = \frac{6-0}{8-2} = 1$$

$$m_{AD} = \frac{4-(-2)}{2-(-4)} = 1$$

因 $m_{AB} = m_{CD}$，$m_{BC} = m_{AD}$，故 $\overline{AB} \parallel \overline{CD}$，$\overline{BC} \parallel \overline{AD}$。因此，四邊形 $ABCD$ 是平行四邊形.

隨堂練習 2 試證：三點 $A(a, b+c)$、$B(b, c+a)$ 及 $C(c, a+b)$ 共線.

隨堂練習 3 若 $P(4, 3)$、$Q(-1, 5)$ 及 $R(1, k)$ 三點共線，試利用斜率之觀念求 k 值.

答案：$k = \dfrac{21}{5}$.

第三章　直線方程式

斜率除了可以用來判斷兩直線是否平行外，還可以用來判斷它們是否垂直.

定理 3-4

兩條非垂直線互相垂直，若且唯若它們之斜率的乘積為 -1.

證：設 m_1 與 m_2 分別為 L_1 與 L_2 的斜率. 令 L_1 與 L_2 交於 $P(a, b)$，通過 $(a+1, 0)$ 作一直線垂直於 x-軸，分別與 L_1、L_2 交於 $P_1(a+1, y_1)$、$P_2(a+1, y_2)$，如圖 3-12 所示，則

$$m_1 = \frac{y_1 - b}{(a+1) - a} = y_1 - b$$

$$m_2 = \frac{y_2 - b}{(a+1) - a} = y_2 - b$$

於是，　　　$L_1 \perp L_2 \Leftrightarrow \triangle PP_1P_2$ 為直角三角形

$$\Leftrightarrow \overline{P_1P}^2 + \overline{PP_2}^2 = \overline{P_1P_2}^2$$
$$\Leftrightarrow (a+1-a)^2 + (y_1-b)^2 + (a+1-a)^2 + (y_2-b)^2$$
$$= (a+1-a-1)^2 + (y_1-y_2)^2$$
$$\Leftrightarrow 2 + (y_1-b)^2 + (y_2-b)^2 = (y_1-y_2)^2$$

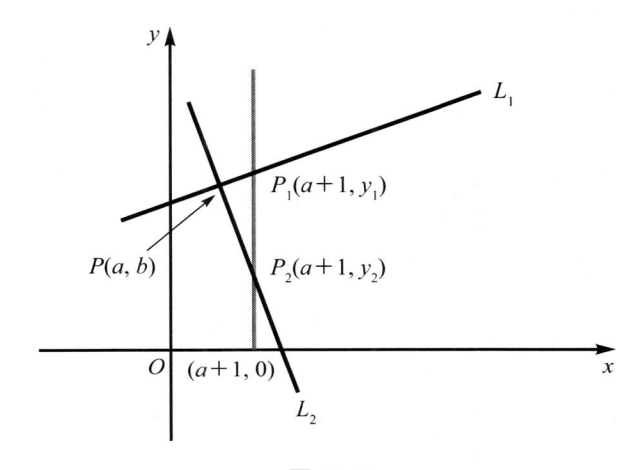

圖 3-12

$$\Leftrightarrow 2+m_1^2+m_2^2=(m_1-m_2)^2$$
$$\Leftrightarrow m_1m_2=-1.$$

例題 3 設 $A(-5, 2)$、$B(1, 6)$ 及 $C(7, 4)$ 為 $\triangle ABC$ 的三頂點，求通過 B 點之高的斜率．

解 直線 $\overline{AC}$ 的斜率為 $m_{AC}=\dfrac{4-2}{7-(-5)}=\dfrac{1}{6}$．設通過 B 點之高的斜率為 m，則

$\dfrac{1}{6}m=-1$，可得 $m=-6$．

隨堂練習 4 試利用斜率證明：$A(1, 3)$、$B(3, 7)$ 及 $C(7, 5)$ 為直角三角形的三個頂點．

二、直線方程式

平行於 y-軸的直線交 x-軸於某點 $(a, 0)$，此直線恰由 x-坐標是 a 的那些點所組成，如圖 3-13(1) 所示，因此，通過 $(a, 0)$ 的垂直線為 $x=a$．同理，平行於 x-軸的直線交 y-軸於某點 $(0, b)$，此直線恰由 y-坐標是 b 的那些點所組成，如圖 3-13(2) 所示，因此，通過 $(0, b)$ 的水平線為 $y=b$．

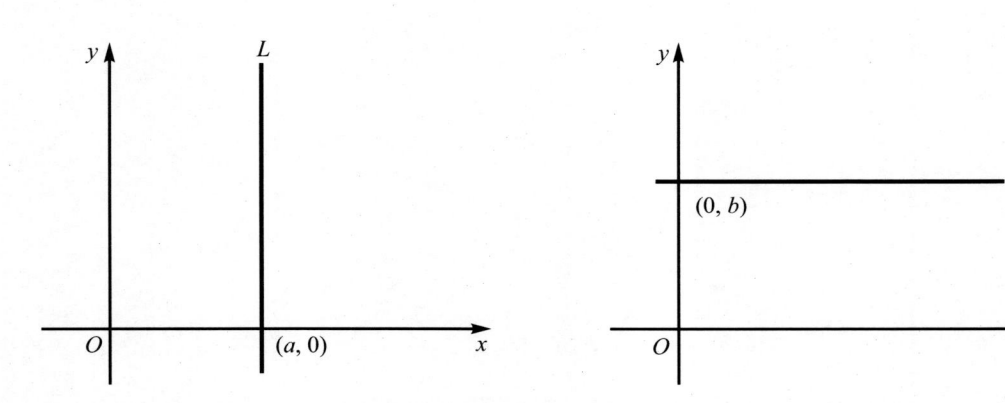

(1) 在直線 L 上的每一點具有 x-坐標 a (2) 在直線 L 上的每一點具有 y-坐標 b

圖 3-13

例題 4 $x=-2$ 的圖形是通過 $(-2, 0)$ 的垂直線，而 $y=5$ 的圖形是通過 $(0, 5)$ 的水平線.

通過平面上任一點的直線有無限多條；然而，若給定直線的斜率與直線上的一點，則該點與斜率決定了唯一的一條直線.

現在，我們考慮如何求通過 $P_1(x_1, y_1)$ 且斜率為 m 之非垂直線 L 的方程式. 若 $P(x, y)$ 是 L 上異於 P_1 的一點，則 L 的斜率為 $m=\dfrac{y-y_1}{x-x_1}$，此可改寫成

$$y-y_1=m(x-x_1) \tag{3-2-1}$$

除了點 (x_1, y_1) 之外，我們已指出 L 上的每一點均滿足式 (3-2-1). 但 $x=x_1$，$y=y_1$ 也滿足式 (3-2-1)，故 L 上的所有點均滿足式 (3-2-1). 滿足式 (3-2-1) 的每一點均位於 L 上的證明留給讀者.

定理 3-5

通過 $P_1(x_1, y_1)$ 且斜率為 m 之直線的方程式為

$$y-y_1=m(x-x_1) \tag{3-2-2}$$

此式稱為直線的**點斜式**.

例題 5 求通過點 $(4, -3)$ 且斜率為 2 之直線的方程式.

解 設 $P(x, y)$ 為所求直線上的任意點，則由點斜式可得

$$y-(-3)=2(x-4)$$

化成
$$2x-y=11$$

此即為所求的直線方程式.

隨堂練習 5 試求通過點 $(-2, 3)$ 且斜率為 -1 之直線方程式.

答案：$x+y=1$.

若 $P_1(x_1, y_1)$ 與 $P_2(x_2, y_2)$ 為非垂直線上的兩相異點，則直線的斜率為 $m=\dfrac{y_2-y_1}{x_2-x_1}=\dfrac{y_1-y_2}{x_1-x_2}$．以此式代入式 (3-2-2)，可得下面的結果．

定理 3-6

由兩點 $P_1(x_1, y_1)$ 與 $P_2(x_2, y_2)$ 所決定之非垂直線的方程式為

$$y-y_1=\dfrac{y_1-y_2}{x_1-x_2}(x-x_1) \tag{3-2-3}$$

此式稱為直線的**兩點式**．

例題 6 求通過點 (3, 4) 與點 (2, −1) 之直線的方程式．

解 由兩點式可得直線的方程式為

$$y-4=\dfrac{4-(-1)}{3-2}(x-3)=5(x-3)$$

即，$5x-y=11.$

例題 7 設兩直線 $L_1: x-2y-3=0$ 及直線 $L_2: 2x+3y+1=0$ 相交於 P；
(1) 求 P 點之坐標．
(2) 求過 P 點及原點之直線方程式．

解 (1) 解 $\begin{cases} x-2y-3=0 \\ 2x+3y+1=0 \end{cases}$

$\Rightarrow x=1, y=-1$

故 L_1 與 L_2 之交點為 $P(1, -1)$．

(2) 由兩點式知 $\overleftrightarrow{OP}: y-0=\dfrac{0-(-1)}{0-1}(x-0)$

得 $y+x=0.$

第三章　直線方程式

一條非垂直線 L 交 x-軸、y-軸於 $(a, 0)$、$(0, b)$ 二點，我們稱 a 為直線 L 的 **x-截距**，稱 b 為直線 L 的 **y-截距**，如圖 3-14 所示．

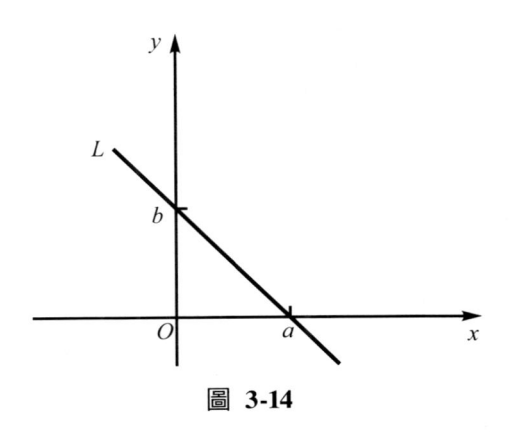

圖 3-14

定理 3-7

y-截距為 b 且斜率為 m 之直線 L 的方程式為

$$y = mx + b \tag{3-2-4}$$

此式稱為直線的**斜截式**．

證：因為 L 的 y-截距為 b，所以，L 必過點 $(0, b)$，由式 (3-2-2)，得知直線 L 的方程式為

$$y - b = m(x - 0) \Rightarrow y = mx + b$$

註：注意方程式 (3-2-4) 的 y 單獨在一邊．當直線的方程式寫成這種形式時，直線的斜率與其 y-截距可藉方程式的觀察而確定：斜率是 x 的係數而 y-截距是常數項．

例題 8　求滿足下列所述條件之直線的方程式．

(1) 斜率為 -3；交 y-軸於點 $(0, -4)$．

(2) 斜率為 2；通過原點．

解　(1) 以 $m = -3$，$b = -4$ 代入式 (3-2-4)，可得 $y = -3x - 4$，即，$3x + y = -4$．

(2) 以 $m=2$，$b=0$ 代入式 (3-2-4)，可得 $y=2x+0$，即，$2x-y=0$.

隨堂練習 6 設直線 $L：3x-5y-4=0$，求過 $P(2，3)$ 且與 L 垂直之直線方程式.

答案：$5x+3y-19=0$.

定理 3-8

設直線 L 的 x-截距為 a，y-截距為 b，若 $ab \neq 0$，則 L 的方程式為

$$\frac{x}{a}+\frac{y}{b}=1 \tag{3-2-5}$$

此式稱為 L 的**截距式**.

證：直線 L 的 x-截距為 a，y-截距為 b，即，L 通過點 $(a，0)$ 與點 $(0，b)$. 由直線的兩點式可得 L 的方程式為

$$y-0=\frac{0-b}{a-0}(x-a)=-\frac{b}{a}(x-a)$$

即， $$bx+ay=ab$$

故 $$\frac{x}{a}+\frac{y}{b}=1.$$

形如 $ax+by=c$ 的方程式稱為二元一次方程式，此處 a、b 與 c 均為常數，且 a 與 b 不全為 0. 我們在前面已經介紹了許多形式的直線方程式，它們均可以化成形如 $ax+by=c$ 的一般式. 因此，在 xy-平面上，直線的方程式是二元一次方程式；反之，二元一次方程式 $ax+by=c$ 的圖形是直線.

1. 當 $b=0$ 時，$x=\frac{c}{a}$，表示垂直 x-軸於點 $\left(\frac{c}{a}，0\right)$ 的直線.

2. 當 $b \neq 0$ 時，$y=-\frac{a}{b}x+\frac{c}{b}$，表示斜率為 $-\frac{a}{b}$ 且 y-截距為 $\frac{c}{b}$ 的直線.

坐標平面上的直線既然均可以用二元一次方程式來表示，那麼，求坐標平面上兩直線的交點坐標，就是要解兩直線方程式所成的一次方程組。一般而言，假設兩直線 L_1 與 L_2 的方程式分別為 $a_1x+b_1y=c_1$ 與 $a_2x+b_2y=c_2$，若 L_1 與 L_2 相交於點 $P(a, b)$，則 $x=a$，$y=b$ 就是方程組

$$\begin{cases} a_1x+b_1y=c_1 \\ a_2x+b_2y=c_2 \end{cases}$$

的解。

例題 9 化直線 $3x+5y=15$ 為截距式 $\dfrac{x}{a}+\dfrac{y}{b}=1$。

解 $3x+5y=15 \Rightarrow \dfrac{3x}{15}+\dfrac{5y}{15}=1 \Rightarrow \dfrac{x}{5}+\dfrac{y}{3}=1$。

隨堂練習 7 求過 $P(3, -1)$、$Q(-2, 4)$ 之直線在 x-軸與 y-軸上之截距。

答案：x-軸之截距 $a=2$，y-軸之截距 $b=2$。

隨堂練習 8 求通過點 $P(-3, 1)$，x、y 截距相等的直線方程式。

答案：$x+y=-2$。

若已知一直線 L 之方程式為 $ax+by+c=0$，點 $P(h_0, k_0)$ 不位於直線 L 上，通過點 P 可作一直線 Q 垂直於 L，並假設直線 Q 與直線 L 之交點為 K，則 $\overline{PK}$ 之長度就稱之為點 P 到直線 L 的距離，記為 $d(P, L)$。

定理 3-9

設直線 L 之方程式為 $ax+by+c=0$，且點 $P(h_0, k_0)$ 不在直線 L 上，則點 P 至直線 L 的垂直距離為

$$d(P, L) = \dfrac{|ah_0+bk_0+c|}{\sqrt{a^2+b^2}}. \tag{3-2-6}$$

證：過點 P 作一直線 $Q \perp L$，設 Q 與 L 的交點為 $K(h_1, k_1)$，如圖 3-15 所示．

因 L 的斜率 $m = -\dfrac{a}{b}$，所以 $\overline{KP}$ 之斜率

$$m = \frac{k_1 - k_0}{h_1 - h_0} = \frac{b}{a} \Leftrightarrow bh_1 - bh_0 = ak_1 - ak_0$$
$$\Leftrightarrow bh_1 - ak_1 = bh_0 - ak_0$$

又因 K 在直線 L 上，所以

$$ah_1 + bk_1 + c = 0$$

解下列之聯立方程組

$$\begin{cases} bh_1 - ak_1 = bh_0 - ak_0 \quad \cdots\cdots ① \\ ah_1 + bk_1 = -c \quad \cdots\cdots ② \end{cases}$$

①×b+②×a，可得

$$(a^2 + b^2)h_1 = b^2 h_0 - abk_0 - ca$$

$$\Rightarrow h_1 = \frac{b^2 h_0 - abk_0 - ca}{a^2 + b^2}$$

①×a−②×b，可得

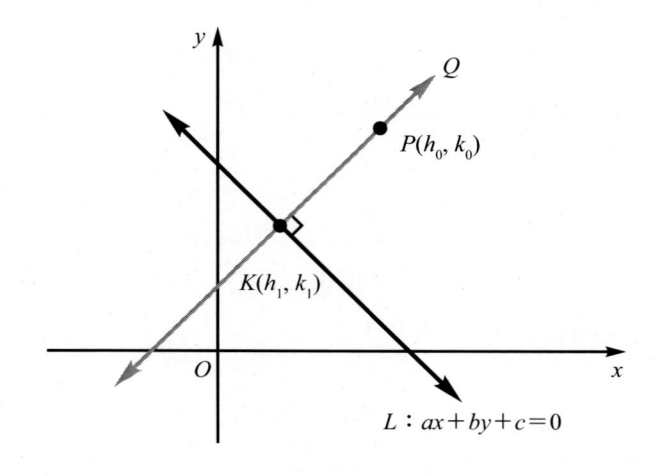

圖 3-15

$$-(a^2+b^2)k_1 = abh_0 - a^2k_0 + cb$$

$$\Rightarrow k_1 = \frac{a^2k_0 - abh_0 - cb}{a^2+b^2}$$

故

$$d(P, L) = \overline{PK} = \sqrt{(h_1-h_0)^2 + (k_1-k_0)^2}$$

$$= \sqrt{\left(\frac{b^2h_0 - abk_0 - ca}{a^2+b^2} - h_0\right)^2 + \left(\frac{a^2k_0 - abh_0 - cb}{a^2+b^2} - k_0\right)^2}$$

$$= \sqrt{\left(\frac{b^2h_0 - abk_0 - ca - a^2h_0 - b^2h_0}{a^2+b^2}\right)^2 + \left(\frac{a^2k_0 - abh_0 - cb - a^2k_0 - b^2k_0}{a^2+b^2}\right)^2}$$

$$= \sqrt{\left(\frac{-a^2h_0 - abk_0 - ca}{a^2+b^2}\right)^2 + \left(\frac{-b^2k_0 - abh_0 - cb}{a^2+b^2}\right)^2}$$

$$= \sqrt{\frac{[a(ah_0+bk_0+c)]^2}{(a^2+b^2)^2} + \frac{[b(ah_0+bk_0+c)]^2}{(a^2+b^2)^2}}$$

$$= \sqrt{\frac{a^2(ah_0+bk_0+c)^2 + b^2(ah_0+bk_0+c)^2}{(a^2+b^2)^2}}$$

$$= \sqrt{\frac{(a^2+b^2)(ah_0+bk_0+c)^2}{(a^2+b^2)^2}}$$

$$= \frac{|ah_0+bk_0+c|}{\sqrt{a^2+b^2}}.$$

例題 10 試求點 $P(1, -2)$ 到直線 $3x+4y-6=0$ 的距離.

解 所求距離為

$$D = \frac{|(3)(1)+(4)(-2)-6|}{\sqrt{3^2+4^2}} = \frac{|-11|}{5} = \frac{11}{5}.$$

習題 3-2

1. 某質點在 $P(1, 2)$ 沿著斜率為 3 的直線到達 $Q(x, y)$.
   (1) 若 $x=5$，求 y.
   (2) 若 $y=-2$，求 x.

2. 已知點 $(k, 4)$ 位於通過點 $(1, 5)$ 與點 $(2, -3)$ 的直線上，求 k.

3. 已知點 $(3, k)$ 位於斜率為 5 且通過點 $(-2, 4)$ 的直線上，求 k.

4. 求頂點為 $(-1, 2)$、$(6, 5)$ 與 $(2, 7)$ 之三角形各邊的斜率.

5. 利用斜率判斷所給點是否共線？
   (1) $(1, 1)$、$(-2, -5)$、$(0, -1)$.
   (2) $(-2, 4)$、$(0, 2)$、$(1, 5)$.

6. 若通過點 $(0, 0)$ 及點 (x, y) 之直線的斜率為 $\frac{1}{2}$，而通過點 (x, y) 及點 $(7, 5)$ 之直線的斜率為 2，求 x 與 y.

7. 設三點 $(6, 6)$、$(4, 7)$ 與 $(k, 8)$ 共線，求 k 的值.

8. 求平行於直線 $3x+2y=5$ 且通過點 $(-1, 2)$ 之直線的方程式.

9. 求垂直於直線 $x-4y=7$ 且通過點 $(3, -4)$ 之直線的方程式.

10. 試求通過 $(3, 4)$ 與 $(-1, 2)$ 兩點之直線方程式.

11. 在下列每一小題中，求兩直線的交點.
    (1) $4x+3y=-2$，$5x-2y=9$.
    (2) $6x-2y=-3$，$-8x+3y=5$.

12. 利用斜率證明：$(3, 1)$、$(6, 3)$ 與 $(2, 9)$ 為直角三角形的三個頂點.

13. 求由兩坐標軸與通過點 $(1, 4)$ 及點 $(2, 1)$ 之直線所圍成三角形的面積.
    (提示：利用直線的點斜式求出直線方程式，再化成截距式.)

14. 若 $ab<0$，$bc>0$，則直線 $ax+by+c=0$ 經過第幾象限？

15. 直線 L 過點 $(2, 6)$，L 與 x-軸、y-軸截距和為 1，試求 L 之方程式.

16. 一直線過點 $(4, -4)$ 且與兩坐標軸所圍成之三角形面積為 4，試求此方程式.

17. 試求直線 $L：3x+5y+6=0$ 與 x-軸、y-軸所圍成之三角形面積.

18. 設兩直線 $L_1：x-2y-3=0$ 及直線 $L_2：2x+3y+1=0$ 相交於 P.

    (1) 求 P 點之坐標.

    (2) 求過 P 及原點之直線方程式.

19. 設一直線之截距和為 1，且與兩軸所圍成三角形面積為 3，求此直線之方程式.

20. 設一直線交 x-軸、y-軸於 P、Q ($P \neq Q$ 或 $P=Q$) 且過 $(1, 3)$ 點，若 $\overline{OP}=\overline{OQ}$，求此直線方程式 ($O$ 表原點).

21. 試求點 $(2, 6)$ 到直線 $2x+y-8=0$ 的距離.

4

函數與函數的圖形

本章學習目標

- 函數的意義
- 函數的運算與合成
- 函數的圖形
- 反函數

4-1 函數的意義

函數在數學上是一個非常重要的概念，許多數學理論皆需用到函數的觀念．函數可以想成是兩個集合之間元素的對應，且滿足集合 A 中的每一個元素對應至集合 B 中的一個且為唯一的元素．例如以 r 代表圓的半徑，A 代表圓的面積，則兩者之間存在的關係為：

$$A = \pi r^2$$

由上式讀者很容易知道，當半徑 r 給定某一值時，面積 A 就有一確定值，與 r 對應，故稱 A 是 r 的函數，其中 r 稱為**自變數**，A 稱為**應變數**．

例如：二集合 $A = \{1, 2, 3, 4\}$、$B = \{1, 4, 9, 16\}$，其元素間的對應方式為

$$1 \to 1, \quad 2 \to 4, \quad 3 \to 9, \quad 4 \to 16$$

此對應亦可以如圖 4-1 所示．

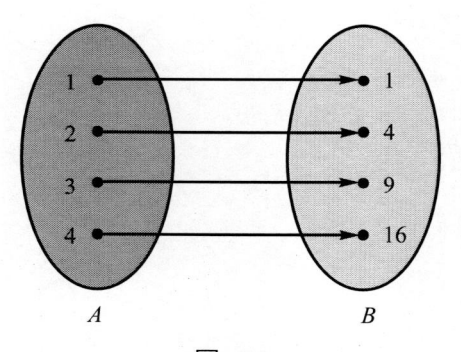

圖 4-1

定義 4-1

設 A、B 是兩個非空集合. 若對每一個 $x \in A$, 恰有一個 $y \in B$ 與之對應, 將此對應方式表為

$$f : A \to B$$

則稱 f 為從 A 映到 B 之一函數 (簡稱 f 為 x 的函數), 集合 A 稱為函數 f 的**定義域**, 記為 D_f, 集合 B 稱為函數 f 的**對應域**. 元素 y 稱為 x 在 f 之下的**像**或**值**, 以 $f(x)$ 表示之. 函數 f 的定義域 A 中之所有元素在 f 之下的像所成的集合, 稱為 f 的**值域**, 記為 R_f, 即,

$$R_f = f(A) = \{f(x) \mid x \in A\}$$

x 稱為**自變數**, 而 y 稱為**應變數**.

此定義的說明如圖 4-2 所示.

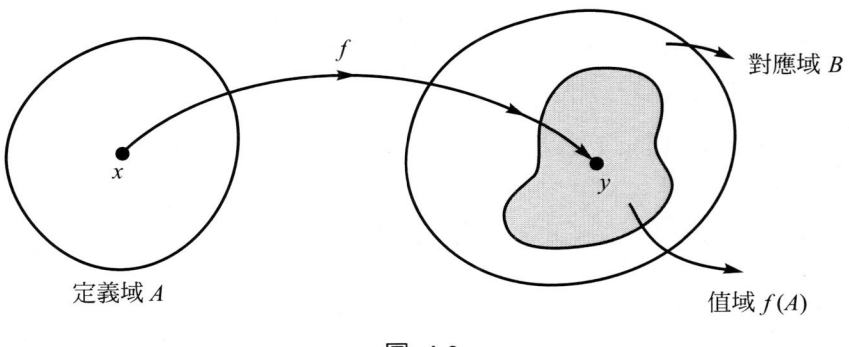

圖 4-2

例題 1 設 $A = \{3, 4, 5, 6\}$、$B = \{a, b, c, d\}$, 下列各對應圖形是否為函數？若為函數, 則求其值域.

(1)

(2)

(3)

(4)

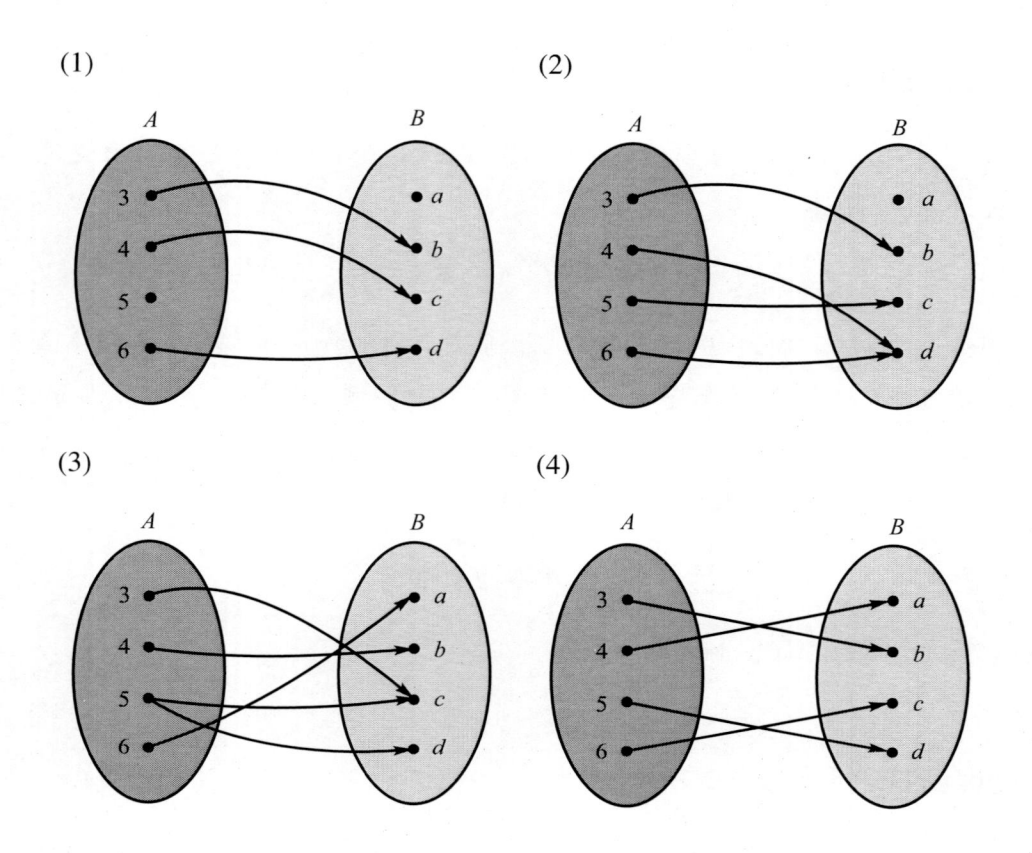

解 (1) 此對應不是函數，因為 A 中的元素 5，在 B 中無元素與之對應．
(2) 此對應為函數，且 $f(3)=b$, $f(4)=d$, $f(5)=c$, $f(6)=d$，其值域為 $\{b, c, d\}$．
(3) 此對應不是函數，因為 A 中的元素 5，在 B 中有兩個元素 c 與 d 與其對應．
(4) 此對應為函數，且 $f(3)=b$, $f(4)=a$, $f(5)=d$, $f(6)=c$，其值域為 $\{a, b, c, d\}$．

隨堂練習 1 設 $A=\{a, b, c\}$, $B=\{3, 4, 5, 6\}$, $f: A \to B$，其對應關係如下圖所示．求 $f(a)$、$f(b)$ 與 $f(c)$．

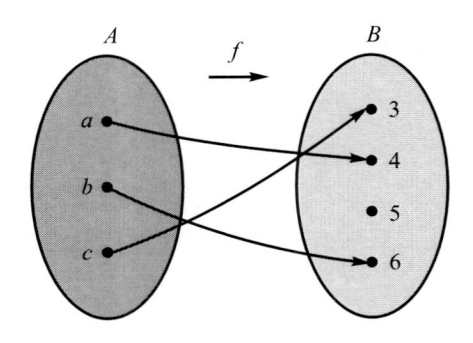

答案：$f(a)=4$, $f(b)=6$, $f(c)=3$.

例題 2 令函數 f 表示圓的半徑與圓面積之間的對應，則其定義域為

$$A=\{x\,|\,x>0\}=(0,\,\infty)$$

而其對應關係為 $f: x \to \pi x^2$，記作 $f(x)=\pi x^2$, $x\in A$ 或 $f(x)=\pi x^2$, $x>0$.

例題 3 若 $f(x)=\sqrt{x^2-1}$，試求 $f(-2)$ 與 $f(2)$ 之值.

解 $f(-2)=\sqrt{(-2)^2-1}=\sqrt{4-1}=\sqrt{3}$

$f(2)=\sqrt{2^2-1}=\sqrt{4-1}=\sqrt{3}$.

例題 4 試寫出下列各函數的定義域.

(1) $f(x)=\dfrac{1}{x^2-2}$, (2) $g(x)=\dfrac{3}{x(x-2)}$, (3) $h(x)=\sqrt{4-x}$.

解 (1) $D_f=\{x\,|\,x\in I\!R,\ x\neq \pm\sqrt{2}\,\}$
$=(-\infty,\,-\sqrt{2}\,)\cup(-\sqrt{2},\,\sqrt{2}\,)\cup(\sqrt{2},\,\infty)$.
(2) $D_g=\{x\,|\,x(x-2)\neq 0\}=I\!R-\{0,\,2\}$.
(3) $D_h=\{x\,|\,4-x\geq 0\}=(-\infty,\,4]$.

例題 5 設函數 $f(x)=\begin{cases} 2x+3, & 若\ x<-2 \\ x^2-2, & 若\ -2\leq x\leq 3 \\ 3x-1, & 若\ x>3 \end{cases}$

求 f 的定義域及 $f(4)$、$f(2)$、$f(-5)$.

解 (1) $D_f=(-\infty, -2) \cup [-2, 3] \cup (3, \infty)=(-\infty, \infty)$
(2) $\because 4 \in (3, \infty),$ $\therefore f(4)=3(4)-1=11.$
$\because 2 \in [-2, 3],$ $\therefore f(2)=(2)^2-2=2.$
$\because -5 \in (-\infty, -2),$ $\therefore f(-5)=2(-5)+3=-7.$

定義 4-2

設 A 是一集合，f、h 都是定義於 A 的函數，若對所有的 $x \in A$，$f(x)=h(x)$ 恆成立，則稱 f 與 h 相等，記作 $f=h$.

例題 6 設 $A=\{-1, 0, 1\}$，f、h 都是定義於 A 的函數，且對每一個 $x \in A$，$f(x)=x^3+x$；$h(x)=2x$，試證 $f=h$.

解 因 f、h 都是定義於 A 的函數，又

$$f(-1)=h(-1)=-2, f(0)=h(0)=0, f(1)=h(1)=2$$

$$\therefore f=h.$$

每一個函數都有一個定義域，由定義 4-2 知：凡定義域不同的函數，必不會相等，如二函數 f、h 定義如下：

$$f(x)=x^2, x \in \{1, 2\}.$$
$$h(x)=x^2, x \in \{1, 3\}.$$

因其定義域不同，故 $f \neq h$.

隨堂練習 2 若 $f(x)=\sqrt{x+2}$，試求 $f(-1)$ 與 $f(2)$ 之值.
答案：$f(-1)=1, f(2)=2.$

隨堂練習 3 試求函數 $f(x)=\dfrac{5}{x^2-5x+6}$ 之定義域.

答案：$D_f = \{x \mid x \in \mathbb{R},\ x \neq 2,\ x \neq 3\} = (-\infty,\ 2) \cup (2,\ 3) \cup (3,\ \infty)$.

在數學上有些常用的實值函數，敘述如下：

1. **多項式函數**

   若 $f(x) = a_0 x^n + a_1 x^{n-1} + a_2 x^{n-2} + \cdots + a_{n-1} x + a_n$ 為一多項式，則函數 $f : x \to f(x)$ 稱為**多項式函數**. 若 $a_0 \neq 0$，則 f 稱為 n 次多項式函數.

2. **恆等函數**

   若 $f(x) = x$，此時函數 $f : x \to x$ 將每一元素映至其本身，稱為**恆等函數**.

3. **常數函數**

   若 $f(x) = c\ (c \in \mathbb{R})$，$\forall x \in \mathbb{R}$，此時函數 $f : x \to c$ 將每一元素映至一常數 c，稱為**常數函數**.

4. **零函數**

   $f(x) = 0$，$\forall x \in \mathbb{R}$，稱為**零函數**.

5. **線性函數**

   $f(x) = ax + b\ (a \neq 0)$ 稱為**線性函數**.

6. **二次函數**

   $f(x) = ax^2 + bx + c\ (a \neq 0)$ 稱為**二次函數**.

7. **平方根函數**

   若 $f(x) = \sqrt{x}$，則稱為**平方根函數**，其定義域為 $D_f = \{x \mid x \geq 0\}$，值域為 $R_f = \{y \mid y = f(x) \geq 0\}$.

8. **有理函數**

   若 $p(x)$、$q(x)$ 均為多項式函數，則函數 $f : x \to \dfrac{p(x)}{q(x)}$ $\left(\text{亦即 } f(x) = \dfrac{p(x)}{q(x)}\right)$ 稱為**有理函數**，其定義域為 $D_f = \{x \mid q(x) \neq 0\}$.

9. **絕對值函數**

$f(x)=|x|$ 或 $f(x)=\begin{cases} x, & \text{若 } x \geq 0 \\ -x, & \text{若 } x < 0 \end{cases}$，稱為**絕對值函數**．其定義域為 $D_f=\{x\,|\,x\in\mathbb{R}\}$，值域為 $R_f=\{y\,|\,y=f(x)\geq 0\}$．

例題 7 設 $f(x)=\sqrt{x^2+5x+6}$，試求 $f(2)$ 之值．

解 當 $x=2$ 時，則 $f(2)=\sqrt{(2)^2+5\cdot 2+6}=\sqrt{20}=2\sqrt{5}$．

習題 4-1

1. 設 $A=\{1, 2, 3, 4\}$，$B=\{10, 15, 20, 25\}$，下列各對應圖形是否為函數？若為函數，則求其值域．

(1)

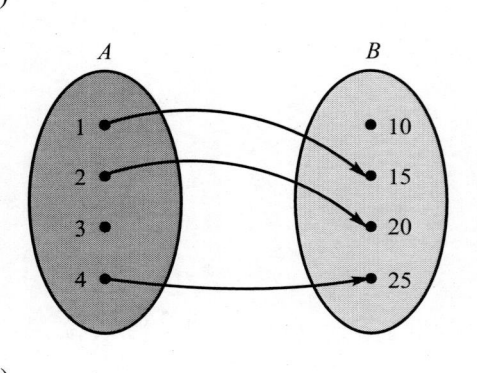

(2)

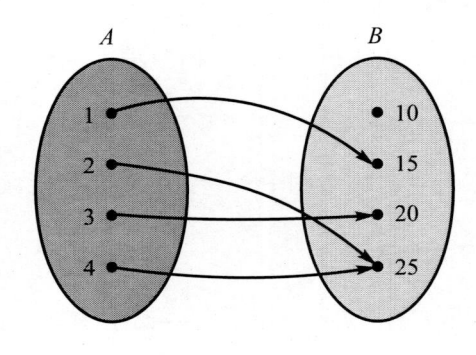

(3)

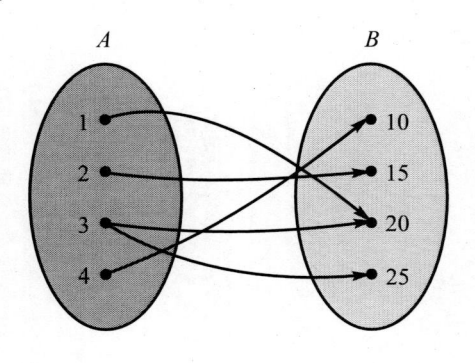

(4)

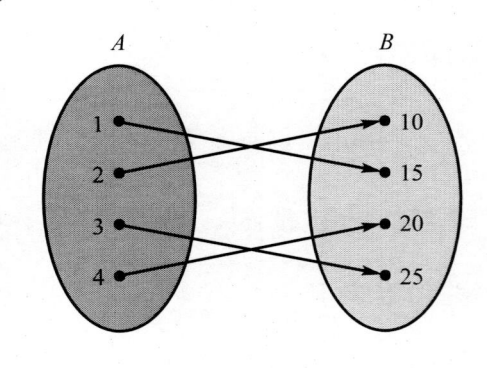

2. 下列圖形中，何者為函數圖形？

   (1)

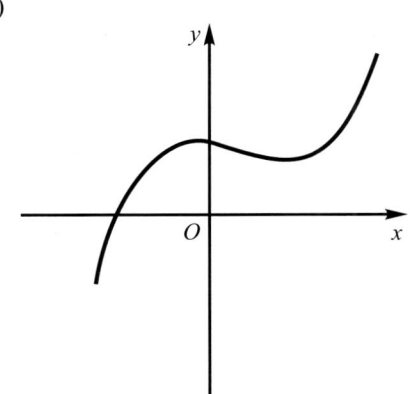

   (2)

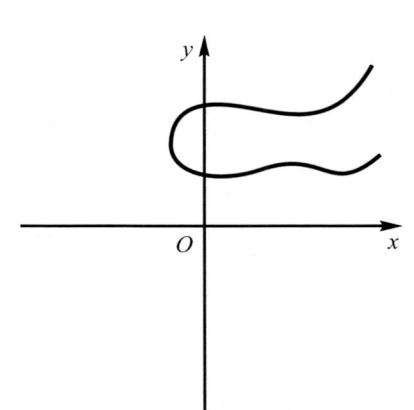

   (3)

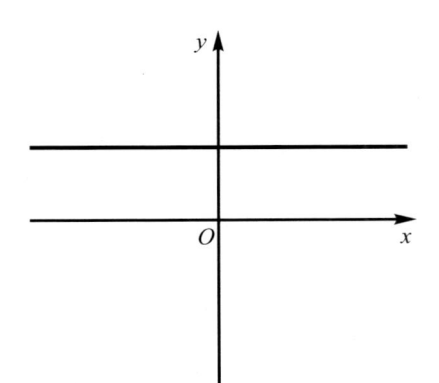

   (4)

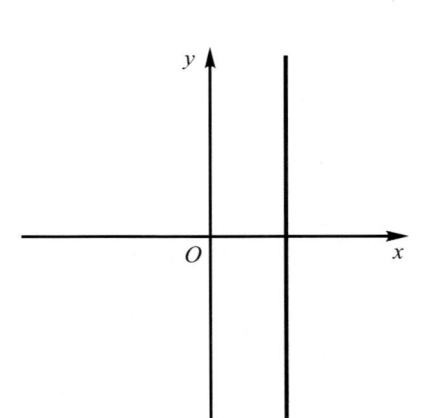

3. 若 $f(x)=\sqrt{x-1}+2x$，求 $f(1)$、$f(3)$ 與 $f(10)$.

求下列各函數的定義域 D_f.

4. $f(x)=4-x^2$

5. $f(x)=\sqrt{x^2-4}$

6. $f(x)=|x|-4$

7. $f(x)=\dfrac{x}{|x|}$

8. $f(x)=\sqrt{x-x^2}$

9. $g(x)=\dfrac{1}{\sqrt{3x-5}}$

10. $h(x)=\dfrac{2x+5}{\sqrt{(x-2)(x-1)^2}}$

11. 設函數 $f(x)=|x|+|x-1|+|x-2|$，求 $f\left(\dfrac{1}{2}\right)$ 與 $f\left(\dfrac{3}{2}\right)$.

12. 若 f 為線性函數，已知 $f(1)=-2$，$f(2)=3$，求 $f(x)=?$

13. 設 $f(x)$ 為二次多項式函數，且 $f(0)=1$，$f(-1)=3$，$f(1)=5$，求此多項式函數.

14. 設 $f(x)=\begin{cases} x+4, & \text{若 } x<-2 \\ x^2-2, & \text{若 } -2\leq x\leq 2 \\ x^3-x^2-2, & \text{若 } 2<x \end{cases}$，試計算 $f(-3)$、$f(-2)$、$f(0)$ 與 $f(3)$.

15. 設函數 $f(x)=ax+b$，試證

$$f\left(\frac{p+q}{2}\right)=\frac{1}{2}[f(p)+f(q)].$$

16. 設 $f(x)=ax^2+bx+c$，已知 $f(0)=1$，$f(-1)=2$，$f(1)=3$. 求 a、b 與 c 的值.

17. 已知函數 $f(x)$ 具有下列的性質：

   (i) $f(x+1)=f(x)$

   (ii) $f(-x)=-f(x)$

   求 (1) $f(0)$，(2) $f(11)$.

18. 設 $f(x)=2x^3-x^2+3x-5$，且 $g(x)=f(x-1)$，求 $g\left(\dfrac{1}{2}\right)=?$

19. 已知函數 $g(x)=\begin{cases} -3x^2+5, & \text{若 } x>2 \\ 4x-8, & \text{若 } -1<x\leq 2 \\ 3, & \text{若 } x\leq -1 \end{cases}$，求 $g(4)$、$g(0)$、$g(-3)$ 之值.

▸▸ 4-2 函數的運算與合成

一個實數可經四則運算而得其和、差、積、商，同樣地，對於兩個實值函數 $f：A\to B$，$g：C\to D$，只要在兩者定義域的交集中，即 $A\cap C\neq\phi$，則我們可定義其和、差、積、商的函數，分別記為 $f+g$、$f-g$、$f\cdot g$、$\dfrac{f}{g}$，定義如下：

定義 4-3

若 $f: A \to B$, $g: C \to D$,
則 $f+g: x \to f(x)+g(x)$, $\forall x \in A \cap C$
$f-g: x \to f(x)-g(x)$, $\forall x \in A \cap C$
$f \cdot g: x \to f(x) \cdot g(x)$, $\forall x \in A \cap C$
$\dfrac{f}{g}: x \to \dfrac{f(x)}{g(x)}$, $\forall x \in A \cap C \cap \{x \mid g(x) \neq 0\}$

例題 1 設 $f(x)=\sqrt{x+3}$, $g(x)=\sqrt{9-x}$, 求 $f+g$、$f-g$、$f \cdot g$ 及 $\dfrac{f}{g}$.

解 f 的定義域為
$$A=\{x \mid x+3 \geq 0\}=[-3, \infty)$$

g 的定義域為
$$C=\{x \mid 9-x \geq 0\}=(-\infty, 9]$$

故 $A \cap C=\{x \mid -3 \leq x \leq 9\}=[-3, 9]$

$(f+g)(x)=\sqrt{x+3}+\sqrt{9-x}$, $x \in [-3, 9]$
$(f-g)(x)=\sqrt{x+3}-\sqrt{9-x}$, $x \in [-3, 9]$
$(f \cdot g)(x)=\sqrt{x+3}\sqrt{9-x}=\sqrt{(x+3)(9-x)}$, $x \in [-3, 9]$
$\left(\dfrac{f}{g}\right)(x)=\dfrac{\sqrt{x+3}}{\sqrt{9-x}}=\sqrt{\dfrac{x+3}{9-x}}$, $x \in [-3, 9)$.

隨堂練習 4 設 $f(x)=\sqrt{x-3}$, $g(x)=\sqrt{x^2-4}$, 求 $f \cdot g$ 及 $\dfrac{f}{g}$.

答案：$(f \cdot g)(x)=\sqrt{x-3} \cdot \sqrt{x^2-4}$, $x \in [3, \infty)$

$\left(\dfrac{f}{g}\right)(x)=\dfrac{\sqrt{x-3}}{\sqrt{x^2-4}}$, $x \in [3, \infty)$.

二實值函數除了可作上述的結合外，兩者亦可作一種很有用的結合，稱其為**合成**. 現在我們考慮函數 $y=f(x)=(x^2+1)^3$，如果我們將它寫成下列的形式

$$y=f(u)=u^3$$

且 $$u=g(x)=x^2+1$$

則依取代的過程，我們可得到原來的函數，亦即，

$$y=f(x)=f(g(x))=(x^2+1)^3$$

此一過程稱為合成，故原來的函數可視為一合成函數.

一般而言，如果有二函數 $g:A \to B$, $f:B \to C$，且假設 x 為 g 函數定義域中之一元素，則可找到 x 在 g 之下的像 $g(x)$. 若 $g(x)$ 在 f 的定義內，我們又可在 f 之下找到 C 中的像 $f(g(x))$. 因此，就存在一個從 A 到 C 的函數：

$$f \circ g : A \to C$$

其對應於 $x \in A$ 的像為

$$(f \circ g)(x)=f(g(x))$$

此一函數稱為 g 與 f 的**合成函數**.

定義 4-4

給予二函數 f 與 g，則 g 與 f 的合成函數記作 $f \circ g$（讀作 "f circle g"），定義為

$$(f \circ g)(x)=f(g(x))$$

此處 $f \circ g$ 的定義域為函數 g 定義域內所有 x 的集合，使得 $g(x)$ 在 f 的定義域內，如圖 4-3 的深色部分.

例題 2 若 $g(x)=x-4$，且 $f(x)=3x+\sqrt{x}$，試求 $(f \circ g)(x)$ 與 $(f \circ g)(x)$ 的定義域.

解 依 g 與 f 的定義，求得 $(f \circ g)(x)$.

第四章　函數與函數的圖形　119

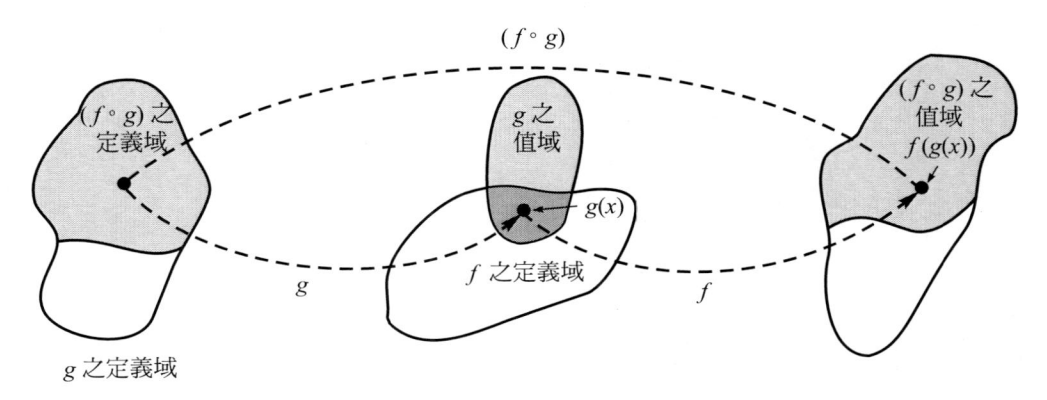

圖 4-3

$$(f \circ g)(x) = f(g(x)) = f(x-4) = 3(x-4) + \sqrt{x-4} = 3x - 12 + \sqrt{x-4}$$

由上面最後一個等式顯示，僅當 $x \geq 4$ 時，$(f \circ g)(x)$ 始為實數，所以合成函數 $(f \circ g)(x)$ 的定義域必須將 x 限制在區間 $[4, \infty)$。

隨堂練習 5 若 $f(x) = \dfrac{6x}{x^2 - 9}$，且 $g(x) = \sqrt{3x}$，求 $(f \circ g)(4)$，並求 $(f \circ g)(x)$ 與其定義域。

答案：$(f \circ g)(4) = 4\sqrt{3}$；$(f \circ g)(x) = \dfrac{2\sqrt{3x}}{x-3}$；$(f \circ g)(x)$ 之定義域為 $[0, 3) \cup (3, \infty)$。

例題 3 若 $f(x) = x^2 - 2$，且 $g(x) = 3x + 4$，求 $(f \circ g)(x)$ 與 $(g \circ f)(x)$。

解 $(f \circ g)(x) = f(g(x)) = f(3x+4) = (3x+4)^2 - 2 = 9x^2 + 24x + 14$
$(g \circ f)(x) = g(f(x)) = g(x^2 - 2) = 3(x^2 - 2) + 4 = 3x^2 - 2$。

例題 4 已知二函數 $f(x) = \sqrt{x}$ 及 $g(x) = x^2 + 1$，求合成函數 $g \circ f$、$f \circ g$ 是否有意義？若有意義，則求之。

解 由已知得 f 的定義域 $A = [0, \infty)$，$f(A) = [0, \infty)$
　　　　g 的定義域 $B = (-\infty, \infty)$，$g(B) = [1, \infty)$

因 $f(A) \subset B$，故 $g \circ f$ 有意義，且

$$(g \circ f)(x) = g(f(x)) = g(\sqrt{x}) = (\sqrt{x})^2 + 1 = x + 1.$$

因 $g(B) \subset A$，故 $f \circ g$ 有意義，且

$$(f \circ g)(x) = f(g(x)) = f(x^2+1) = \sqrt{x^2+1}.$$

讀者應注意 $f \circ g$ 與 $g \circ f$ 並不相等，即函數的合成不具有交換律．

隨堂練習 6 若 $f(x) = x^3 - 1$，且 $g(x) = \sqrt[3]{x+1}$，試求 $(f \circ g)(x)$ 與 $(g \circ f)(x)$．
答案：$(f \circ g)(x) = x$，$(g \circ f)(x) = x$．

例題 5 若 $H(x) = \sqrt[3]{2-3x}$，求 f 與 g 使得 $(f \circ g)(x) = H(x)$．

解 令 $f(x) = \sqrt[3]{x}$，$g(x) = 2 - 3x$

$$\therefore (f \circ g)(x) = f(g(x)) = f(2-3x) = \sqrt[3]{2-3x} = H(x).$$

隨堂練習 7 若 $H(x) = \left(1 - \dfrac{1}{x^2}\right)^2$，求 f 與 g 使得 $(f \circ g)(x) = H(x)$．
答案：$f(x) = x^2$，$g(x) = 1 - \dfrac{1}{x^2}$．

習題 4-2

1. 設 $f(x) = x^2 - 1$，$g(x) = \sqrt{2x-1}$，求 $(f+g)(x)$，$(f-g)(x)$，$(f \cdot g)(x)$，$\left(\dfrac{f}{g}\right)(x)$．

2. 設 $f(x) = \dfrac{x-3}{2}$，$g(x) = \sqrt{x}$，求 $(f+g)(x)$，$(f-g)(x)$，$(f \cdot g)(x)$，$\left(\dfrac{f}{g}\right)(x)$．

3. 設 $f(x) = x^2 + x$，且 $g(x) = \dfrac{2}{x+3}$，試求

   (1) $(f-g)(2)$ (2) $\left(\dfrac{f}{g}\right)(1)$ (3) $g^2(3)$．

4. 已知二函數 $f(x)=2x+1$，$g(x)=x^2$，試問 $f \circ g$ 與 $g \circ f$ 是否相等？

5. 已知 $f(x)$ 與 $g(x)$ 的函數值如下：

x	1	2	3	4
$f(x)$	2	3	1	4

x	1	2	3	4
$g(x)$	4	3	2	1

求 $(f \circ g)(2)$, $(f \circ g)(4)$, $(g \circ f)(1)$, $(g \circ f)(3)$.

6. 在下列各函數中，求 $(f \circ g)(x)$ 與 $(g \circ f)(x)$.

 (1) $f(x)=\sqrt{x^2+4}$，$g(x)=\sqrt{7x^2+1}$.

 (2) $f(x)=3x^2+2$，$g(x)=\dfrac{1}{3x^2+2}$.

7. 設 $f(x)=x^2+1$ 且 $g(x)=x+1$，試證 $(f \circ g)(x) \neq (g \circ f)(x)$.

8. 若 $H(x)=\left(\dfrac{1}{x+1}\right)^{10}$，求 f 與 g 使得 $(f \circ g)(x)=H(x)$.

9. 若 $H(x)=\sqrt[4]{x^2+2}$，求 f 與 g 使得 $(f \circ g)(x)=H(x)$.

10. 若 $H(x)=\sqrt{x^2+x-1}$，求 f 與 g 使得 $(f \circ g)(x)=H(x)$.

11. 設 $g(x)=\dfrac{ax+b}{cx-a}$，求 $g(g(x))$，$(a^2+bc \neq 0)$.

12. 設函數 $f\left(\dfrac{1}{x}\right)=\dfrac{1-x}{1+x}$（其中 $x \neq 0$、-1），求 $f(x)$.

13. 若 $f\left(\dfrac{1+x}{1-x}\right)=\dfrac{2+x}{2-x}$，求 $f\left(\dfrac{1}{2}\right)$.

若 $f(x)=\begin{cases} 1-x, & x \leq 1 \\ 2x-1, & x > 1 \end{cases}$，$g(x)=\begin{cases} 0, & x < 2 \\ -1, & x \geq 2 \end{cases}$ 求下列各函數，並求其定義域.

14. $(f+g)(x)$ 15. $(f-g)(x)$ 16. $(f \cdot g)(x)$

17. $f(x)=\begin{cases} \vdots \\ -3, & -3 \leq x < -2 \\ -2, & -2 \leq x < -1 \\ -1, & -1 \leq x < 0 \\ 0, & 0 \leq x < 1 \\ 1, & 1 \leq x < 2 \\ 2, & 2 \leq x < 3 \\ 3, & 3 \leq x < 4 \\ \vdots \end{cases}$ ，求 (1) $f(0.2)$、(2) $f(2.5)$、(3) $f(3)$ 之值.

18. 若 $f(x)=|x|$，$g(x)=x^2+1$，試證 $(f \circ g)(x)=x^2+1$.

▶▶ 4-3 函數的圖形

設 f 為定義於 A 的實值函數，則對任意 $x \in A$，坐標平面上恰有一點 $(x, f(x))$ 與之對應，所有這種點所成的集合

$$\{(x, f(x)) \mid x \in A\} \text{ 稱為函數 } f \text{ 的圖形}$$

若 A 為有限集合，則其圖形亦為有限點的集合，故可於坐標平面上完全描出．若 A 為無限集合，則其圖形亦為無限點的集合，此時可描出更多點，再將這些點連接起來以得其概略圖形．

例題 1 試作函數 $y=3x-6$ 的圖形．

解 求出一串 x 與 y 的對應值，列表如下：

x	$\cdots$	-1	0	1	2	3	$\cdots$
y	$\cdots$	-9	-6	-3	0	3	$\cdots$

描出表中各組對應數為坐標之點，並連接各點，可得所求的圖形為直線 $\overline{AB}$，凡是

一次函數的圖形，均是直線，如圖 4-4 所示．

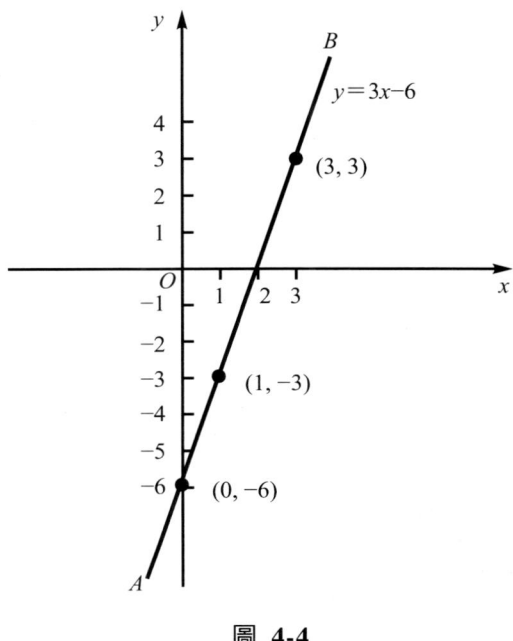

圖 4-4

隨堂練習 8 試作函數 $f(x)=|x-2|$ 的圖形．

凡是由方程式 $y=ax^2+bx+c$，其中 a、b、$c\in \mathbb{R}$，且 $a\neq 0$ 所表示的函數稱為二次函數，記為 $y=f(x)=ax^2+bx+c$，x 為自變數，y 為應變數．一個二次函數 $y=ax^2+bx+c$ 的圖形為拋物線，就是集合

$$\{(x,\ y)\mid y=ax^2+bx+c\}$$

在坐標平面上所對應的點集合．

例題 2 試繪二次函數 $y=x^2$ 與 $y=x^2+3$ 的圖形．

解 依據函數圖形的描繪，其圖形如圖 4-5 所示．

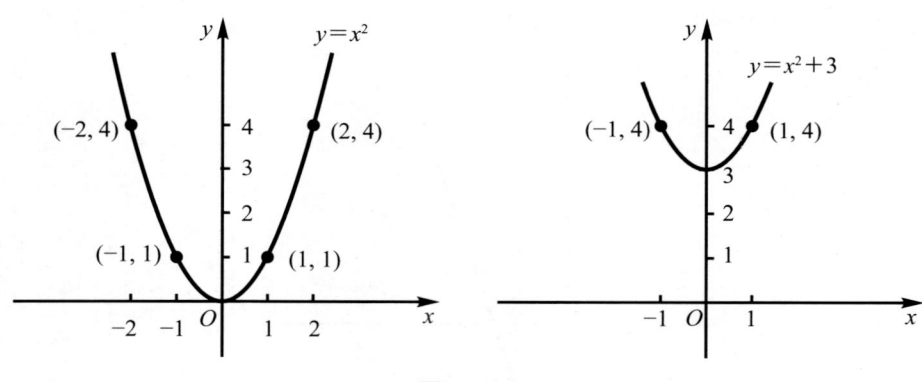

圖 4-5

例題 3 試作函數 $y = 6x - 2x^2$ 的圖形，並求此函數的最大值或最小值.

解 $y = 6x - 2x^2 = -2(x^2 - 3x) = -2\left(x^2 - 3x + \dfrac{9}{4} - \dfrac{9}{4}\right)$

$= -2\left[\left(x - \dfrac{3}{2}\right)^2 - \dfrac{9}{4}\right] = \dfrac{9}{2} - 2\left(x - \dfrac{3}{2}\right)^2$

故求得二次函數所表拋物線之頂點為 $\left(\dfrac{3}{2}, \dfrac{9}{2}\right)$，且拋物線之開口向下.

再依大小順序給予 x 一串的實數值，並求出函數 y 的各對應值，列表如下：

x	$\cdots$	-2	-1	0	1	2	3	4	$\cdots$
y	$\cdots$	-20	-8	0	4	4	0	-8	$\cdots$

用表中各組對應值為坐標，描出各點，再用平滑的曲線連接這些點，即得所求的圖形，如圖 4-6 所示.

因為圖形沒有最低點，所以函數沒有最小值. 圖形的最高點為 $\left(\dfrac{3}{2}, \dfrac{9}{2}\right)$，因此，函數有最大值 $\dfrac{9}{2}$.

圖 4-6

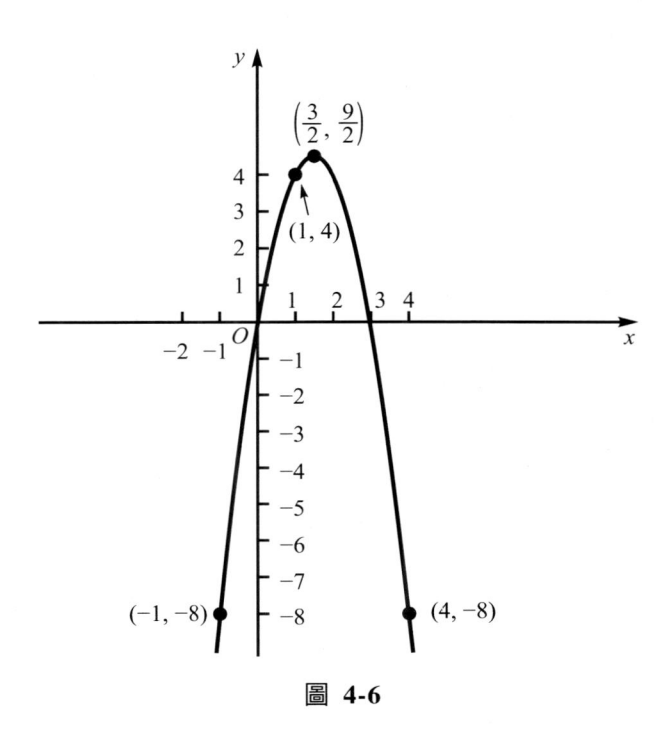

隨堂練習 9　試作函數

$$f(x) = \begin{cases} \sqrt{x-1} &, \text{若 } x \geq 1 \\ 1-x &, \text{若 } x < 1 \end{cases}$$

的圖形．

描繪函數圖形時，若知圖形的**對稱性**，則對於圖形的描繪，助益甚多．

定義 4-5

設 f 為實函數，若 $f(x)=f(-x)$，$\forall x \in D_f$，則稱 f 為**偶函數**；若 $-f(x)=f(-x)$，$\forall x \in D_f$，則稱 f 為**奇函數**．

下面兩個圖形 (圖 4-7)，分別表奇函數與偶函數，奇函數之圖形對稱於**原點**，偶函數之圖形對稱於 **y-軸**．

由上述之定義，我們可以考慮函數圖形的**對稱性**．

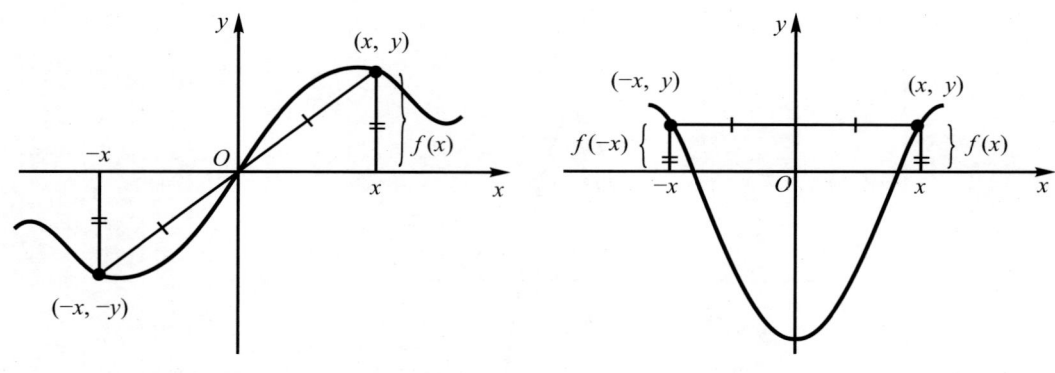

(1) 奇函數圖形對稱於原點　　(2) 偶函數圖形對稱於 y-軸

圖 4-7

若 f 為偶函數，則

$$\text{點 } (x_0, y_0) \text{ 在 } f \text{ 的圖形上} \Leftrightarrow y_0 = f(x_0) = f(-x_0)$$
$$\Leftrightarrow \text{點 } (-x_0, y_0) \text{ 在 } f \text{ 的圖形上}$$

因 (x_0, y_0) 與 $(-x_0, y_0)$ 對 y-軸為對稱點，故 f 的圖形對稱於 y-軸.

若 f 為奇函數，則

$$\text{點 } (x_0, y_0) \text{ 在 } f \text{ 的圖形上} \Leftrightarrow y_0 = f(x_0)$$
$$\Leftrightarrow -y_0 = -f(x_0) = f(-x_0)$$
$$\Leftrightarrow \text{點 } (-x_0, -y_0) \text{ 在 } f \text{ 的圖形上}$$

因 (x_0, y_0) 與 $(-x_0, -y_0)$ 對原點為對稱點，故 f 的圖形對稱於原點.

隨堂練習 10　試證函數 $f(x) = 3x^4 + 2x^2 + 5$ 為一偶函數.

例題 4　試繪出 $f(x) = |x|$ 的圖形.

解　$f(x) = |x| = |-x| = f(-x), \forall x \in \mathbb{R}$

故 f 為偶函數，且 f 的圖形對稱於 y-軸，如圖 4-8 所示，

當 $x \geq 0$，$f(x) = |x| = x$.

當 $x < 0$，$f(x) = |x| = -x$.

第四章　函數與函數的圖形　　127

圖 4-8

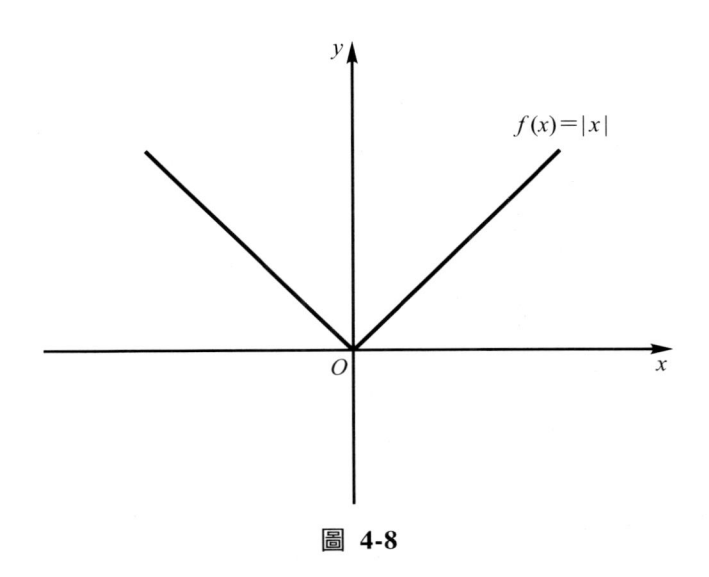

例題 5　試繪出 $f(x)=\dfrac{1}{x}$ 的圖形.

解　$f(x)=\dfrac{1}{x}$，$-f(x)=-\dfrac{1}{x}=f(-x)$，故 f 為奇函數，且 f 的圖形對稱於原點，如圖 4-9 所示.

當 $x>0$ 時，$f(x)=\dfrac{1}{x}>0$；當 $x<0$ 時，$f(x)=\dfrac{1}{x}<0$.

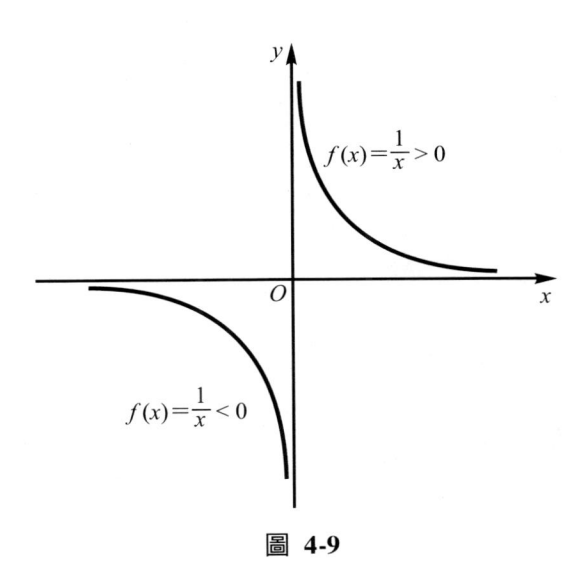

圖 4-9

圖 4-10　　　　　　　　　圖 4-11

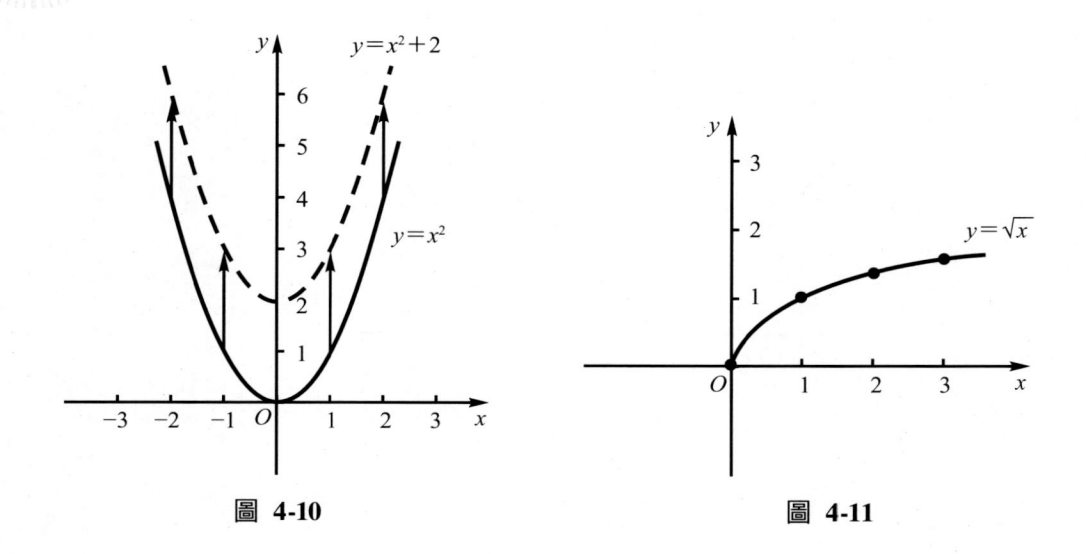

　　某些較複雜之函數圖形可由較簡單之函數圖形，利用平移之方法而得之．例如，對相同的 x 值，$y=x^2+2$ 的 y 值較 $y=x^2$ 的 y 值多 2，故 $y=x^2+2$ 之圖形在形狀上與 $y=x^2$ 之圖形相同，但位於 $y=x^2$ 圖形上方 2 個單位，如圖 4-10 所示．

　　一般而言，垂直平移 $(c>0)$ 敘述如下：

$y=f(x)+c$ 的圖形位於 $y=f(x)$ 的圖形上方 c 個單位．
$y=f(x)-c$ 的圖形位於 $y=f(x)$ 的圖形下方 c 個單位．

　　現在，我們考慮水平平移，例如，平方根函數 $f(x)=\sqrt{x}$ 的定義域為 $D_f=\{x\,|\,x\geq 0\}$，其圖形「開始」處在 $x=0$，如圖 4-11 所示．

　　考慮函數 $f(x)=\sqrt{x-1}$，其定義域為 $D_f=\{x\,|\,x\geq 1\}$，圖形的「開始」處在 $x=1$，如圖 4-12 所示．$y=\sqrt{x-1}$ 之圖形是將 $y=\sqrt{x}$ 之圖形向右平移一個單位而得．

　　一般而言，水平平移 $(c>0)$ 敘述如下：

$y=f(x-c)$ 之圖形是在 $y=f(x)$ 之圖形右邊 c 個單位．
$y=f(x+c)$ 之圖形是在 $y=f(x)$ 之圖形左邊 c 個單位．

如圖 4-13 所示．

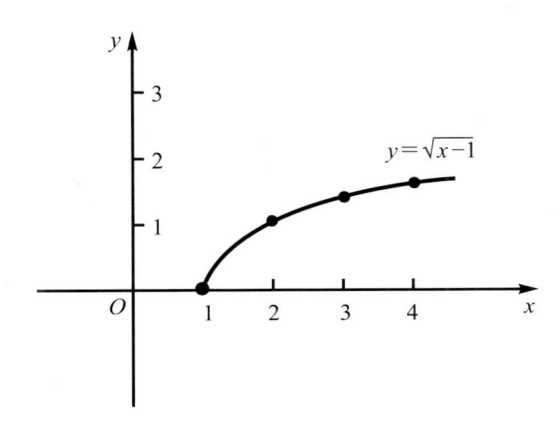

圖 4-12

圖 4-13

隨堂練習 11 試繪出下列函數之圖形：

(1) $f(x)=|x-4|$, (2) $f(x)=|x+4|$.

習題 4-3

試決定下列各函數為偶函數抑或奇函數？

1. $f(x)=x^4+1$
2. $f(x)=\dfrac{3x}{x^2+1}$
3. $f(x)=x^3+x$
4. $f(x)=\dfrac{2x^2}{x^4+2}$
5. $f(x)=x^3$
6. $f(x)=x^6+x^4+1$
7. $f(x)=|x^2-4|$

試作下列各函數的圖形．

8. $y=f(x)=-x-1$, $-2 \le x \le 1$
9. $y=f(x)=x^2-2$
10. $y=f(x)=-x^2$
11. $y=f(x)=|x+1|$
12. $y=f(x)=\begin{cases}|x-1| & \text{，若 } x \ne 1 \\ 1 & \text{，若 } x = 1\end{cases}$
13. $y=f(x)=\dfrac{2}{x-1}$

14. $y = f(x) = \begin{cases} x^2, & \text{若 } x \leq 0 \\ 2x+1, & \text{若 } x > 0 \end{cases}$

15. $y = f(x) = \begin{cases} -x, & \text{若 } x < 0 \\ 2, & \text{若 } 0 \leq x < 1 \\ x^2, & \text{若 } x \geq 1 \end{cases}$

16. $y = f(x) = \begin{cases} x, & \text{若 } x \leq 1 \\ -x^2, & \text{若 } 1 < x < 2 \\ x, & \text{若 } x \geq 2 \end{cases}$

17. 設 $x \in \mathbb{R}$，令 $[[x]]$ 表示小於或等於 x 的最大整數，即，若 $n \leq x < n+1$，則 $[[x]] = n$，$n \in \mathbb{Z}$．$f(x) = [[x]]$ 稱為高斯函數，試繪其圖形．

18. 試繪 $f(x) = x - [[x]]$ 之圖形．

19. 先作 $h(x) = |x|$ 之圖形後，再利用平移方法作出 $g(x) = |x+3| - 4$ 之圖形．

20. 在同一坐標平面上先作 $f(x) = 2x^2$ 之圖形，再利用平移方法作出 $g(x) = 2(x-1)^2$ 之圖形．

≫ 4-4 反函數

若函數 f 由定義域 A 中取某一數 x，則在值域 B 中有一單一值 y 與其對應．反過來，如果對 B 中某一 y 值，可找到另外的函數將 y 對應到 x，則此新函數可定義為 $x = f^{-1}(y)$，注意 f^{-1} 的定義域為 B 且值域為 A，而此一函數 f^{-1} 就稱為 f 的反函數．

如圖 4-14 所示，我們考慮兩函數 $y = f(x) = 2x$ 與 $y = f(x) = x^3$，則求得 $x = f^{-1}(y) = \dfrac{1}{2}y$ 與 $x = f^{-1}(y) = y^{1/3}$．在每一種情形中，我們只要在方程式 $y = f(x)$ 中解出 x，以 y 表示之，則可得 $x = f^{-1}(y)$，但必須注意並非每一函數均有反函數．例如 $y = f(x) = x^2$，給予一 y 值就有兩個 x 值與之對應，如圖 4-15 所示，此函數沒有反函數，除非對 x 之值加以限制．

在此，我們可利用一簡單的方法來判斷函數 f 是否具有反函數，那就是如果函數 f 為一對一函數，就有反函數存在．

(1)

(2)

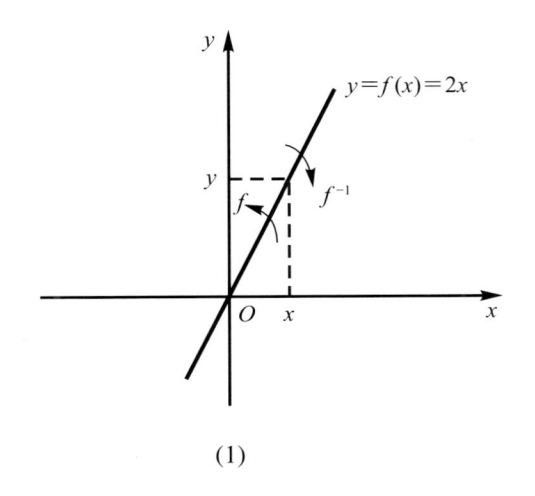

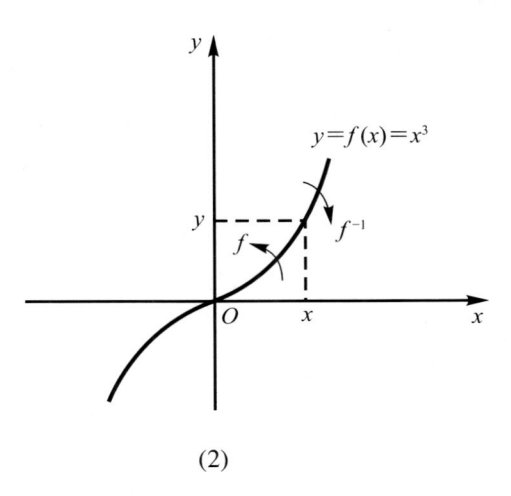

圖 4-14

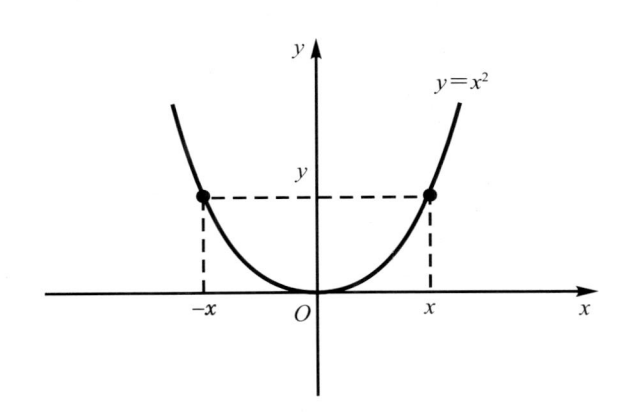

函數 f 為一對一 $\Leftrightarrow$ "$\forall x_1 \cdot x_2 \in D_f,\ f(x_1)=f(x_2) \Rightarrow x_1=x_2$"
$\Leftrightarrow$ "$\forall x_1 \cdot x_2 \in D_f,\ x_1 \neq x_2 \Rightarrow f(x_1) \neq f(x_2)$"

圖 4-15

換句話說，設 $f: A \to B$ 為一對一函數，則對 $f(A)$ 的任一個元素 b，在 A 中必有一個且僅有一個元素 a，使得 $f(a)=b$，同理，對於 A 中的元素 a，在 $f(A)$ 中必有一個且僅有一個元素 b 與之對應使得 $f^{-1}(b)=a$。由反函數之定義得知

$$f^{-1}(f(x))=x,\ \forall x \in A$$

$$f(f^{-1}(y))=y,\ \forall y \in f(A)$$

(4-4-1)

由上面討論，一對一函數 f 具有反函數 f^{-1}，故 f 為可逆函數.

註：(1) 符號 f^{-1} 唸成 "f inverse"，並不表示 $\dfrac{1}{f}$.

(2) f^{-1} 的定義域＝f 的值域，f^{-1} 的值域＝f 的定義域.

例題 1 設 $X=\{1, 2, 3, 4\}$，$Y=\{a, b, c, d\}$，試問下列各對應圖形何者為一對一函數？

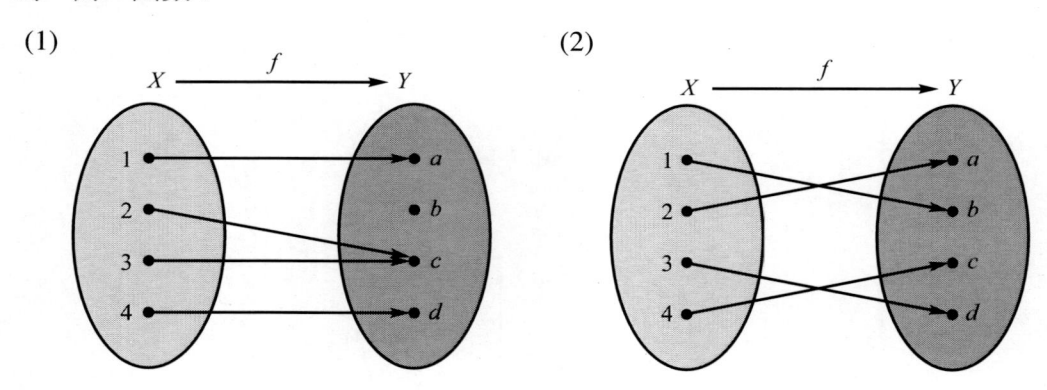

(1)　　　　　　　　　　　　　(2)

解 (1) 因 $2 \neq 3$ 且 $f(2)=f(3)=c$，所以 f 不是一對一函數.
(2) 因 $f(1)=b$, $f(2)=a$, $f(3)=d$, $f(4)=c$，任意兩元素 x_1、x_2，$x_1 \neq x_2$ 時，$f(x_1) \neq f(x_2)$ 恆成立，故 f 是一對一函數.

定理 4-1

設 f 為可逆函數，f^{-1} 為其反函數，則 f^{-1} 亦為可逆函數.

定理 4-2

設 f 為可逆函數，則 $(f^{-1})^{-1}=f$.

例題 2 設 $f(x)=2x-7$，(1) 試證 f 有反函數，(2) 求其反函數，並驗證式 (4-4-1).

解 (1) 欲證 f 有反函數，只須證明 f 為一對一函數.
f 的定義域為 $I\!R$，對任意 x_1、$x_2 \in I\!R$，若 $f(x_1)=f(x_2)$，則

$$2x_1 - 7 = 2x_2 - 7$$
$$x_1 = x_2$$

可知 f 為一對一函數，故 f 具有反函數.

(2) $y = f(x) = 2x - 7 \Rightarrow x = f^{-1}(y) = \dfrac{y+7}{2}$

對任一 $y \in f(\mathbb{R})$，
$$f(f^{-1}(y)) = y$$
$$2f^{-1}(y) - 7 = y$$
$$f^{-1}(y) = \dfrac{y+7}{2}$$

故 $f^{-1} : x \to \dfrac{x+7}{2}$ 為 f 的反函數.

另外，
$$f^{-1}(f(x)) = f^{-1}(2x-7) = \dfrac{2x-7+7}{2} = x$$
$$f(f^{-1}(y)) = f\left(\dfrac{y+7}{2}\right) = 2 \cdot \dfrac{y+7}{2} - 7 = y.$$

例題 3 求 $f(x) = \sqrt{x-2}$ $(x \geq 2)$ 的反函數.

解 令 $y = \sqrt{x-2}$，則 $y^2 = x - 2$，可得 $x = y^2 + 2$，

即 $x = f^{-1}(y) = y^2 + 2,\ y \geq 0$

故 $y = f^{-1}(x) = x^2 + 2,\ x \geq 0$

為 f 的反函數.

隨堂練習 12 求 $f(x) = 2x^3 - 5$ 的反函數.

答案：$y = f^{-1}(x) = \sqrt[3]{\dfrac{x+5}{2}}$.

隨堂練習 13 設 $f(x)=2x^3+5x+3$，若 $f^{-1}(x)=1$，試求 x 之值．

答案：$x=10$．

　　有了平面直角坐標系與函數圖形的觀念後，現就 $y=f(x)$ 與 $y=f^{-1}(x)$ 之圖形間的關係加以說明．假設 f 有一反函數，則由定義知 $y=f(x)$ 與 $x=f^{-1}(y)$ 確定同一點 (x, y)，得到相同的圖形．至於 $y=f^{-1}(x)$ 的圖形呢？由於我們已將 x 及 y 交換成不同變數，所以我們應該會想到將變數 x 與 y 交換之後所得的圖形為**鏡射**於直線 $x=y$ 的圖形．因而 $y=f^{-1}(x)$ 的圖形正好是將 $y=f(x)$ 的圖形對直線 $y=x$ 作對稱而獲得的圖形，如圖 4-16 所示．

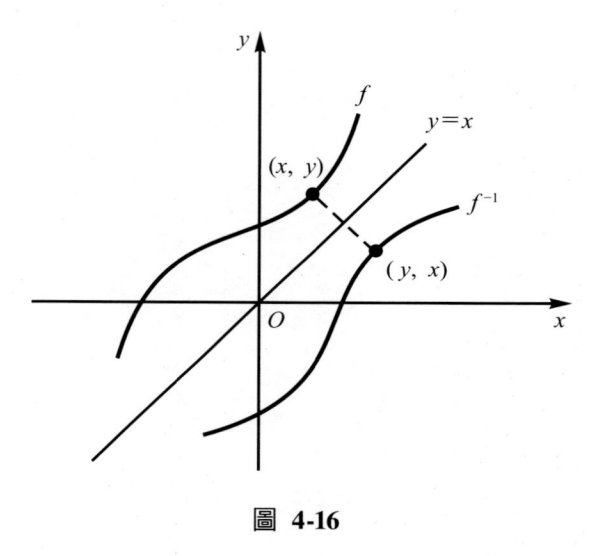

圖 4-16

例題 4　因函數 $f(x)=2x-5$ 與函數 $f^{-1}(x)=\dfrac{1}{2}(x+5)$ 互為反函數，故 $f(x)=2x-5$ 與 $f^{-1}(x)=\dfrac{1}{2}(x+5)$ 的圖形必對稱於直線 $y=x$，如圖 4-17 所示．

隨堂練習 14 試將 $f(x)=x^2$ $(x\geq 0)$ 之圖形與其反函數的圖形繪在同一坐標平面上．

答案：$f^{-1}(x)=\sqrt{x}$．

$y = f^{-1}(x) = \frac{1}{2}(x+5)$

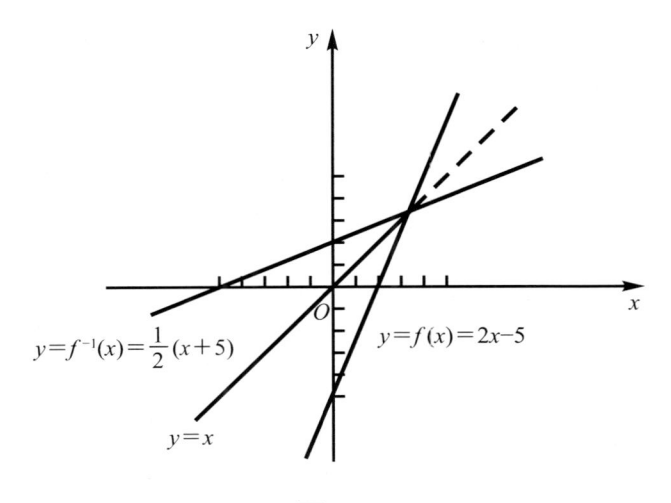

$y = f(x) = 2x - 5$

$y = x$

圖 4-17

習題 4-4

1. 設 $A = \{2, 4, 6, 8\}$，$B = \{a, b, c, d\}$，試問下列各對應關係是否為一對一函數？

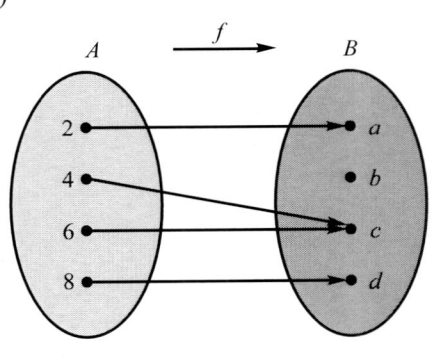

   (1)

   $A \xrightarrow{f} B$

   (2)

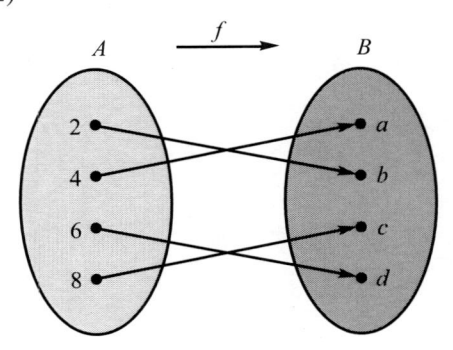

   $A \xrightarrow{f} B$

試指出下列各函數是否為可逆函數．

2. $f(x) = x + 5$

3. $f(x) = x^2 - 2$

4. $f(x) = \dfrac{x-3}{2}$

5. $f(x) = -(x+3)$

6. $f(x)=x^3$

7. $f(x)=\sqrt{1-4x^2}\left(0\leq x\leq\dfrac{1}{2}\right)$

8. $f(x)=x^2+4\ (x\geq 0)$

試求下列各函數的反函數.

9. $f(x)=x+5$

10. $f(x)=\dfrac{x-3}{2}$

11. $f(x)=x^3$

12. $f(x)=6-x^2,\ 0\leq x\leq\sqrt{6}$

13. $f(x)=2x^3-5$

14. $f(x)=\sqrt[3]{x}+2$

15. $f(x)=\sqrt{1-4x^2}\left(0\leq x\leq\dfrac{1}{2}\right)$.

16. 設 $f(x)=x^2,\ x\in I\!R$

 (1) 試問 $f(x)$ 是否有反函數？為什麼？

 (2) 我們應如何限制 x 之值使 $f(x)$ 具有反函數.

 (3) 試將 $f(x)$ 與 $f^{-1}(x)$ 之圖形繪在同一坐標平面上.

17. 試求 $f(x)=x^3+1$ 的反函數並證明 $f(f^{-1}(x))=x$.

18. 試證：$f(x)=\dfrac{3-x}{1-x}$ 為其本身的反函數.

19. 設 $f(x)=3x+1,\ g(x)=2x-3$，試證 $f\circ g$、$g\circ f$ 均為可逆函數，並分別求其反函數.

5
二次函數

本章學習目標

- 二次函數與其圖形
- 二次函數的最大值與最小值

5-1 二次函數與其圖形

若 a、b、$c \in \mathbb{R}$，且 $a \neq 0$，則由方程式

$$y = ax^2 + bx + c$$

所表示的函數稱為**二次函數**，記為 $y = f(x) = ax^2 + bx + c$，x 為自變數，y 為因變數. 一個二次函數 $y = ax^2 + bx + c$ 的圖形，就是集合

$$\{(x, y) \mid y = ax^2 + bx + c\}$$

在坐標平面上所對應的點集合.

例題 1 試繪二次函數 $y = x^2$ 與 $y = x^2 + 1$ 的圖形.

解 依據函數圖形的描繪，其圖形如圖 5-1 所示.
此二函數的圖形均是以 y-軸為對稱軸的對稱圖形，且 $y = x^2 + 1$ 的圖形只是藉 $y = x^2$ 的圖形向上移 1 個單位.

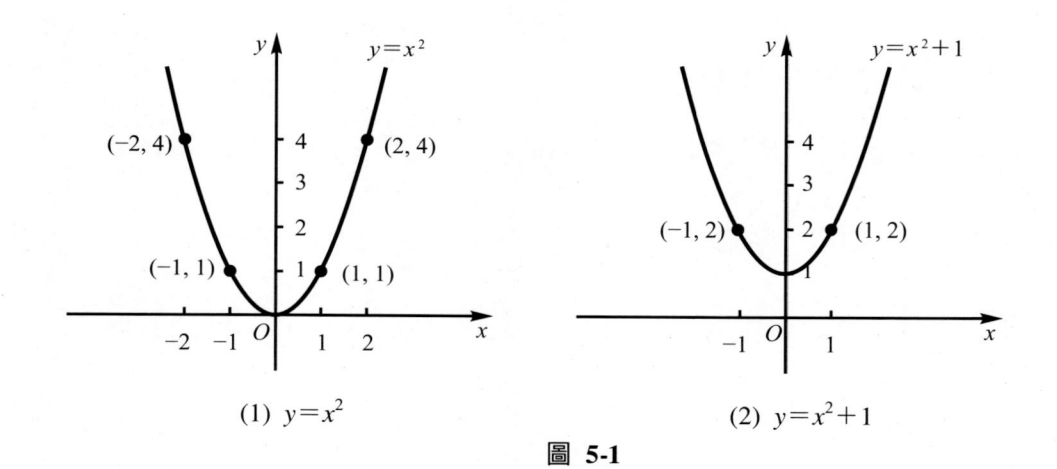

(1) $y = x^2$　　　　(2) $y = x^2 + 1$

圖 5-1

例題 2 試繪二次函數 $y = x^2$、$y = 2x^2$ 與 $y = 3x^2$ 的圖形於同一坐標平面上.

解 依據函數圖形的描繪，此二次函數的圖形如圖 5-2 所示.

图 5-2

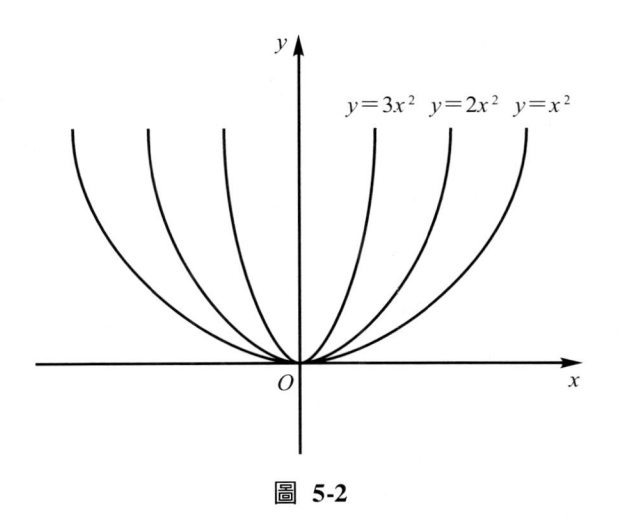

由此一例題，我們可以看出 $y=x^2$、$y=2x^2$、$y=3x^2$ 的圖形的形狀相似，圖形的開口均向上，但是開口的大小不一樣．一般說來，若 $a>0$，則 $y=ax^2$ 的圖形開口的大小，完全由 a 決定；a 愈大，其開口反而愈小，a 愈小，其開口反而愈大．

例題 3 試繪二次函數 $y=(x-1)^2$ 的圖形．

解 $y=(x-1)^2$ 之圖形的形狀、大小均與 $y=x^2$ 相同，開口也均是向上的，只是此二次函數圖形的對稱軸不同，也就是將 $y=x^2$ 的圖形向右移一個單位，如圖 5-3 所示，就是 $y=(x-1)^2$ 的圖形．

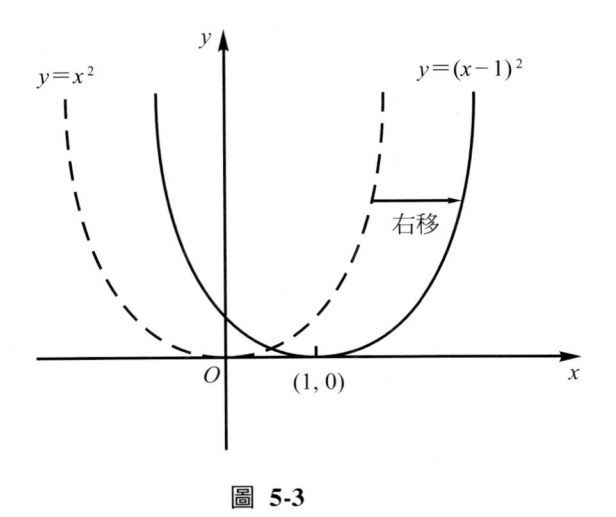

圖 5-3

一般說來，$y=(x-h)^2$ 的圖形與 $y=x^2$ 的圖形的形狀、大小及開口均相同，只是當

$h>0$ 時，將 $y=x^2$ 的圖形向右移 h 個單位；
$h<0$ 時，將 $y=x^2$ 的圖形向左移 h 個單位．

由上所述，二次函數 $y=ax^2+bx+c$, $a \neq 0$, 可以化成

$$y=a(x-h)^2+k$$

它們的形狀相似，但大小不同，當 $a>0$ 時，開口向上；$a<0$ 時，開口向下．而 $|a|$ 愈大，開口愈小．其圖形的獲得如下：

(1) 若 $h>0$, $k>0$, 則將 $y=ax^2$ 的圖形向右平移 h 單位後，再向上平移 k 單位．

(2) 若 $h>0$, $k<0$, 則將 $y=ax^2$ 的圖形向右平移 h 單位後，再向下平移 k 單位．

(3) 若 $h<0$, $k>0$, 則將 $y=ax^2$ 的圖形向左平移 h 單位後，再向上平移 k 單位．

(4) 若 $h<0$, $k<0$, 則將 $y=ax^2$ 的圖形向左平移 h 單位後，再向下平移 k 單位，

二次函數 $y=f(x)=ax^2+bx+c$ ($a \neq 0$, a、b、$c \in \mathbb{R}$) 的圖形為一拋物線，經配方後得

$$\begin{aligned} y=f(x) &= a\left(x^2+\frac{b}{a}x+\frac{c}{a}\right) = a\left(x^2+\frac{b}{a}x+\frac{b^2}{4a^2}-\frac{b^2}{4a^2}+\frac{c}{a}\right) \\ &= a\left(x+\frac{b}{2a}\right)^2+a \cdot \frac{4ac-b^2}{4a^2} = a\left(x+\frac{b}{2a}\right)^2+\frac{4ac-b^2}{4a} = a(x-h)^2+k \end{aligned}$$ (5-1-1)

其中 $(h, k)=\left(-\dfrac{b}{2a}, \dfrac{4ac-b^2}{4a^2}\right)$ 為拋物線的頂點坐標，$x=h=-\dfrac{b}{2a}$ 稱為拋物線的**對稱軸.** 我們在 2-4 節中曾經討論過一元二次方程式的兩根為 $\alpha=\dfrac{-b+\sqrt{b^2-4ac}}{2a}$ 與

$\beta = \dfrac{-b - \sqrt{b^2 - 4ac}}{2a}$. 當 $\Delta > 0$ 時，有相異的實根；當 $\Delta = 0$ 時，有相等實根；當 $\Delta < 0$ 時，有共軛複數根. 現在分別就 $a > 0$ 與 $a < 0$ 的情形來討論二次函數 $y = f(x) = ax^2 + bx + c$ 之圖形與 x-軸的交點.

1. 當 $a > 0$ 時，二次函數 $y = f(x) = ax^2 + bx + c$ 的圖形為開口向上，如圖 5-4 所示.

2. 當 $a < 0$ 時，二次函數 $y = f(x) = ax^2 + bx + c$ 的圖形為開口向下，如圖 5-5 所示.

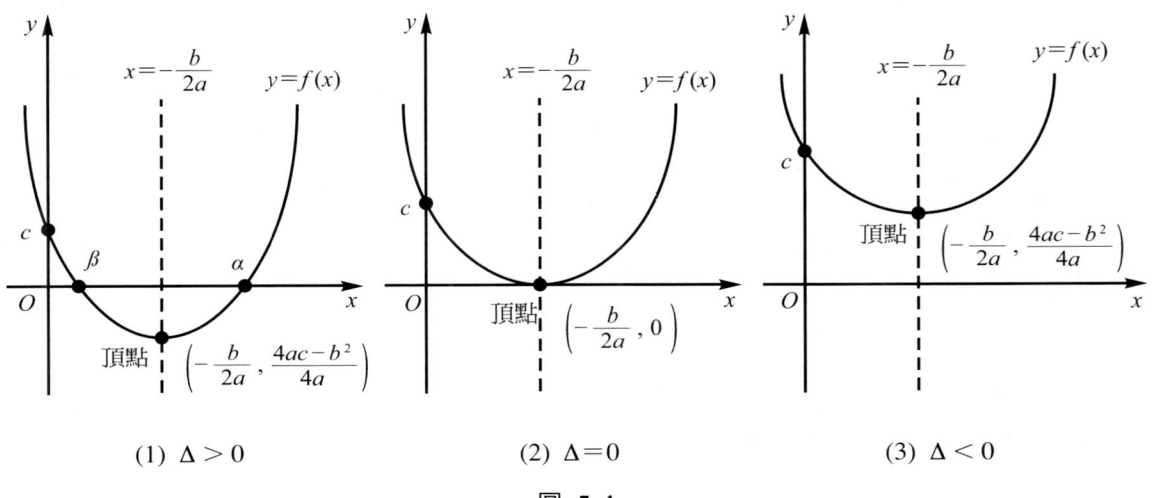

(1) $\Delta > 0$　　　　(2) $\Delta = 0$　　　　(3) $\Delta < 0$

圖 5-4

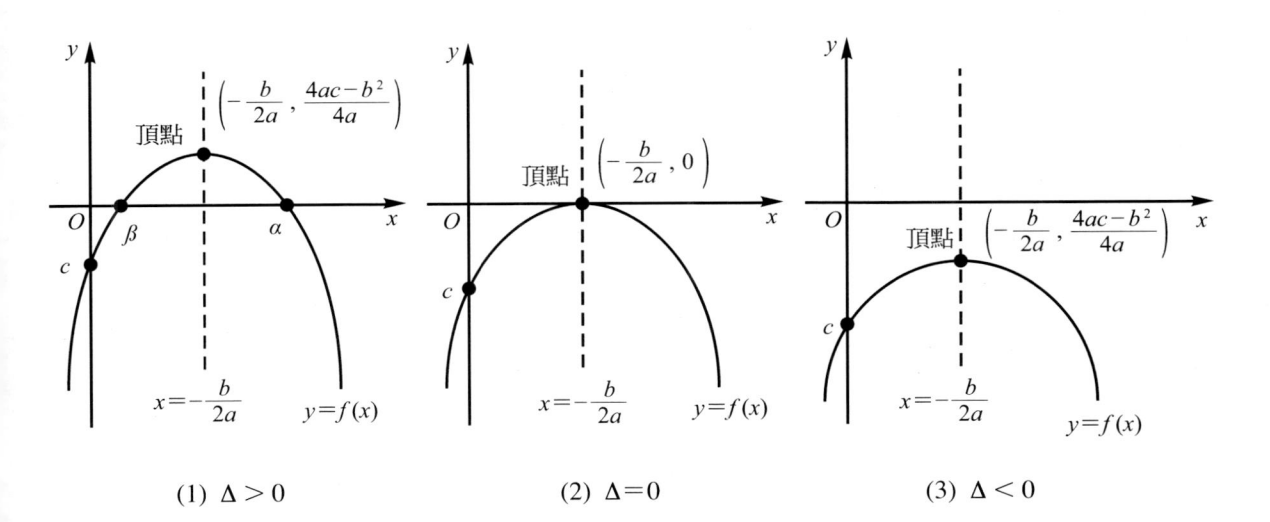

(1) $\Delta > 0$　　　　(2) $\Delta = 0$　　　　(3) $\Delta < 0$

圖 5-5

例題 4 作二次函數 $y = -x^2 - 4x - 5$ 的圖形，並指出開口方向、頂點與對稱軸的方程式．

解 $a = -1$，$b = -4$，$c = -5$．
因 $a < 0$，故二次函數圖形為開口向下．

對稱軸為 $x = -\dfrac{b}{2a} = -\dfrac{-4}{2(-1)} = -2$

頂點為 $\left(-\dfrac{b}{2a},\ \dfrac{4ac - b^2}{4a}\right) = (-2,\ -1)$，圖形如圖 5-6 所示．

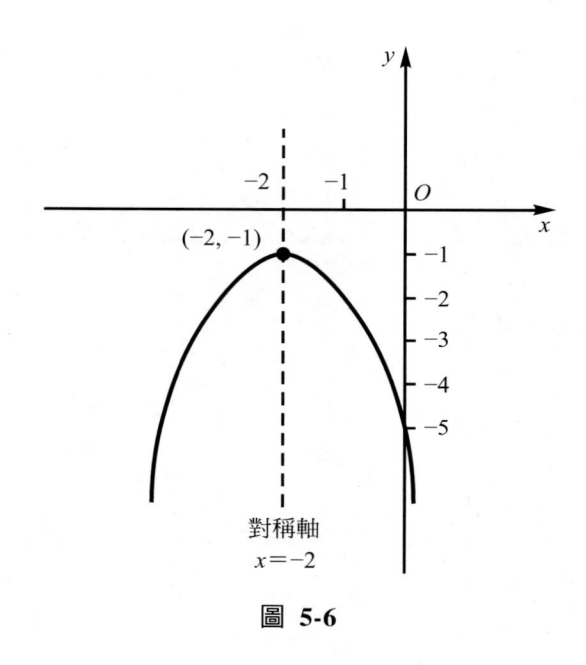

圖 5-6

隨堂練習 1 二次函數 $f(x) = -4x^2 + 8x - 4$，試求 $f(x)$ 圖形對稱軸方程式與頂點坐標，並繪其圖形．

答案：對稱軸方程式為 $x = 1$，頂點坐標為 $(1,\ 0)$．

例題 5 作 $y = 2x^2 + 4x - 1$ 的圖形，並比較 $y = 2x^2$ 的圖形．說明二圖形的關係．

解 $y = 2x^2 + 4x - 1 = 2(x^2 + 2x) - 1 = 2(x^2 + 2x + 1) - 3 = 2(x + 1)^2 - 3$

頂點為 $(-1,\ -3)$，開口向上，交 y-軸於 $(0,\ -1)$，對稱軸為 $x = -1$．$y = 2x^2$

與 $y=2(x+1)^2-3$ 等圖形的大小形狀相同，$y=2(x+1)^2-3$ 的圖形係將 $y=2x^2$ 的圖形左移 1 單位，再下移 3 單位而得，如圖 5-7 所示.

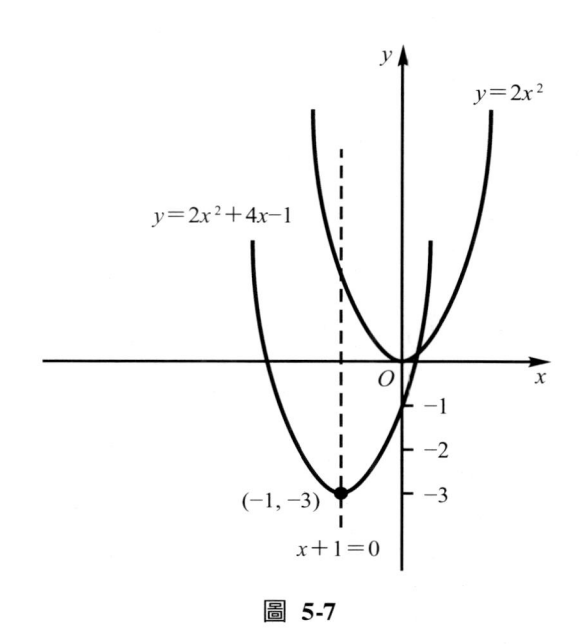

圖 5-7

例題 6 設二次函數 $f(x)=\dfrac{1}{a}x^2+2x+b$ 的頂點為 $(1,-2)$，則 $a=$？$b=$？

解 $y=f(x)=\dfrac{1}{a}(x^2+2ax)+b=\dfrac{1}{a}(x^2+2ax+a^2)+b-a$

$\qquad =\dfrac{1}{a}(x+a)^2+b-a$

可知 $-a=1$，$b-a=-2$

解得：$a=-1$，$b=-3$.

習題 5-1

1. 試指出下列二次函數圖形的開口方向、頂點坐標、對稱軸的方程式.

(1) $y = x^2 - 4$　　　　　　　　(2) $y = -x^2 + 4$

(3) $y = (x-1)^2 + 2$　　　　　(4) $y = -(x-1)^2 + 2$

(5) $y = 2x^2 - x + 3$　　　　　(6) $y = (1-x)(x-2)$

2. 若將 $y = 2x^2$ 的圖形向右平移 3 個單位，再向上平移 4 個單位，得到 $y = 2x^2 + bx + c$ 的圖形，求 $b + c$ 的值。

3. 已知二次函數 $y = f(x)$ 滿足下列條件，試求 $f(x)$：

(1) 圖形以 $(-1, -8)$ 為頂點，又通過 $(0, -7)$。

(2) 圖形通過 $(2, 3)$、$(-1, 6)$，且其對稱軸方程式為 $x = 1$。

4. $y = 2x^2 - 4x - 1$ 其圖形對 y-軸的對稱圖形方程式為何？

5. 試求拋物線 $x^2 + 16x - 36y - 260 = 0$ 的頂點及對稱軸的方程式。

6. 已知二次函數 $y = f(x)$ 其圖形通過三點 $(0, 1)$、$(1, 3)$ 與 $(-1, 1)$，試求 $f(x)$。

▶▶ 5-2　二次函數的最大值與最小值

二次函數 $y = f(x) = ax^2 + bx + c$ $(a \neq 0)$ 的圖形如圖 5-8 所示。

1. 若 $a > 0$，則二次函數的圖形為開口向上。

設 Q 點為拋物線上一點，$\overline{QP}$ 垂直 x-軸於 P 點。如果 P 點在 x-軸上，自點

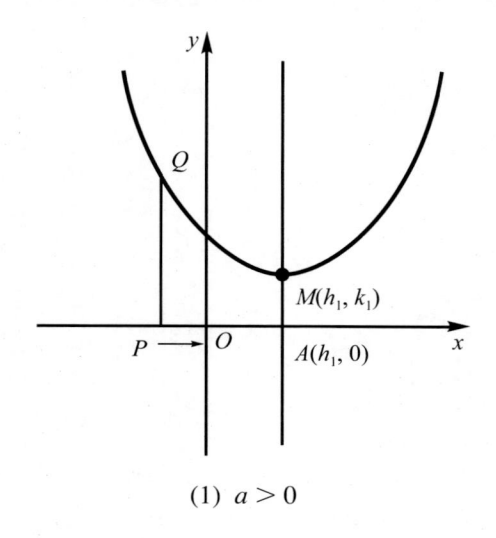

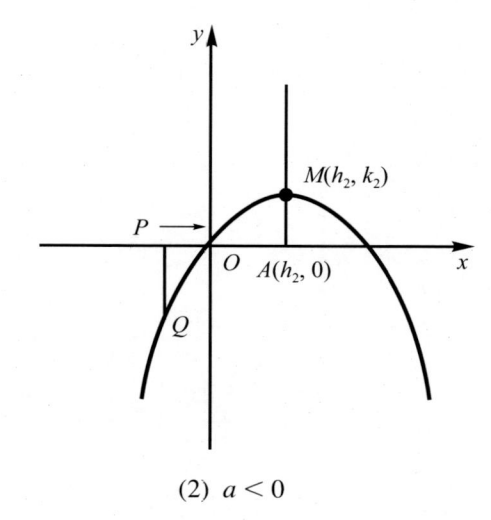

(1) $a > 0$　　　　　　　　(2) $a < 0$

圖 5-8

$A(h_1, 0)$ 的左邊向右慢慢移動，那麼 Q 點沿著曲線慢慢下降，而當 P 點移到點 $A(h_1, 0)$ 時，Q 點下降到二次函數圖形的最下方的一點 $M(h_1, k_1)$，即，拋物線的頂點；當 P 點通過 A 點繼續向右方移動時，Q 點沿著曲線慢慢上升．依此，當 x 的值由小漸漸增大時，y 的值也隨著變化，即，先減小到 k_1 後漸漸增大，而以 $y=k_1$ 為最小，於是，當 $x=h_1$，$y=k_1$ 時，點 $M(h_1, k_1)$ 為函數圖形的最低點，即，$x=h_1$ 時，$y=f(h_1)=k_1$ 為此二次函數的極小值，如圖 5-8(1) 所示．

2. 若 $a<0$，則二次函數的圖形為開口向下．

設 Q 點為拋物線上一點，$\overline{QP}$ 垂直 x-軸於 P 點．如果 P 點在 x-軸上，自點 $A(h_2, 0)$ 的左邊向右慢慢移動，那麼 Q 點沿著曲線慢慢上升，而當 P 點移到點 $A(h_2, 0)$ 時，Q 點上升到二次函數圖形的最上方的一點 $M(h_2, k_2)$，即，拋物線的頂點；當 P 點通過 A 點繼續向右移動時，Q 點沿著曲線慢慢下降。依此，當 x 的值由小漸漸增大時，y 的值也隨著變化，即，先增大到 k_2 後漸漸減小，而以 $y=k_2$ 為最大，於是，當 $x=h_2$，$y=k_2$ 時，點 $M(h_2, k_2)$ 為函數圖形的最高點，即，$x=h_2$ 時，$y=f(h_2)=k_2$ 為此二次函數的極大值，如圖 5-8(2) 所示．二次函數 $f(x)$ 的極大值與極小值，稱為二次函數 $f(x)$ 的極值．

例題 1 試求出下列二次函數之圖形的最低點或最高點．

(1) $y=2x^2-8x$ (2) $y=-x^2+6x$

解 (1) $y=2x^2-8x=2(x^2-4x)=2(x^2-4x+4)-8=2(x-2)^2-8$
故圖形的最低點為 $(2, -8)$．
(2) $y=-x^2+6x=-(x^2-6x)=-(x^2-6x+9)+9=-(x-3)^2+9$
故圖形的最高點為 $(3, 9)$．

任何一個二次函數 $f(x)=ax^2+bx+c$ ($a \neq 0$, a、b、$c \in \mathbb{R}$)，若令 $\Delta=b^2-4ac$，由式 (5-1-1) 可得：

$$f(x)=a \cdot \left[\left(x+\frac{b}{2a}\right)^2+\frac{(-\Delta)}{4a^2}\right] \tag{5-2-1}$$

由式 (5-2-1)，顯然，當 $x \in \mathbb{R}$ 時，均有

$$\left(x+\frac{b}{2a}\right)^2 \geq 0 \qquad \left(\text{「=」僅在 } x=-\frac{b}{2a} \text{ 時成立}\right)$$

故

$$\left(x+\frac{b}{2a}\right)^2 + \frac{(-\Delta)}{4a^2} \geq \frac{(-\Delta)}{4a^2} \qquad \left(\text{「=」僅在 } x=-\frac{b}{2a} \text{ 時成立}\right)$$

所以，當 $a>0$ 時，我們有

$$f(x) = a \cdot \left[\left(x+\frac{b}{2a}\right)^2 + \frac{(-\Delta)}{4a^2}\right] \geq \frac{(-\Delta)}{4a^2} \cdot a = \frac{(-\Delta)}{4a} = f\left(-\frac{b}{2a}\right)$$

亦即，當 $a>0$ 時，二次函數 $f(x)=ax^2+bx+c$ 在 $x=-\frac{b}{2a}$ 時的函數值，$f\left(-\frac{b}{2a}\right)$ $=\frac{-\Delta}{4a}=\frac{4ac-b^2}{4a}$ 是該函數的**極小值**．反之，當 $a<0$ 時，我們有

$$f(x) = a \cdot \left[\left(x+\frac{b}{2a}\right)^2 + \frac{-\Delta}{4a^2}\right] \leq \frac{-\Delta}{4a^2} \cdot a = \frac{-\Delta}{4a} = f\left(-\frac{b}{2a}\right)$$

亦即，當 $a<0$ 時，二次函數 $f(x)=ax^2+bx+c$ 在 $x=\frac{-b}{2a}$ 時的函數值，$f\left(\frac{-b}{2a}\right)$ $=\frac{-\Delta}{4a}$ 是它的**極大值**．

定理 5-1 ↩

二次函數 $f(x)=ax^2+bx+c$ 在 $x=-\frac{b}{2a}$ 時的函數值

$$f\left(\frac{-b}{2a}\right) = \frac{-\Delta}{4a} = \frac{4ac-b^2}{4a}$$

不是極大就是極小；當 $a<0$ 時為極大；$a>0$ 時為極小．

推　論

對於二次函數 $f(x)=ax^2+bx+c$，

(1) 其函數值恆不為負的充分必要條件是：$a>0$ 且 $\Delta \leq 0$.

(2) 其函數值恆不為正的充分必要條件是：$a<0$ 且 $\Delta \leq 0$.

例題 2　試求下列各函數之極值.

(1) $f(x)=x^2-4x+3$　　(2) $f(x)=4x-x^2$

解　(1) $f(x)=x^2-4x+3=(x-2)^2-1 \geq -1$

當 $x=2$ 時，$f(2)=-1$ 為極小值.

(2) $f(x)=4x-x^2=4-(x^2-4x+4)=4-(x-2)^2 \leq 4$

當 $x=2$ 時，$f(2)=4$ 為極大值.

隨堂練習 2　已知二次函數 $f(x)=\dfrac{1}{2}x^2+\dfrac{1}{4}x+\dfrac{1}{8}$，試求 $f(x)$ 之最小值.

答案：$\dfrac{3}{32}$．

例題 3　設 $f(x)=x^2+bx+c$，$f(2)=1$ 為極小值，試求 b、c 之值.

解　$f(x)=x^2+bx+c=x^2+bx+\dfrac{b^2}{4}+c-\dfrac{b^2}{4}$

$$=\left(x+\dfrac{b}{2}\right)^2+\dfrac{4c-b^2}{4} \geq \dfrac{4c-b^2}{4}$$

因 $f(2)=1$ 為極小值，故 $2+\dfrac{b}{2}=0$ 且 $\dfrac{4c-b^2}{4}=1$．

解得 $b=-4$，$c=5$．

例題 4　若一條 400 公尺長的鐵絲用來圍成一塊矩形土地，則最多可圍多少面積？

解　令 x 為矩形的長，則寬為 $200-x$．

面積
$$A = x(200-x) = -x^2 + 200x$$
$$= -(x-100)^2 + 10000 \leq 10000$$

故當 $x=100$ 公尺時，可得最大面積 10000 平方公尺.

例題 5 某電影院每張票價 30 元時，觀眾有 800 人，若票價每減 1 元，則觀眾就增加 50 人．試問每張票價應訂價幾元才能使該電影院的收入最多？

解 設票價訂為比 30 元少 x 元，
則電影院的收入為

$$(30-x)(800+50x) = -50x^2 + 700x + 24000$$
$$= -50(x^2 - 14x) + 24000$$
$$= -50(x-7)^2 + 26450 \leq 26450$$

當 $x=7$ 時，有最多的收入，故每張票價訂為 23 元能使電影院的收入最多．

習題 5-2

1. 求下列各函數的極值，並求其最低點或最高點．
   (1) $f(x) = x^2 - 4x + 3$
   (2) $f(x) = 2x^2 - 5x + 6$
   (3) $f(x) = 5 + 3x - x^2$
   (4) $f(x) = -3x^2 + 4x + 1$
   (5) $f(x) = x^2 + 4x + 11$

2. 設二正數之和為 10，求此二數乘積的極大值．

3. 設函數 $f(x) = 2x^2 + 3x + m$ 有極小值 $\dfrac{7}{8}$，則 $m = ?$

4. 設函數 $f(x) = x^2 + bx + c$ 的極小值為 $f(2) = 5$，求 b 與 c 的值．

5. 設 $y = ax^2 + bx + 5$，$a > 0$；當 $x = 2$ 時，y 的極小值為 1，求 a、b 的值．

6. 已知 $y = f(x) = x^2 - 2mx + 4m - 3$ 的最小值為 1，試求 m 的值．

6 指數與對數

本章學習目標

- 指數與其運算
- 指數函數與其圖形
- 對數與其運算
- 對數函數與其圖形
- 常用對數

6-1 指數與其運算

指數符號是十七世紀法國數學家笛卡兒所提出，在天文學、物理學、生物學及統計學常常用到．

有關數字的計算，常常需要將某一個數連續自乘若干次，其結果就是這個數的連乘積．例如：

$$2 \times 2 = 4$$
$$2 \times 2 \times 2 = 8$$
$$2 \times 2 \times 2 \times 2 = 16$$
$$2 \times 2 \times 2 \times 2 \times 2 = 32$$

均是 2 的連乘積，這些連乘積為了書寫方便，常記作

$$2 \times 2 = 2^2$$
$$2 \times 2 \times 2 = 2^3$$
$$2 \times 2 \times 2 \times 2 = 2^4$$
$$2 \times 2 \times 2 \times 2 \times 2 = 2^5$$

一般而言，設 $a \neq 0$, $a \in \mathbb{R}$, $n \in \mathbb{N}$

$$\underbrace{a \times a \times a \times \cdots \times a}_{n \text{ 個}} = a^n$$

讀作 "a 的 n 次方" 或 "a 的 n 次冪"，其中 a 稱為**底數**，n 稱為**指數**．通常 a^2 讀作 a 的**平方**，a^3 讀作 a 的**立方**．

設 $a \neq 0$, $b \neq 0$, a、$b \in \mathbb{R}$, m、$n \in \mathbb{N}$，則指數的運算有下列的性質，稱為**指數律**：

(1) $a^m \cdot a^n = a^{m+n}$ (2) $(a^m)^n = a^{mn}$

(3) $(a \cdot b)^n = a^n \cdot b^n$ (4) $\dfrac{a^m}{a^n} = a^{m-n}$ $(a \neq 0,\ m > n)$

(5) $\left(\dfrac{a}{b}\right)^n = \dfrac{a^n}{b^n}$ $(b \neq 0)$

證：(1) $a^m \cdot a^n = \underbrace{(a \cdot a \cdot a \cdots a)}_{m\ \text{個}} \cdot \underbrace{(a \cdot a \cdot a \cdots a)}_{n\ \text{個}}$

$= \underbrace{a \cdot a \cdots a \cdot a \cdot a \cdots a}_{m+n\ \text{個}}$

$= a^{m+n}$

(2) $(a^m)^n = \underbrace{(a \cdot a \cdot a \cdots a)}_{m\ \text{個}} \cdot \underbrace{(a \cdot a \cdot a \cdots a)}_{m\ \text{個}} \cdot \underbrace{(a \cdot a \cdot a \cdots a)}_{m\ \text{個}}$

$= \underbrace{(a \cdot a \cdot a \cdots a \cdot a \cdot a \cdots a \cdot a \cdot a \cdots a)}_{mn\ \text{個}}$

$= a^{mn}$

(3)、(4) 與 (5) 留給讀者自行證明.

在上述指數律中的指數，均限定為正整數，我們亦可將指數推廣到整數、有理數，甚至於實數，並使指數律仍然成立，現在討論如何定義整數指數，才能使指數律仍然成立.

設 a 是一個不等於 0 的實數，n 是一個正整數，欲使

$$a^0 \cdot a^n = a^{0+n} = a^n$$

成立，必須規定 $a^0 = 1$.

又欲使 $$a^{-n} \cdot a^n = a^{-n+n} = a^0 = 1$$

成立，必須規定 $$a^{-n} = \dfrac{1}{a^n}$$

因此，對整數指數，我們有下面定義：

定義 6-1

設 a 是一個不等於 0 的實數，n 是正整數，我們規定
(1) $a^0 = 1$
(2) $a^{-n} = \dfrac{1}{a^n}$.

依照上述定義，我們可以證明在整數系 $\mathbb{Z}$ 中，指數律仍然成立.

定理 6-1

設 a、b 是兩個實數，$ab \neq 0$，m、n 是兩個整數，則有
(1) $a^m \cdot a^n = a^{m+n}$
(2) $(a^m)^n = a^{mn}$
(3) $(ab)^m = a^m b^m$.

我們僅證明 (1) 式，其餘留給讀者自證.

證：(a) 若 m、n 均是正整數，則 $a^m \cdot a^n = a^{m+n}$ 成立.

(b) 設 $m > 0$，$n < 0$. $n < 0 \Rightarrow -n > 0$

① $m > -n \Rightarrow a^m \cdot a^n = \dfrac{a^m}{a^{-n}} = a^{m-(-n)} = a^{m+n}$

② $m < -n \Rightarrow a^m \cdot a^n = \dfrac{a^m}{a^{-n}} = \dfrac{1}{a^{-n-m}} = \dfrac{1}{a^{-(n+m)}} = a^{m+n}$

綜上討論，可得

$$a^m \cdot a^n = a^{m+n}$$

對 $m < 0$，$n > 0$，同理可證.

(c) 若 $m < 0$，$n < 0$，則

$$a^m \cdot a^n = \dfrac{1}{a^{-m}} \cdot \dfrac{1}{a^{-n}} = \dfrac{1}{a^{-(m+n)}} = a^{m+n}$$

由 (a)、(b)、(c)，證得 $a^m \cdot a^n = a^{m+n}$.

例題 1 若 $n + n^{-1} = 5$，求 $n^2 + n^{-2}$.

解 $n^2 + n^{-2} = n^2 + 2 + n^{-2} - 2 = (n + n^{-1})^2 - 2 = 5^2 - 2 = 25 - 2 = 23$.

例題 2 試化簡下列各式：

(1) $(a^2 + b^{-2})(a^2 - b^{-2})$　　(2) $[a^3(a^{-2})^4]^{-1}$　　(3) $(a^{-3}b^2)^{-2}$

解 (1) $(a^2 + b^{-2})(a^2 - b^{-2}) = (a^2)^2 - (b^{-2})^2 = a^4 - b^{-4}$

(2) $[a^3(a^{-2})^4]^{-1} = (a^3 \cdot a^{-8})^{-1} = (a^{3-8})^{-1} = (a^{-5})^{-1} = a^5$

(3) $(a^{-3}b^2)^{-2} = (a^{-3})^{-2}(b^2)^{-2} = a^{(-3)(-2)} \cdot b^{2(-2)} = a^6 \cdot b^{-4} = \dfrac{a^6}{b^4}$.

定理 6-2

設 $a \in \mathbb{R}$，$a > 1$，m、$n \in \mathbb{Z}$，$m > n$，則 $a^m > a^n$.

證：
$$a^m - a^n = a^n \left(\dfrac{a^m}{a^n} - 1 \right) = a^n(a^{m-n} - 1) \cdots\cdots ①$$

$$n \in \mathbb{Z},\ a > 1 \Rightarrow a^n > 0 \cdots\cdots ②$$

$$m - n > 0\ (m > n),\ a > 1 \Rightarrow a^{m-n} > 1 \Rightarrow a^{m-n} - 1 > 0 \cdots\cdots ③$$

由 ①、② 與 ③，可知 $a^{m-n} > 0$，所以 $a^m > a^n$.

在討論過整數指數的意義之後，現在我們將整數指數的意義，推廣到有理數系 $\mathbb{Q}$ 中，使指數律仍然成立，並討論我們應如何定義有理數指數，才能使指數律成立．

定義 6-2

設 a 是一個正實數，m 與 n 是兩個整數，且 $n > 0$．我們規定

(1) $a^{1/n} = \sqrt[n]{a}$　　　　(2) $a^{m/n} = \sqrt[n]{a^m} = (\sqrt[n]{a})^m$.

依照上述定義，可以證明在有理數系 $\mathbb{Q}$ 中，指數律仍然成立.

定理 6-3

設 a、b 是兩個正實數，r、s 是兩個有理數，則有
(1) $a^r \cdot a^s = a^{r+s}$　　　(2) $(a^r)^s = a^{rs}$　　　(3) $(ab)^r = a^r b^r$.

例題 3 化簡下列各式：
(1) $a^{3/2} \cdot a^{1/6}$
(2) $\sqrt{a} \cdot \sqrt[3]{a} \cdot \sqrt[8]{a}$ 　　$(a \geq 0)$

解 (1) $a^{3/2} \cdot a^{1/6} = a^{3/2+1/6} = a^{(9+1)/6} = a^{10/6} = a^{5/3}$
(2) $\sqrt{a} \cdot \sqrt[3]{a} \cdot \sqrt[8]{a} = a^{1/2} \cdot a^{1/3} \cdot a^{1/8} = a^{1/2+1/3+1/8} = a^{23/24} = \sqrt[24]{a^{23}}$.

例題 4 化簡 $\dfrac{a^{-1/3} \cdot b^3}{a^{5/3} \cdot b^{-1/2}}$.

解
$$\dfrac{a^{-1/3} \cdot b^3}{a^{5/3} \cdot b^{-1/2}} = a^{-1/3}b^3 \cdot (a^{-5/3}b^{-(-1/2)}) = a^{-1/3-5/3} \cdot b^{3-(-1/2)}$$
$$= a^{-2}b^{3+(1/2)} = \dfrac{b^3 \cdot \sqrt{b}}{a^2}.$$

隨堂練習 1 試化簡 $\dfrac{5a^6 b^3}{2a^3 b^8}$.

答案：$\dfrac{5}{2} \dfrac{a^3}{b^5}$.

定理 6-4

設 $a \in \mathbb{R}$，$a > 1$，$m > n$，m、$n \in \mathbb{Q}$，則 $a^m > a^n$.

證：設 $m=\dfrac{q}{p}$、$n=\dfrac{s}{r}$，其中 p、q、r、$s \in \mathbb{Z}$，且 $p>0$, $r>0$.

$$m > n \Rightarrow \dfrac{q}{p} > \dfrac{s}{r} \Rightarrow qr > ps \Rightarrow a^{qr} > a^{ps}$$
$$\Rightarrow a^{qr/pr} > a^{ps/pr} \Rightarrow a^{q/p} > a^{s/r}$$
$$\Rightarrow a^m > a^n.$$

定理 6-5

設 $a \in \mathbb{R}$, $0 < a < 1$, $m > n$, m、$n \in \mathbb{Q}$, 則 $a^m < a^n$.

若 a 為任意正實數，r 為一無理數，我們亦可定義 a^r，只是它的定義比較繁複且超出教材範圍，故在此省略. 至此，對於任意的實數 a、r，且 $a > 0$，則 a^r 均有意義. 亦即 a^r 亦為實數. 例如，$2^{\sqrt{2}}$、2^π 等均為實數.

定理 6-6

設 a、b、r 與 s 均為任意實數，且 $a > 0$, $b > 0$，則下列性質成立.

(1) $a^r \cdot a^s = a^{r+s}$
(2) $(a^r)^s = a^{rs}$
(3) $a^r \cdot b^r = (ab)^r$
(4) $\left(\dfrac{a}{b}\right)^r = \dfrac{a^r}{b^r} = a^r b^{-r}$
(5) $\dfrac{a^r}{a^s} = a^{r-s}$

定理 6-7

(1) 設 $a \in \mathbb{R}$, $a > 1$, $m > n$, m、$n \in \mathbb{R}$, 則 $a^m > a^n$.
(2) 設 $a \in \mathbb{R}$, $0 < a < 1$, $m > n$, m、$n \in \mathbb{R}$, 則 $a^m < a^n$.

例題 5 試化簡下列各式：

(1) $(3^{\sqrt{2}})^{\sqrt{2}}$

(2) $36^{\sqrt{5}} \div 6^{\sqrt{20}}$

(3) $10^{\sqrt{3}+1} \cdot 100^{-\sqrt{3}/2}$

解

(1) $(3^{\sqrt{2}})^{\sqrt{2}} = 3^{\sqrt{2} \cdot \sqrt{2}} = 3^2 = 9$

(2) $36^{\sqrt{5}} \div 6^{\sqrt{20}} = (6^2)^{\sqrt{5}} \cdot 6^{-\sqrt{20}} = 6^{2\sqrt{5}-\sqrt{20}} = 6^{2\sqrt{5}-2\sqrt{5}} = 6^0 = 1$

(3) $10^{\sqrt{3}+1} \cdot 100^{-\sqrt{3}/2} = 10^{\sqrt{3}+1} \cdot (10^2)^{-\sqrt{3}/2} = 10^{\sqrt{3}+1} \cdot 10^{-\sqrt{3}}$
$= 10^{(\sqrt{3}+1)-\sqrt{3}} = 10^1 = 10.$

隨堂練習 2 試化簡 $\sqrt[3]{81a^5b^{10}} \sqrt[3]{9ab^2}$.

答案：$9a^2b^4.$

例題 6 已知 $\sqrt{2}=1.41421\cdots$，試比較下列各數的大小關係：

$2^{\sqrt{2}}, 2^{1.4}, 2^{1.5}, 2^{1.41}, 2^{1.42}, 2^{1.414}, 2^{1.415}, 2^{1.4142}, 2^{1.4143}, 2^{1.41421}, 2^{1.41422}.$

解 因 $\sqrt{2}=1.41421\cdots$，而以 2 為底時，指數愈大，其值愈大，故

$2^{1.4} < 2^{1.41} < 2^{1.414} < 2^{1.4142} < 2^{1.41421} < 2^{\sqrt{2}} < 2^{1.41422} < 2^{1.4143} < 2^{1.415} < 2^{1.42} < 2^{1.5}.$

例題 7 若 $3^{2x-1} = \dfrac{1}{27}$，試求 x 之值.

解 因 $3^{2x-1} = \dfrac{1}{27} = \dfrac{1}{3^3} = 3^{-3}$

所以，$2x-1=-3$，$2x=-2$，故 $x=-1.$

例題 8 試解 $4^{3x^2} = 2^{10x+4}.$

解 $4^{3x^2} = (2^2)^{3x^2} = 2^{6x^2}$，可得 $2^{6x^2} = 2^{10x+4}.$
於是，$6x^2 = 10x+4$，即，

$$6x^2 - 10x - 4 = 0$$
$$3x^2 - 5x - 2 = 0$$

$$(3x+1)(x-2)=0$$

所以，$x=-\dfrac{1}{3}$ 或 $x=2$.

隨堂練習 3 ✎ 試解 $3^{2x}-12\cdot 3^x+27=0$.

答案：$x=1$，2.

例題 9 令某正圓錐容器的底半徑為 r，高為 h，則其體積為 $V=\dfrac{1}{3}\pi r^2 h$ (其中 π 為圓周率，約等於 3.14)，若該容器的底半徑為 3.5×10^3 公分，高為 6.5×10^5 公分，試求該容器的體積. (答案取五位有效數字，第六位四捨五入.)

解 由 $V=\dfrac{1}{3}\pi r^2 h$，可得

$$V=\dfrac{1}{3}\cdot 3.14\cdot (3.5\times 10^3)^2\cdot (6.5\times 10^5)$$

$$=\dfrac{3.14}{3}\cdot (3.5)^2\cdot 10^6\cdot 6.5\times 10^5$$

$$\approx 8.3341\times 10^{12}$$

即容器的體積約為 8.3341×10^{12} 立方公分.

由例題 9 得知，對於一些很大或很小數字的運算，我們可以用科學記號的表示法來表示. 所謂科學記號，就是將每個正數 a，寫成 10 的 n 次乘冪乘以只含個位數的小數的乘積，稱為科學記號，亦即

$$a=b\times 10^n \text{ (其中 } n\in\mathbb{Z},\ 1\le |b|<10)$$

例如：$4538=4.538\times 10^3$，$0.00453=4.53\times 10^{-3}$.

例題 10 試寫出下列各數的科學記號.
(1) 0.051364　　(2) 4325.48　　(3) 396000

解 (1) $0.051364=5.1364\times 10^{-2}$

(2) $4325.48 = 4.32548 \times 10^3$

(3) $396000 = 3.96 \times 10^5$

例題 11 試將下列用科學記號所表示的數化為原來的形式.

(1) 3.6×10^6 (2) 4.18×10^{-6} (3) 2×10^5

解 (1) $3.6 \times 10^6 = 3600000$

(2) $4.18 \times 10^{-6} = 0.00000418$

(3) $2 \times 10^5 = 200000$

例題 12 試用科學記號表示下列各題的結果.

(1) $\dfrac{(2 \times 10^4) \times (4 \times 10^{-6})}{16 \times 10^5}$

(2) $(5 \times 10^{-4}) \times (6 \times 10^{-5}) \times (2 \times 10^7)$

(3) 168.7×10^{-8}

解 (1) $\dfrac{(2 \times 10^4) \times (4 \times 10^{-6})}{16 \times 10^5} = \dfrac{2 \times 4}{16} \times \dfrac{10^4 \times 10^{-6}}{10^5} = 0.5 \times 10^{4+(-6)-5}$

$= 0.5 \times 10^{-7} = 5 \times 10^{-8}$

(2) $(5 \times 10^{-4}) \times (6 \times 10^{-5}) \times (2 \times 10^7) = (5 \times 6 \times 2) \times 10^{-4} \times 10^{-5} \times 10^7$

$= 60 \times 10^{-4+(-5)+7} = 60 \times 10^{-2}$

$= 6 \times 10^{-1}$

(3) $168.7 \times 10^{-8} = 1.687 \times 10^2 \times 10^{-8} = 1.687 \times 10^{-6}$.

習題 6-1

化簡下列各式.

1. $1000(8^{-2/3})$

2. $3\left(\dfrac{9}{4}\right)^{-3/2}$

3. $(0.027)^{2/3}$

4. $\dfrac{9a^{4/3} \cdot a^{-1/2}}{2a^{3/2} \cdot 3a^{1/3}}$

5. $\dfrac{\sqrt{a^3} \cdot \sqrt[3]{b^2}}{\sqrt[6]{b^{-2}} \cdot \sqrt[4]{a^6}}$

6. $(3a^{-1/3} + a + 2a^{2/3}) \cdot (a^{1/3} - 2)$

7. $2(\sqrt{5})^{\sqrt{3}}(\sqrt{5})^{-\sqrt{3}}$

8. $\pi^{-\sqrt{3}} \cdot \left(\dfrac{1}{\pi}\right)^{\sqrt{3}}$

9. $\left(\dfrac{b^{3/2}}{a^{1/4}}\right)^{-2}$

10. $(a^{1/\sqrt{2}})^{\sqrt{2}} (b^{\sqrt{3}})^{\sqrt{3}}$

11. $32^{-0.4} + 36^{\sqrt{5}} \cdot 81^{0.75} \cdot 6^{-\sqrt{20}}$

12. $(2-\sqrt{3})^{-3} + (2+\sqrt{3})^{-3}$

13. 設 x、y、z 為正數，$x^y = 1$、$y^z = \dfrac{1}{2}$、$z^x = \dfrac{1}{3}$，求 xyz 之值.

14. 若 $x > 0$，試證 $(x^{a/(a-b)})^{1/(c-a)} (x^{b/(b-c)})^{1/(a-b)} (x^{c/(c-a)})^{1/(b-c)} = 1$.

15. 用科學記號表示下列各題的結果.

    (1) $(6 \times 10^4) \times (8 \times 10^{-1})$
    (2) $(0.5 \times 10^6) \times (0.2 \times 10^4)$
    (3) $(3 \times 10^{-3}) \div (60 \times 10^{-7})$
    (4) 239.6×10^7

▶▶ 6-2 指數函數與其圖形

在前節中，我們已定義了有理指數，亦即，對任一 $a > 0$，$r \in \mathbb{Q}$，a^r 是有意義的；同時，我們將指數的定義擴充至實數指數，同樣也會滿足指數律及一切性質.

設 $a > 0$，對任意的實數 x，a^x 已有明確的定義，因此，若視 x 為一變數，則 $y = a^x$ 可視為一函數.

定義 6-3 ↪

若 $a > 0$，$a \neq 1$，對任意實數 x，恰有一個對應值 a^x，因而 a^x 是實數 x 的函數，常記為

$$f: \mathbb{R} \to \mathbb{R}^+,\ f(x) = a^x,$$

則稱此函數為以 a 為底的**指數函數**.

在此定義中，$D_f = \{x \mid x \in I\!R\}$，$I\!R_f = \{y \mid y \in I\!R^+\}$（$I\!R^+$ 表示正實數所成的集合）.

定理 6-8 ↵

設 $a > 0$，x、$y \in I\!R$，$f : x \to a^x$，則

(1) $f(x)f(y) = f(x+y)$ (2) $\dfrac{f(x)}{f(y)} = f(x-y)$.

證：(1) $f(x)f(y) = a^x \cdot a^y = a^{x+y} = f(x+y)$

(2) $\dfrac{f(x)}{f(y)} = \dfrac{a^x}{a^y} = a^x \cdot a^{-y} = a^{x-y} = f(x-y)$.

定義 6-4 ↵

設 A、B 為 $I\!R$ 的子集合，$f : A \to B$ 為一函數，若對於 A 中任意兩個數 x_1、x_2，

$$x_1 < x_2 \Rightarrow f(x_1) < f(x_2)$$

我們稱 f 是一個由 A 映至 B 的**遞增函數**；反之，

$$x_1 < x_2 \Rightarrow f(x_1) > f(x_2)$$

我們稱 f 是一個由 A 映至 B 的**遞減函數**.

遞增函數或遞減函數稱為**單調函數**. 單調函數必為一對一函數.

定理 6-9 ↵

設 $a > 0$，x_1、$x_2 \in I\!R$，$f : x \to a^x$.
(1) 若 $a > 1$，且 $x_1 > x_2$，則 $f(x_1) > f(x_2)$ （$a^{x_1} > a^{x_2}$），即，f 為遞增函數.
(2) 若 $0 < a < 1$，$x_1 > x_2$，則 $f(x_1) < f(x_2)$ （$a^{x_1} < a^{x_2}$），即，f 為遞減函數.

第六章　指數與對數

例題 1 試解下列各不等式：

(1) $5^x < 625$ 　　　　(2) $\left(\dfrac{1}{2}\right)^{x+2} \leq \dfrac{1}{64}$

解 (1) $5^x < 625 = 5^4$．因底數 $a = 5 > 1$，故指數 $x < 4$．

(2) $\left(\dfrac{1}{2}\right)^{x+2} \leq \dfrac{1}{64} = \left(\dfrac{1}{2}\right)^6$．因底數 $a = \dfrac{1}{2} < 1$，故指數 $x+2 \geq 6$，

即 $x \geq 4$．

隨堂練習 4 試解不等式 $3^{x^2+x} < 3^{3x} \cdot 27$．

答案：$-1 < x < 3$．

例題 2 已知 e 為一無理數，其值約為 $2.71828\cdots$．函數 $f(x) = e^x$，$x \in \mathbb{R}$，稱為自然指數函數．今假設

$$f(x) = e^x + e^{-x}$$

試證：

(1) $f(x+y)f(x-y) = f(2x) + f(2y)$

(2) $[f(x)]^2 = f(2x) + 2$

解 (1) $f(x+y)f(x-y) = [e^{x+y} + e^{-(x+y)}][e^{x-y} + e^{-(x-y)}]$
$= e^{x+y} \cdot e^{x-y} + e^{-(x+y)} \cdot e^{x-y} + e^{x+y} \cdot e^{-(x-y)} + e^{-(x+y)} \cdot e^{-(x-y)}$
$= e^{2x} + e^{-2y} + e^{2y} + e^{-2x} = (e^{2x} + e^{-2x}) + (e^{2y} + e^{-2y})$
$= f(2x) + f(2y)$

(2) $[f(x)]^2 = (e^x + e^{-x})^2 = e^{2x} + 2 \cdot e^x \cdot e^{-x} + e^{-2x}$
$= e^{2x} + e^{-2x} + 2 = f(2x) + 2$．

例題 3 設 $g(x) = \dfrac{1}{2}(a^x - a^{-x})$，$a > 0$，試將 $g(3x)$ 以 $g(x)$ 表示之．

解 $g(3x) = \dfrac{1}{2}(a^{3x} - a^{-3x}) = \dfrac{1}{2}(a^x - a^{-x})[(a^x)^2 + a^x a^{-x} + (a^{-x})^2]$

$= \dfrac{1}{2}(a^x - a^{-x})[(a^x)^2 + a^0 + (a^{-x})^2] = \dfrac{1}{2}(a^x - a^{-x})[(a^x)^2 + 1 + (a^{-x})^2]$

$$= \frac{1}{2}(a^x - a^{-x})[(a^x - a^{-x})^2 + 3] = \frac{1}{2}(2g(x))[(2g(x))^2 + 3]$$

$$= g(x)[4(g(x))^2 + 3] = 4(g(x))^3 + 3g(x).$$

關於指數函數 $f(x) = a^x$ ($a > 0$, $a \neq 1$, $x \in \mathbb{R}$) 的圖形，我們分別就下列三種情形來加以討論：

1. 當 $a = 1$ 時，$f(x) = 1$ 為**常數函數**，其圖形是通過點 $(0, 1)$ 的水平線，如圖 6-1 所示.

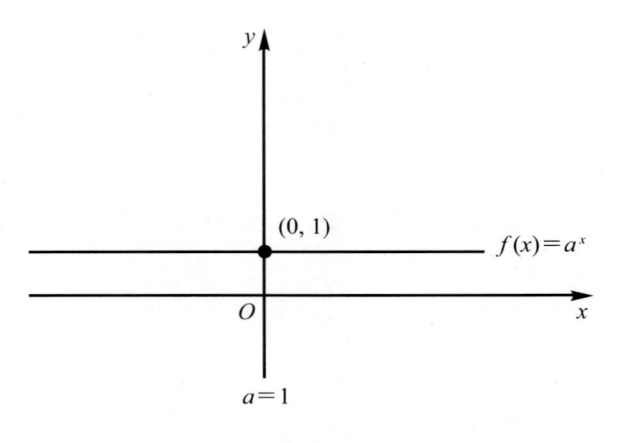

圖 6-1

2. 當 $a > 1$ 時，若 $x_1 > x_2$，則 $a^{x_1} > a^{x_2}$ (定理 6-9)，亦即，$a > 1$ 時，$f(x) = a^x$ 的圖形隨著 x 的增加而上升，且經過點 $(0, 1)$，如圖 6-2 所示.

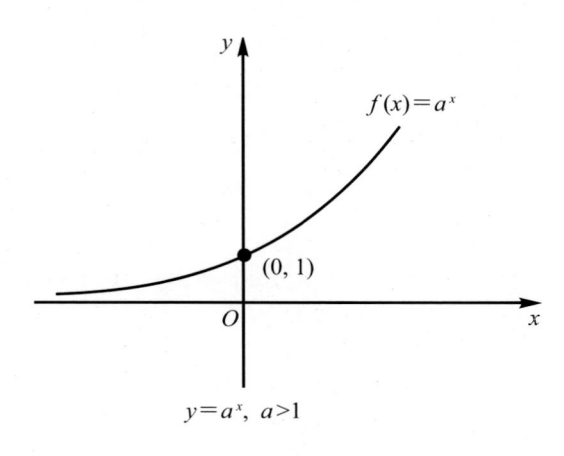

圖 6-2

3. 當 $0<a<1$ 時，若 $x_1>x_2$，則 $a^{x_1}<a^{x_2}$（定理 6-9），亦即，$0<a<1$ 時，$f(x)=a^x$ 的圖形隨著 x 的增加而下降，且經過點 $(0, 1)$，如圖 6-3 所示.

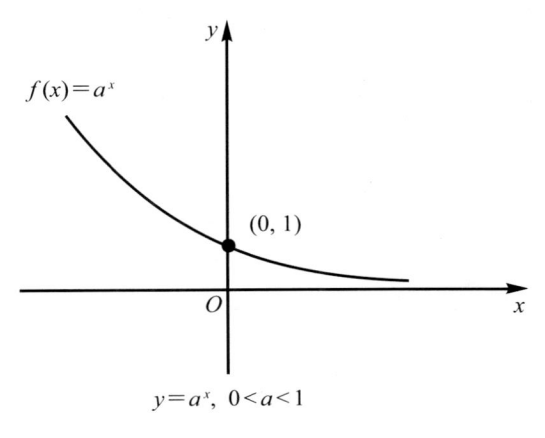

圖 6-3

例題 4 作 $y=f(x)=2^x$ 的圖形.

解 依不同的 x 值列表如下：

x	-3	-2	-1	0	$\dfrac{1}{2}$	1	$\dfrac{3}{2}$	2	$\dfrac{5}{2}$	3
$y=f(x)$	$\dfrac{1}{8}$	$\dfrac{1}{4}$	$\dfrac{1}{2}$	1	$\sqrt{2}$	2	$2\sqrt{2}$	4	$4\sqrt{2}$	8

用平滑曲線將這些點連接起來，可得 $y=2^x$ 的圖形，如圖 6-4 所示.

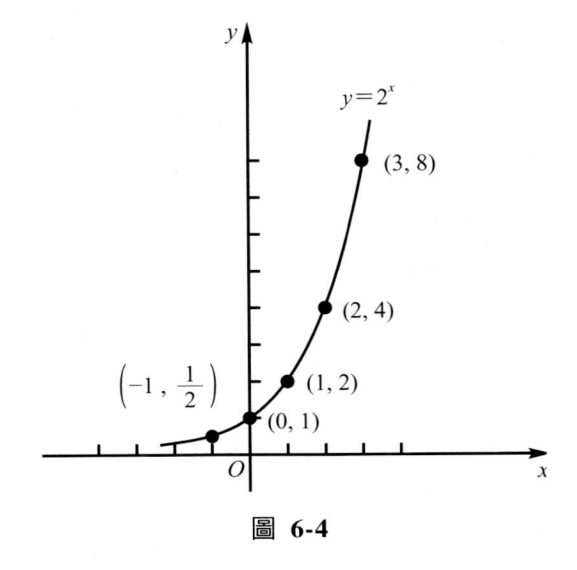

圖 6-4

例題 5 作 $y=f(x)=3^x$ 與 $y=f(x)=2^x$ 的圖形於同一坐標平面上，並加以比較.

解 (a) 依不同的 x 值列表如下：

x	-2	-1	0	$\frac{1}{2}$	1	$\frac{3}{2}$	2
$y=3^x$	$\frac{1}{9}$	$\frac{1}{3}$	1	$\sqrt{3}$	3	$3\sqrt{3}$	9

圖形如圖 6-5 所示.

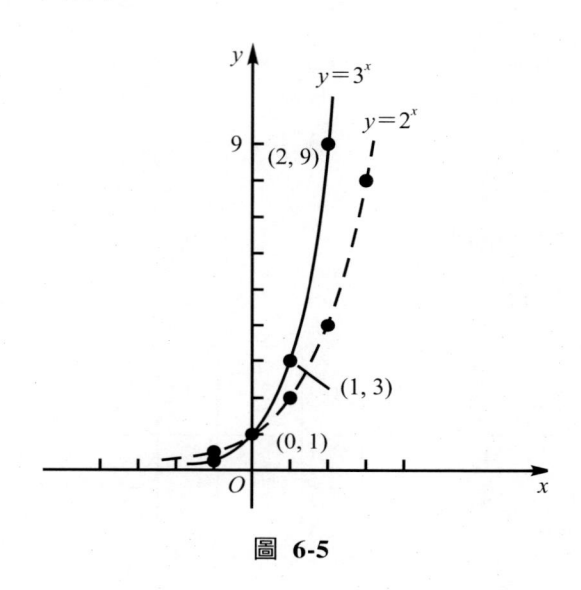

圖 6-5

(b) 討論：當 $x>0$ 時，$y=3^x$ 的圖形恆在 $y=2^x$ 的圖形的上方；當 $x<0$ 時，$y=3^x$ 的圖形恆在 $y=2^x$ 的圖形的下方．換句話說，當 $x>0$，$3^x>2^x$；當 $x<0$，$3^x<2^x$.

例題 6 作 $y=f(x)=\left(\dfrac{1}{2}\right)^x$ 的圖形.

(a) 依不同的 x 值列表如下：

x	-2	$-\dfrac{3}{2}$	-1	$-\dfrac{1}{2}$	0	1	2	3
$y=\left(\dfrac{1}{2}\right)^x$	4	$2\sqrt{2}$	2	$\sqrt{2}$	1	$\dfrac{1}{2}$	$\dfrac{1}{4}$	$\dfrac{1}{8}$

圖形如圖 6-6 所示.

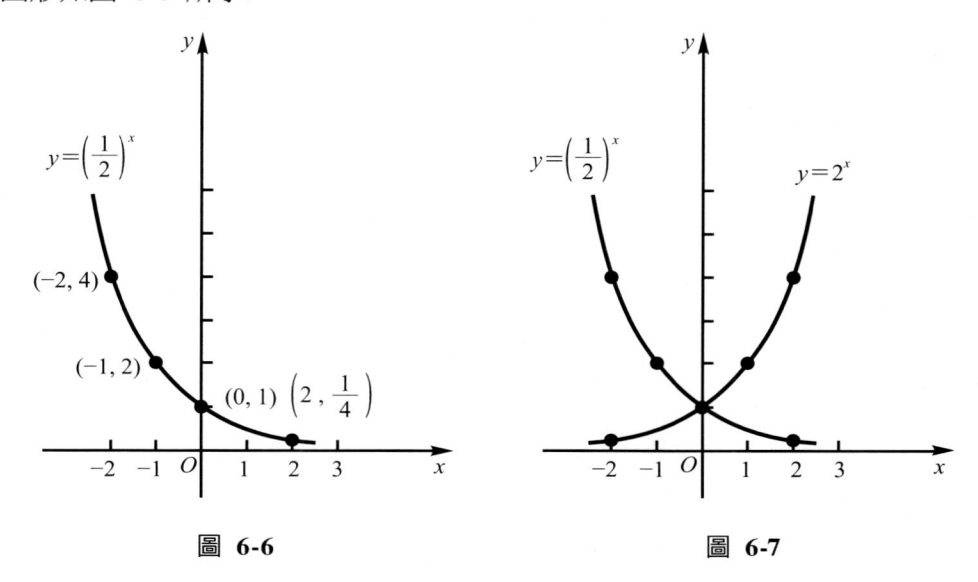

圖 6-6

圖 6-7

(b) 討論：如果我們將 $y=2^x$ 與 $y=\left(\dfrac{1}{2}\right)^x$ 的圖形畫在同一坐標平面上，如圖 6-7 所示，我們發現這兩個圖形彼此對稱於 y-軸，這是因為 $y=\left(\dfrac{1}{2}\right)^x=2^{-x}$.

所以，當點 (x, y) 在 $y=2^x$ 的圖形上時，點 $(-x, y)$ 就在 $y=\left(\dfrac{1}{2}\right)^x$ 的圖形上，反之亦然. 此外，連接點 (x, y) 與點 $(-x, y)$ 的線段被 y-軸垂直平分，所以，點 (x, y) 與點 $(-x, y)$ 對稱於 y-軸. 因此，$y=2^x$ 的圖形與 $y=\left(\dfrac{1}{2}\right)^x$ 的圖形對稱於 y-軸. 也就是說，只要將 $y=2^x$ 的圖形對 y-軸作鏡射，即得 $y=\left(\dfrac{1}{2}\right)^x$ 的圖形.

習題 6-2

1. 已知 $4^x = 5$，求下列各值.
   (1) 2^x (2) 2^{-x} (3) 8^x (4) 8^{-x}

2. 解下列各指數方程式.
   (1) $8^{x^2} = (8^x)^2$ (2) $5^{x-2} = \dfrac{1}{125}$ (3) $3^{2x-1} = 243$
   (4) $\dfrac{2^{x^2+1}}{2^{x-1}} = 16$ (5) $(\sqrt{2})^x = 32 \cdot 2^{-2x}$

3. 試解下列各指數不等式.
   (1) $8^x \leq 4$ (2) $(\sqrt{3})^x > 27$

4. 若 $f(x) = 2^x$、$g(x) = 3^x$，求 $f(g(2))$ 與 $g(f(2))$.

5. 設 $a > 0$，$a \neq 1$，$f(x) = a^x$，試證：$f(xy) = \{f(x)\}^y = \{f(y)\}^x$.

6. 設 $2^x + 2^{-x} = 3$，求下列各值.
   (1) $|2^x - 2^{-x}|$ (2) $4^x + 4^{-x}$ (3) $8^x + 8^{-x}$

▶▶ 6-3 對數與其運算

我們在前面已介紹過指數的概念，就是對於正實數 a 與任意實數 n，給予符號 a^n 明確的意義. 現在，我們利用這種概念再介紹一個新的符號如下：

定義 6-5

給予一個不等於 1 的正實數 a，對於正實數 b，如果存在一個實數 c，滿足下列關係：
$$a^c = b$$
則稱 c 是以 a 為底 b 的**對數**，b 稱為**真數**. 以符號
$$c = \log_a b$$
表示.

註：**1.** 如果 $\log_a b = c$，那麼 $a^c = b$，即 $a^c = b \Leftrightarrow c = \log_a b$.

2. 討論指數 a^c 時，a 必須大於 0，所以規定對數時，我們也設 $a > 0$.

3. 因為 $a > 0$，所以 a^c 恆為正，因此只有正數的對數才有意義．0 和負數的對數都沒有意義，即對數的真數恆為正．

4. 對任意實數 c，$1^c = 1$．在 $a^c = b$ 中，當 $a = 1$ 時，b 非要等於 1 不可，而 c 可以是任意的實數，所以，以 1 為底的對數沒有意義，即，對數的底恆為正但不等於 1.

例題 1 (1) $3^5 = 243 \Leftrightarrow \log_3 243 = 5$ (2) $4^{1/4} = \sqrt{2} \Leftrightarrow \log_4 \sqrt{2} = \dfrac{1}{4}$

(3) $3^{-1} = \dfrac{1}{3} \Leftrightarrow \log_3 \dfrac{1}{3} = -1$.

例題 2 求下列各式中的 a、x 或 N.

(1) $\log_{1/4} 64 = x$ (2) $\log_8 \dfrac{1}{2} = x$

(3) $\log_{\sqrt{5}} N = -4$ (4) $\log_{16} N = -0.75$

(5) $\log_a 5 = \dfrac{1}{2}$ (6) $\log_a \dfrac{1}{2} = -\dfrac{1}{3}$

解 (1) 因 $64 = \left(\dfrac{1}{4}\right)^x$，即，$2^6 = 2^{-2x}$，可得 $x = -3$，故 $\log_{1/4} 64 = -3$.

(2) 因 $\dfrac{1}{2} = 8^x$，即，$2^{-1} = 2^{3x}$，可得 $x = -\dfrac{1}{3}$，故 $\log_8 \dfrac{1}{2} = -\dfrac{1}{3}$.

(3) $N = (\sqrt{5})^{-4} = \dfrac{1}{(\sqrt{5})^4} = \dfrac{1}{25}$

(4) $N = (16)^{-0.75} = (16)^{-3/4} = \dfrac{1}{8}$

(5) 因 $5 = a^{1/2}$，故 $a = 25$.

(6) 因 $\dfrac{1}{2} = a^{-1/3}$，可得 $\dfrac{1}{8} = a^{-1}$，故 $a = 8$.

由對數的定義，我們可得下述的性質：

定理 6-10

設 a 為不等於 1 的正實數，b 為任意正實數，c 為任意實數，則
$$a^{\log_a b}=b, \quad \log_a(a^c)=c.$$

證：(a) 令 $c=\log_a b$，則 $a^c=b$，故 $a^{\log_a b}=b$.

(b) $a^c=a^c \Leftrightarrow \log_a(a^c)=c.$

例題 3 試求下列各題之值.

(1) $3^{\log_3 243}$ (2) $\log_3(3^5)$ (3) $3^{\log_3 1/3}$ (4) $\log_3(3^{-1})$

解：(1) $3^{\log_3 243}=243$ (2) $\log_3(3^5)=5$

(3) $3^{\log_3 1/3}=\dfrac{1}{3}$ (4) $\log_3(3^{-1})=-1.$

定理 6-11

若真數與底相同，則對數等於 1，即 $\log_a a=1.$

證：因 $c=\log_a a^c$，當 $c=1$ 時，$1=\log_a a^1=\log_a a$，故 $\log_a a=1.$

定理 6-12

若真數為 1，則對數等於 0，即 $\log_a 1=0.$

證：因 $c=\log_a a^c$，當 $c=0$ 時，$0=\log_a a^0=\log_a 1$，故 $\log_a 1=0.$

定理 6-13 ↻

若 $a \neq 1$, $a > 0$, $r、s > 0$, 則

(1) $\log_a rs = \log_a r + \log_a s$

(2) $\log_a \dfrac{r}{s} = \log_a r - \log_a s$

(3) $\log_a \dfrac{1}{s} = -\log_a s$

(4) $\log_a r^s = s \log_a r$, $\log_{a^s} r = \dfrac{1}{s} \log_a r$

證：(1) 令 $x = \log_a r$、$y = \log_a s$, 由定義可得 $a^x = r$, $a^y = s$.

利用指數律, $rs = a^x \cdot a^y = a^{x+y}$, 故 $\log_a rs = x + y = \log_a r + \log_a s$.

(2) 令 $x = \log_a r$、$y = \log_a s$, 由定義可得 $a^x = r$, $a^y = s$.

因 $\dfrac{r}{s} = \dfrac{a^x}{a^y} = a^{x-y}$, 故 $\log_a \dfrac{r}{s} = x - y = \log_a r - \log_a s$.

(3) 於 (2) 中取 $r = 1$, 可得

$$\log_a \dfrac{1}{s} = \log_a 1 - \log_a s = 0 - \log_a s = -\log_a s.$$

(4) 令 $x = \log_a r$, 則 $a^x = r$, 可得 $a^{xs} = r^s$, 故 $\log_a r^s = xs = s \log_a r$.

令 $x = \log_a r$, 則 $a^x = r$, 可得 $a^{sx} = (a^s)^x = r^s$, $\log_{a^s} r^s = x$,

即 $s \log_{a^s} r = x$, 故 $\log_{a^s} r = \dfrac{x}{s} = \dfrac{1}{s} \log_a r$.

定理 6-14 ↻

設 $a \neq 1$, $a > 0$, $b \neq 1$, $b > 0$, 則 $\log_a r = \dfrac{\log_b r}{\log_b a}$.

證：令 $A = \log_b r$、$B = \log_b a$, 則 $b^A = r$、$b^B = a$.

$$a^{A/B} = (b^B)^{A/B} = b^A = r$$

由定義, $$\log_a r = \dfrac{A}{B} = \dfrac{\log_b r}{\log_b a}.$$

此定理中的式子稱為**換底公式**.

推論 1

設 $a \neq 1$, $a > 0$, p、$q \in \mathbb{R}$, $p \neq 0$, 則 $\log_{a^p} a^q = \dfrac{q}{p}$.

證：由定理 6-14，設 $b \neq 1$, $b > 0$, 則

$$\log_{a^p} a^q = \dfrac{\log_b a^q}{\log_b a^p} = \dfrac{q \log_b a}{p \log_b a} = \dfrac{q}{p}.$$

推論 2

設 $a \neq 1$, $b \neq 1$, $a > 0$, $b > 0$, 則 $\log_a b \cdot \log_b a = 1$.

證：由定理 6-14，令 $r = b$,

則 $$\log_a r = \dfrac{\log_b r}{\log_b a} = \dfrac{\log_b b}{\log_b a} = \dfrac{1}{\log_b a}$$

故 $\log_a b \cdot \log_b a = 1$.

例題 4 已知 $\log_{10} 2 = 0.3010$，求 $\log_{10} 8$、$\log_{10} \sqrt[5]{2}$、$\log_2 5$ 的值.

解 $\log_{10} 8 = \log_{10} 2^3 = 3 \log_{10} 2 = 3 \times 0.3010 = 0.9030$

$\log_{10} \sqrt[5]{2} = \log_{10} 2^{1/5} = \dfrac{1}{5} \log_{10} 2 = \dfrac{1}{5} \times 0.3010 = 0.0602$

$\log_2 5 = \log_2 \dfrac{10}{2} = \log_2 10 - \log_2 2 = \dfrac{\log_{10} 10}{\log_{10} 2} - 1$

$= \dfrac{1}{0.3010} - 1 \approx 2.3223.$

隨堂練習 5 試利用對數之性質將 $2 \log_{10} x - \dfrac{1}{2} \log_{10} x - 2 \log_{10} (1+x)$ 化為單一對數.

答案：$\log_{10} \dfrac{x^2}{\sqrt{x}\,(1+x)^2}$．

例題 5 試化簡下列各式：

(1) $\log_{10} \dfrac{4}{7} - \dfrac{4}{3} \log_{10} \sqrt{8} + \dfrac{2}{3} \log_{10} \sqrt{343}$

(2) $\log_4 \dfrac{28}{15} - 2 \log_4 \dfrac{3}{14} + 3 \log_4 \dfrac{6}{7} - \log_4 \dfrac{2}{5}$

解 (1) $\log_{10} \dfrac{4}{7} - \dfrac{4}{3} \log_{10} \sqrt{8} + \dfrac{2}{3} \log_{10} \sqrt{343}$

$= \log_{10} \dfrac{4}{7} - \log_{10} (2^{3/2})^{4/3} + \log_{10} (7^{3/2})^{2/3} = \log_{10} \dfrac{4}{7} - \log_{10} 4 + \log_{10} 7$

$= \log_{10} 4 - \log_{10} 7 - \log_{10} 4 + \log_{10} 7 = 0$

(2) $\log_4 \dfrac{28}{15} - 2 \log_4 \dfrac{3}{14} + 3 \log_4 \dfrac{6}{7} - \log_4 \dfrac{2}{5}$

$= \log_4 \dfrac{28}{15} - \log_4 \dfrac{3^2}{(14)^2} + \log_4 \dfrac{6^3}{7^3} - \log_4 \dfrac{2}{5}$

$= \log_4 \dfrac{\dfrac{28}{15}}{\dfrac{3^2}{(14)^2}} + \log_4 \dfrac{\dfrac{6^3}{7^3}}{\dfrac{2}{5}} = \log_4 \dfrac{28 \times (14)^2 \times 6^3 \times 5}{15 \times 3^2 \times 7^3 \times 2}$

$= \log_4 64 = \log_4 4^3 = 3.$

隨堂練習 6 試化簡 $(\log_2 3 + \log_4 9)(\log_3 4 + \log_9 2)$．

答案：5．

例題 6 設 $a > 0$，$b > 0$，$a^2 + b^2 = 7ab$，試證

$$\log_{10} \dfrac{a+b}{3} = \dfrac{1}{2} (\log_{10} a + \log_{10} b).$$

【解】 $a^2+b^2=7ab$

$\Rightarrow a^2+b^2+2ab=9ab$

$\Rightarrow (a+b)^2=9ab>0 \ (\because a>0, \ b>0)$

$\Rightarrow \left(\dfrac{a+b}{3}\right)^2=ab$，兩邊取對數可得

$$\log_{10}\left(\dfrac{a+b}{3}\right)^2=\log_{10}ab$$

$$2\log_{10}\dfrac{a+b}{3}=\log_{10}a+\log_{10}b$$

故 $\quad \log_{10}\dfrac{a+b}{3}=\dfrac{1}{2}(\log_{10}a+\log_{10}b).$

【例題】7 設 a、b、c 與 d 均為正數，且 a、b、c 不等於 1，試證

$$\log_a b \cdot \log_b c \cdot \log_c d = \log_a d$$

【解】 因 a、b、c、$d>0$，且 a、b、c 不等於 1，故均可化為以 a 為底的對數．

$$\log_b c = \dfrac{\log_a c}{\log_a b}, \quad \log_c d = \dfrac{\log_a d}{\log_a c}$$

故 $\quad \log_a b \cdot \log_b c \cdot \log_c d = \log_a b \cdot \dfrac{\log_a c}{\log_a b} \cdot \dfrac{\log_a d}{\log_a c} = \log_a d.$

【例題】8 解對數方程式 $\dfrac{1}{2}\log_{\sqrt{10}}(x+1)+2\log_{100}(x-2)=1.$

【解】 因 $x+1>0$ 且 $x-2>0$，故

$$x>2 \quad \cdots\cdots\cdots\cdots\cdots\cdots\cdots\cdots\cdots\cdots\cdots\cdots\cdots\cdots\cdots①$$

現將原式的底數換成以 10 為底數，則

$$\dfrac{1}{2}\cdot\dfrac{\log_{10}(x+1)}{\log_{10}\sqrt{10}}+2\cdot\dfrac{\log_{10}(x-2)}{\log_{10}100}=1$$

$$\Rightarrow \frac{1}{2}\cdot\frac{\log_{10}(x+1)}{\frac{1}{2}\log_{10}10}+2\cdot\frac{\log_{10}(x-2)}{\log_{10}10}=1$$

$$\Rightarrow \log_{10}(x+1)+\log_{10}(x-2)=1$$

$$\Rightarrow \log_{10}(x+1)(x-2)=\log_{10}10$$

$$\Rightarrow (x+1)(x-2)=10$$

$$\Rightarrow x^2-x-12=0$$

$$\Rightarrow (x-4)(x+3)=0$$

故　　　　　　　　　$x=4$ 或 $x=-3$ ……………………②

由 ① 與 ② 可得 $x=4$.

隨堂練習 7　解對數方程式 $\log_3(x^2-2x)=\log_3(-x+2)+1$.
　　答案：$x=-3$.

習題 6-3

1. 求下列各式中的 x 值.

(1) $\log_3 x=-4$

(2) $\log_x 144=2$

(3) $10^{-\log_2 x}=\dfrac{1}{\sqrt{1000}}$

(4) $\log_{10}\sqrt{100000}=x$

(5) $2^{\log_{10}5^x}=32$

(6) $5^x+5^{x+1}=10^x+10^{x+1}$

2. 設 $\log_{10}2=0.3010$，求 $\log_{10}40$、$\log_{10}\sqrt{5}$ 與 $\log_2\sqrt{5}$ 的值.

3. 化簡下列各式.

(1) $\log_2\dfrac{1}{16}+\log_5 125+\log_3 9$

(2) $\log_{10}\dfrac{50}{9}-\log_{10}\dfrac{3}{70}+\log_{10}\dfrac{27}{35}$

(3) $\dfrac{1}{2}\log_6 15+\log_6 18\sqrt{3}-\log_6\dfrac{\sqrt{5}}{4}$

4. 試解下列對數方程式.

    (1) $x^{\log_{10} x} = 10^6 x$

    (2) $x^{\log_{10} x} = \dfrac{x^3}{100}$

    (3) $3^{\log_{10} x} = 2^{\log_{10} 3}$

    (4) $x^{2+\log_{10} x} = 1000 \ (x > 1)$

    (5) $2\log_{10}(3x-1) + \log_{10}(x+1) = 0$

    (提示：利用 $\log_{10} a + \log_{10} b = \log_{10} ab$，$\log_{10} 1 = 0$ 化簡，再解 x 的二次方程式.)

5. 化簡 $\log_2 3 \cdot \log_{\sqrt{3}} 4 \cdot \log_4 16$.

6. 設 $a > 0$，$a \neq 1$，$b > 0$，試證 $a^{\log_a b} = b$.

▶▶ 6-4 對數函數與其圖形

什麼是對數函數呢？我們可由指數函數來定義，由 6-2 節知，指數函數 $f(x) = a^x$ ($a > 0$，$a \neq 1$) 為**單調函數**，其定義域為 $\mathbb{R}$，值域為 $(0, \infty)$. 因單調函數必為一對一函數，即必為可逆，故存在反函數，以符號 $\log_a$ 表之，稱為以 a 為底的**對數函數**.

定義 6-6 ↪

若 $a > 0$，$a \neq 1$，$x > 0$，則函數 $f: x \to \log_a x$ 稱為以 a 為底的**對數函數**，其定義域為 $D_f = \{x \mid x > 0\}$，值域為 $R_f = \{y \mid y \in \mathbb{R}\}$.

由於指數函數與對數函數互為反函數，故可得出下列二個關係式：

$$a^{\log_a x} = x, \quad 對每一 \ x \in \mathbb{R}^+ \ 成立.$$

$$\log_a a^x = x, \quad 對每一 \ x \in \mathbb{R} \ 成立.$$

註：若 a 換成 e，上述關係亦成立.

對數函數為指數函數的反函數，故對數函數 $y = \log_a x$ 的圖形與指數函數 $y = a^x$ 的圖形對稱於直線 $y = x$，如圖 6-8 所示.

(1) $a > 1$ 　　　　　　　　(2) $0 < a < 1$

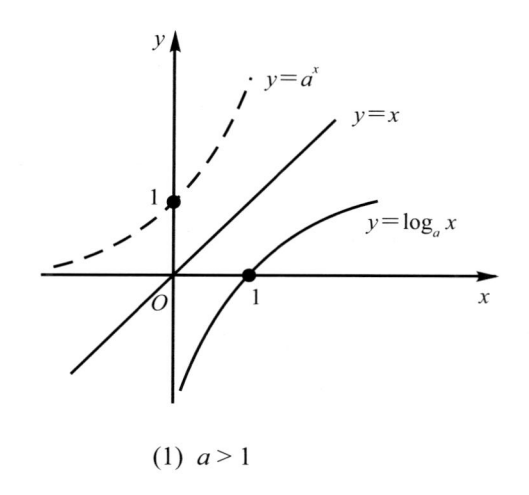

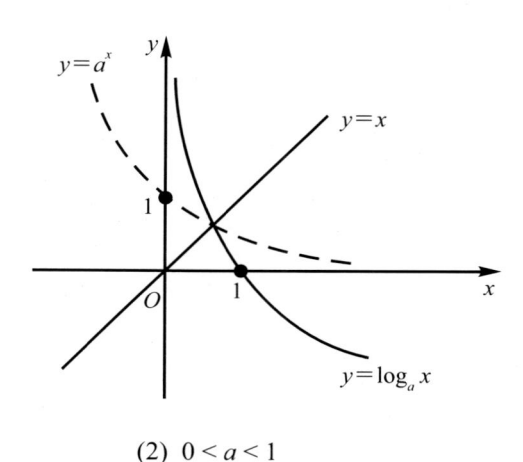

圖 6-8

討論：**1.** 由圖 6-8(1) 知，當 $a > 1$ 時，若 $x_1 > x_2 > 0$，則 $\log_a x_1 > \log_a x_2$，亦即 $a > 1$ 時，$f(x) = \log_a x$ 的圖形隨 x 增加而上升，且通過點 $(1, 0)$。

2. 由圖 6-8(2) 知，當 $0 < a < 1$ 時，若 $x_1 > x_2 > 0$，則 $\log_a x_1 < \log_a x_2$，亦即 $0 < a < 1$ 時，$f(x) = \log_a x$ 的圖形隨 x 增加而下降，且通過點 $(1, 0)$。

定理 6-15

設 $a > 0$，且 $a \neq 1$，則 $\log_a x = y \Leftrightarrow a^y = x$。

證：(1) 若 $\log_a x = y$，則 $a^{\log_a x} = a^y$ $(y \in \mathbb{R})$，但 $a^{\log_a x} = x$，故 $x = a^y$。

(2) 若 $a^y = x$，則 $\log_a a^y = \log_a x$ $(x > 0)$，但 $\log_a a^y = y$，故 $y = \log_a x$。

由 (1) 與 (2) 得證。

定理 6-16

設 $f(x) = \log_a x$ $(a > 0, a \neq 1, x > 0)$，則

(1) $f(x_1 \cdot x_2) = f(x_1) + f(x_2)$　　$(x_1 > 0, x_2 > 0)$

(2) $f\left(\dfrac{x_1}{x_2}\right) = f(x_1) - f(x_2)$　　$(x_1 > 0, x_2 > 0)$。

證：(1) $f(x_1 \cdot x_2) = \log_a (x_1 \cdot x_2) = \log_a x_1 + \log_a x_2 = f(x_1) + f(x_2)$

(2) $f\left(\dfrac{x_1}{x_2}\right) = \log_a \left(\dfrac{x_1}{x_2}\right) = \log_a x_1 - \log_a x_2 = f(x_1) - f(x_2)$.

例題 1 設 $f(x) = \log_2 x$，試求當 $x = 1$、2、3、$\dfrac{1}{2}$、$\dfrac{1}{3}$ 時，$f(x)$ 的值為何？

解 $f(1) = \log_2 1 = 0$

$f(2) = \log_2 2 = 1$

$f(3) = \log_2 3 = \dfrac{\log_{10} 3}{\log_{10} 2} = \dfrac{0.4771}{0.3010} \approx 1.5850$

$f\left(\dfrac{1}{2}\right) = \log_2 \dfrac{1}{2} = \log_2 1 - \log_2 2 = 0 - 1 = -1$

$f\left(\dfrac{1}{3}\right) = \log_2 \dfrac{1}{3} = \log_2 1 - \log_2 3 = 0 - \dfrac{\log_{10} 3}{\log_{10} 2} \approx -1.5850$.

隨堂練習 8 試求函數 $f(x) = \sqrt{x} \log_2 (x^2 - 1)$ 之定義域.

答案：$(1, \infty)$.

例題 2 試利用例題 1 中的數據，描出 $f(x) = \log_2 x$ 的圖形.

解 將例題 1 中所得結果列表如下：

x	$\dfrac{1}{3}$	$\dfrac{1}{2}$	1	2	3
$f(x)$	-1.5850	-1	0	1	1.5850

圖形如圖 6-9 所示.

第六章　指數與對數

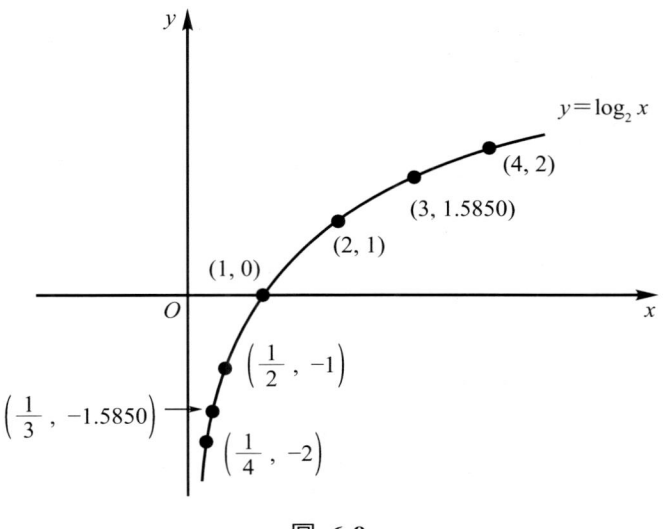

圖 6-9

隨堂練習 9 試描繪 $y=\log_{1/2} x$ 的圖形.

例題 3 試將 $y=2^x$ 與 $y=\log_2 x$ 的圖形畫在同一坐標平面上.

解 我們已畫過指數函數 $y=2^x$ 的圖形，將它對直線 $y=x$ 作鏡射，作法如下：

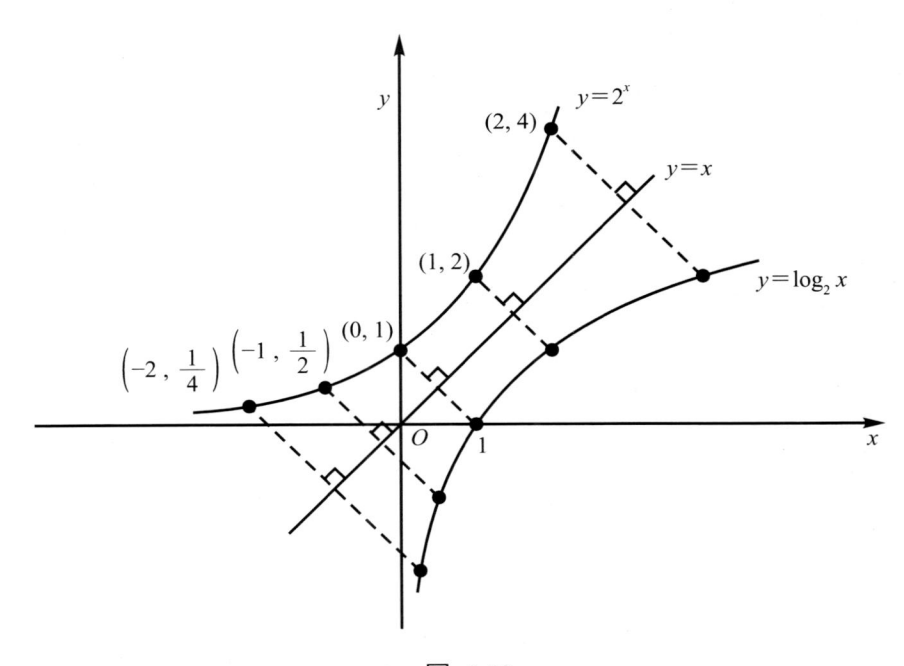

圖 6-10

我們在 $y=2^x$ 的圖形上選取一些點，例如，$\left(-2,\dfrac{1}{4}\right)$、$\left(-1,\dfrac{1}{2}\right)$、$(0,1)$、$(1,2)$、$(2,4)$，分別以這些點為端點作一線段，使直線 $y=x$ 為其垂直平分線，再將這些線段的另外端點以平滑的曲線連接起來，就可得 $y=\log_2 x$ 的圖形，如圖 6-10 所示.

例題 4 設 $f(x)=\left(\dfrac{1}{3}\right)^x$、$g(x)=\log_{1/3} x$，求 (1) $f(g(x))$ 與 (2) $g(f(x))$.

解 (1) $f(g(x))=\left(\dfrac{1}{3}\right)^{g(x)}=\left(\dfrac{1}{3}\right)^{\log_{1/3} x}=x$

(2) $g(f(x))=\log_{1/3} f(x)=\log_{1/3}\left(\dfrac{1}{3}\right)^x=x$.

例題 5 求 $y=f(x)=\dfrac{10^x-10^{-x}}{2}$ 的反函數.

解
$$y=f(x)=\dfrac{10^x-10^{-x}}{2} \quad \cdots\cdots ①$$

將 ① 式中的 y 換成 x，x 換成 y，可得

$$x=\dfrac{10^y-10^{-y}}{2} \quad \cdots\cdots ②$$

將 ② 式改成 y 為 x 的函數，

$$2x=10^y-\dfrac{1}{10^y} \Rightarrow (10^y)^2-2x(10^y)-1=0$$

$$\therefore 10^y=\dfrac{2x\pm\sqrt{4x^2+4}}{2}=x\pm\sqrt{x^2+1}$$

取正根，可得 $10^y=x+\sqrt{x^2+1}$

$$y=\log(x+\sqrt{x^2+1})$$

故反函數為 $y=g(x)=\log(x+\sqrt{x^2+1})$.

隨堂練習 10 求 $y=f(x)=1+3^{2x+1}$ 的反函數.

答案：$y=f^{-1}(x)=\dfrac{1}{2}[\log_3(x-1)-1]$.

習題 6-4

1. 設 $f(x)=\log_3 x$，求 $f(1)$、$f(2)$、$f(3)$、$f\left(\dfrac{1}{2}\right)$ 與 $f\left(\dfrac{1}{3}\right)$ 的值.

2. 試將 $y=\left(\dfrac{1}{2}\right)^x$ 與 $y=\log_{1/2} x$ 的圖形畫在同一坐標平面上.

3. 設 $f(x)=2^x$，$g(x)=\log_2 x$，試求 $f(g(x))$ 和 $g(f(x))$ 的值.

4. 設 $f(x)=a^x$ ($a>0$，$a\neq 1$)，試求 $f^{-1}(x)$.

5. 試決定下列各函數之定義域.
   (1) $f(x)=\log_{10}(1-x)$
   (2) $f(x)=\log_e(4-x^2)$
   (3) $f(x)=\sqrt{x}\ \log_e(x^2-1)$

▶▶ 6-5 常用對數

由於我們習慣用十進位制，而以 10 為底的對數，在計算時較為方便，故稱為**常用對數**. $\log_{10} a$ 常簡寫成 $\log a$，即將底數省略不寫. 常用對數的值可以寫成整數部分 (稱為**首數**) 與正純小數部分或 0 (稱為**尾數**) 的和，亦即，常用對數可表示為

$$\log a = k+b\ (\text{其中 } a>0,\ k \text{ 為整數},\ 0\leq b<1)$$

此時，k 稱為對數 $\log a$ 的首數，b 稱為對數 $\log a$ 的尾數，而尾數規定恆介於 0 與 1 之間.

⊙ 首數的定法

我們由對數的性質得知：

1. 真數大於或等於 1：

$$10^0 = 1 \qquad \log\ 1 = 0$$
$$10^1 = 10 \qquad \log\ 10 = 1$$
$$10^2 = 100 \qquad \log\ 100 = 2$$
$$10^3 = 1000 \qquad \log\ 1000 = 3$$
$$\vdots$$

由以上可知，若正實數 a 的整數部分為 n 位數，則 $(n-1) \leq \log a < n$，故其首數為 $n-1$.

例如： $\log 78$ 的首數為 1.

$\log 378$ 的首數為 2.

$\log 5438.43$ 的首數為 3.

$\log 77456.43$ 的首數為 4.

2. 真數小於 1：

$$10^{-1} = \frac{1}{10} = 0.1 \qquad\qquad \log 0.1 = -1$$

$$10^{-2} = \frac{1}{100} = 0.01 \qquad\qquad \log 0.01 = -2$$

$$10^{-3} = \frac{1}{1000} = 0.001 \qquad\qquad \log 0.001 = -3$$

$$10^{-4} = \frac{1}{10000} = 0.0001 \qquad\qquad \log 0.0001 = -4$$

由以上可知，若正純小數 a 在小數點以後第 n 位始出現非零的數，則 $-n \leq \log a < -n+1$，故其首數為 $-n.$

例如：$\log 0.01 < \log\ 0.035 < \log\ 0.1$，可得

$$-2 < \log 0.035 < -1$$

故 $\log 0.035 = -2 + 0.5441$．為了方便起見，寫成 $\log 0.035 = \bar{2}.5441$，其首數為 -2，可記為 $\bar{2}$．

同理得知：

$\log 0.69$ 的首數為 $\bar{1}$

$\log 0.093$ 的首數為 $\bar{2}$ (因小數後有一個 0)

$\log 0.00541$ 的首數為 $\bar{3}$ (因小數後有二個 0)

$\log 0.00085$ 的首數為 $\bar{4}$ (因小數後有三個 0)

3. 設 $a = p \times 10^n$，其中 $1 \le p < 10$，而 n 為整數，則

$$\log a = \log(p \times 10^n) = n + \log p \text{ (此處 } 0 \le \log p < 1)$$

$\log a$ 的首數為 n，尾數為 $\log p$．"$n + \log p$" 稱為 $\log a$ 的標準式．若 $1 < p < 10$，則 $\log p$ 的值可由常用對數表查出，即對數的尾數可由對數表求出．

例題 1 若已知 $\log 2 = 0.3010$，求 $\log 20$、$\log 2000$ 與 $\log 0.0002$ 的值．

解 $\log 20 = \log(2 \times 10) = \log 2 + \log 10 = 0.3010 + 1 = 1.3010$

$\log 2000 = \log(2 \times 10^3) = \log 2 + 3 \log 10 = 0.3010 + 3 = 3.3010$

$\log 0.0002 = \log(2 \times 10^{-4}) = \log 2 + (-4)\log 10$
$= 0.3010 - 4$
$= -3.6990.$

例題 2 求 $\log 5436.2$ 的首數．

解 首數為 $4 - 1 = 3$．

例題 3 求 $\log 0.0325$ 的首數．

解 首數為 $-(1+1) = -2$，常記為 $\bar{2}$．

例題 4 若 $\log a = -3.0706$，求首數與尾數．

解 $\log a = -3.0706 = -4 + 4 - 3.0706 = -4 + 0.9294 = \bar{4}.9294$

故知 $\log a$ 的首數為 -4，即 $\bar{4}$，尾數為 0.9294.

下面將介紹如何查對數表．本書的對數表稱為四位常用對數表，意指以本表查一數的對數之尾數，取到小數點以下四位的近似值．本表適用於查三位數字的對數之尾數．

例題 5 求 $\log 32.8$ 的值.

解 $\log 32.8$ 之真數的整數部分有二位數，故其首數為 1，尾數則可利用附錄的常用對數表查得．常用對數表於首行為 N 之行找 32 所在之列，再找行首為 8 之行，其交點數為 5159，可得尾數為 0.5159，故 $\log 32.8 = 1.5159$.

N	0	1	2	3	4	5	6	7	8	9
									⋮	
30	4771	4786	4800	4814	4829	4843	4857	4871	4886	4900
									⋮	
31	4914	4928	4942	4955	4969	4983	4997	5011	5024	5038
									⋮	
32	5051	5065	5079	5092	5105	5119	5132	5145	5159	5172

例題 6 若 $\log a = -1.5171$，求 a 的值.

解 將 $\log a$ 表為標準式，

$$\log a = -1.5171 = -2 + 2 - 1.5171 = \bar{2} + 0.4829$$

$\log a$ 的尾數為 0.4829，由對數表知其為 $\log 304$ 的尾數．又因首數為 -2，而小數點後第二位以前均為 0 且第二位不是 0，故 $a = 0.0304$.

對於以任意正實數為底的指數值，例如 $e^{1.8}$ 或 3.5^7，以及對數值，例如 $\ln 1.1$ 或 $\log 1.9$，均可利用計算器求得其值．現以 CASIO 3600 型計算器來說明計算器的使用方法．

註：以無理數 e（其值大約 $2.71828\cdots$）為底 a 的對數 $\log_e a$ 常記為 $\ln a$，稱為**自然對數**．

例題 7 利用計算器求 $e^{1.8}$ 的值．

解 先在數字鍵上按 1.8，然後按 $\boxed{\text{SHIFT}}$ 鍵，最後再按功能鍵 $\boxed{e^x}$，即可顯示出 $e^{1.8}$ 的值為 6.04965．

例題 8 利用計算器求 3.5^7 的值．

解 先在數字鍵上按 3.5，再按功能鍵 $\boxed{x^y}$，然後按數字鍵 7，之後再按等號"＝"，即可顯示出 3.5^7 的值為 6433.93．

例題 9 利用計算器求 $\ln 120.5$ 與 $\log 120.5$ 的值．

解 先在數字鍵上按 120.5，再按功能鍵 $\boxed{\ln}$，即可顯示出 $\ln 120.5$ 的值為 4.79165．同理，先在數字鍵上按 120.5，再按功能鍵 $\boxed{\log}$，則可求得 $\log 120.5$ 的值為 2.08098．

習題 6-5

1. 求下列各數的首數與尾數．
   (1) $\log 51600$ (2) $\log 0.00457$ (3) $\log 43.1$

2. 已知 $\log 0.0375 = \bar{2}.5740$，試求下列各對數的首數與尾數．
   (1) $\log 3.75$ (2) $\log 37500$ (3) $\log 0.0000375$

3. 已知 $\log x = -2.5714$，試求下列各數的首數與尾數．
   (1) $\log x$ (2) $\log \dfrac{x}{1000}$ (3) $\log \dfrac{1000}{x}$

4. 查表求出下列各真數 x 至三位小數 (以下四捨五入).

(1) $\log x = 0.4823$ (2) $\log x = 1.8547$ (3) $\log x = -1 + 0.3417$

5. 2^{50} 是幾位數？

6. 若已知 $\log 2 = 0.3010$，$\log 3 = 0.4771$，則

(1) 12^{10} 為幾位數？

(2) 設 $n \in \mathbb{N}$，若 12^n 為 16 位數，則 n 之值為何？

7. 若 x 為整數且 $\log(\log x) = 2$，則 x 為幾位數？

8. 將 3^{100} 以科學記號表示：$3^{100} = a \times 10^m$，其中 $1 \le a < 10$，$m \in \mathbb{Z}$，則 m 之值為何？又 a 的整數部分為多少？

9. 若 $\log x$ 與 $\log 555$ 的尾數相同且 $10^{-3} < x < 10^{-2}$，則 x 之值為何？

10. 設 $\left(\dfrac{50}{49}\right)^n > 100$，試問 n 的最小整數值為何？

11. 如果我們把 5^{-30} 表為小數時，從小數點後第幾位起開始出現不為 0 的數字？

12. 已知半徑為 r 的球，其體積為 $\dfrac{4}{3}\pi r^3$，如果有一球之半徑為 0.875 公尺，試利用計算器求其體積.

13. 設 $\log 2 = 0.3010$，$\log 3 = 0.4771$，$\log 5 = 0.6990$，若 $3^{10} < 5^n < 3^{11}$，試求自然數 n 之值為何？

利用計算器求下列各值.

14. $e^{3.8}$ **15.** $(3.5)^8$

16. $\log 114.58$ **17.** $\ln 19.77$

18. $\log \sqrt[3]{0.00293}$ **19.** $\dfrac{725 \times 492 \times 3670}{872 \times 975}$

7

方程式

本章學習目標

- 一元 n 次方程式
- 分式方程式
- 無理方程式

7-1 一元 n 次方程式

一元二次方程式的解法已在第二章中討論過了．有關於一元高次方程式之解法，往往利用因式分解法來求方程式之有理根，而在作因式分解時，又常利用到綜合除法、餘式定理與因式定理．

一、綜合除法

設以一次式 $x-b$ 除 n 次多項式 $a_n x^n + a_{n-1} x^{n-1} + a_{n-2} x^{n-2} + \cdots + a_1 x + a_0$ 的商式為 $n-1$ 次多項式

$$c_{n-1} x^{n-1} + c_{n-2} x^{n-2} + c_{n-3} x^{n-3} + \cdots + c_1 x + c_0$$

餘式為 $r(x)$，則

$$a_n x^n + a_{n-1} x^{n-1} + a_{n-2} x^{n-2} + \cdots + a_1 x + a_0$$
$$= (x-b)(c_{n-1} x^{n-1} + c_{n-2} x^{n-2} + c_{n-3} x^{n-3} + \cdots + c_1 x + c_0) + r(x)$$

即

$$a_n x^n + a_{n-1} x^{n-1} + a_{n-2} x^{n-2} + \cdots + a_1 x + a_0$$
$$= c_{n-1} x^n + (c_{n-2} - bc_{n-1}) x^{n-1} + (c_{n-3} - bc_{n-2}) x^{n-2} + \cdots + (c_0 - bc_1) x + (r(x) - bc_0)$$

比較此等式兩邊對應項係數，可知

$$\begin{cases} a_n = c_{n-1} \\ a_{n-1} = c_{n-2} - bc_{n-1} \\ a_{n-2} = c_{n-3} - bc_{n-2} \\ \vdots \\ a_1 = c_0 - bc_1 \\ a_0 = r(x) - bc_0 \end{cases} \Rightarrow \begin{cases} c_{n-1} = a_n \\ c_{n-2} = a_{n-1} + bc_{n-1} \\ c_{n-3} = a_{n-2} + bc_{n-2} \\ \vdots \\ c_0 = a_1 + bc_1 \\ r(x) = a_0 + bc_0 \end{cases}$$

若將上面的關係式改寫成下面的演算式形式，便可依次求出商式的係數及餘式．

$$
\begin{array}{c}
\overbrace{a_n x^n + a_{n-1}x^{n-1} \quad +a_{n-2}x^{n-2} \quad +\cdots +a_1 x \quad +a_0}^{\text{被除式}} \quad \overbrace{x-b}^{\text{除式}} \\
\downarrow \quad \downarrow \qquad\qquad \downarrow \qquad\qquad \downarrow \qquad \downarrow \qquad \downarrow
\end{array}
$$

(只取係數)
$$
\begin{array}{r}
a_n \;+a_{n-1} \quad +a_{n-2} \quad +\cdots +a_1 \quad +a_0 \quad \big| \; b \\
+)\qquad\quad bc_{n-1} \quad +bc_{n-2} \quad +\cdots +bc_1 \quad +bc_0 \\ \hline
a_n \;+(a_{n-1}+bc_{n-1}) +(a_{n-2}+bc_{n-2}) +\cdots +(a_1+bc_1) +(a_0+bc_0)\\
\parallel \qquad\quad \parallel \qquad\qquad \parallel \qquad\qquad \parallel \qquad\qquad \parallel \\
c_{n-1} \quad\; c_{n-2} \qquad\quad c_{n-3} \qquad\qquad\quad c_0 \qquad\; r(x)
\end{array}
$$

$\underbrace{\qquad\qquad\qquad\qquad\qquad\qquad}_{\text{商式的各項係數}}\qquad \downarrow$ 餘式

例題 1 試以綜合除法求 $(3x^4 - x^3 + x^2 - 4x + 3) \div (x-2)$ 的商式及餘式.

解
$$
\begin{array}{r}
3-3+1-\;4+\;3 \;\big|\; 2 \\
+6+6+14+20 \\ \hline
3+3+7+10+23
\end{array}
$$

商式 $= 3x^3 + 3x^2 + 7x + 10$，餘式 $= 23$.

利用綜合除法演算時，應當注意以下各點：

1. 被除式有缺項時須用 0 補缺.
2. 當除式為 $x+b$ 時，要用 $-b$ 代 b 依照前述方法演算.
3. 設以 $ax-b$ 除多項式 $f(x)$ 的商式為 $q(x)$，餘式為 $r(x)$，則 $f(x) = (ax-b)q(x) + r(x)$ $= \left(x - \dfrac{b}{a}\right)[aq(x)] + r(x)$，由此可知，以 $x - \dfrac{b}{a}$ 除 $f(x)$ 所得商式為 $aq(x)$，餘式仍然是 $r(x)$. 一般而言，以 $ax-b$ 除多項式 $f(x)$，所得商式等於以 $x - \dfrac{b}{a}$ 除 $f(x)$ 得的商式再乘上 $\dfrac{1}{a}$，所得餘式等於以 $x - \dfrac{b}{a}$ 除 $f(x)$ 的餘式.

例題 2 試以綜合除法求 $(2x^3+11x^2+7x-20)\div(x+4)$ 的商式及餘式.

解

$$\begin{array}{r} 2+11+7-20 \\ -8-12+20 \\ \hline 2+3-50 \end{array} \bigg| -4$$

商式 $=2x^2+3x-5$，餘式 $=0$.

例題 3 試以綜合除法求 $(6x^4+x^3-8x^2+x-3)\div(2x+3)$ 的商式及餘式.

解 先求以 $x+\dfrac{3}{2}$ 除 $6x^4+5x^3-8x^2+x-3$ 的商式 $q(x)$ 及餘式 $r(x)$.

$$\begin{array}{r} 6+5-8+1-3 \\ -9+6+3-6 \\ \hline 6-4-2+4-9 \end{array} \bigg| -\dfrac{3}{2}$$

$q(x)=6x^3-4x^2-2x+4$

$r(x)=-9$

故所求商式 $=\dfrac{1}{2}(6x^3-4x^2-2x+4)=3x^3-2x^2-x+2$，餘式 $=-9$.

隨堂練習 1 試以綜合除法求 $(2x^4+3x^3-4x^2+7x-4)\div(2x-1)$ 的商式及餘式.

答案：商式為 x^3+2x^2-x+3，餘式為 -1.

二、餘式定理與因式定理

定理 7-1　餘式定理

若以 $(x-a)$ 除多項式 $f(x)$，則所得的餘式為 $f(a)$.

證：若以 $(x-a)$ 除多項式 $f(x)$，則由多項式之除法可知：

$$f(x)=(x-a)q(x)+r$$

其中 $q(x)$ 為商式，r 為餘式．因為 $x-a$ 為一次式；所以 r 為一常數多項式．令 $x=a$，則

$$f(a)=(a-a)q(a)+r=0+r=r$$

此即，餘式 $r=f(a)$．

定理 7-2 因式定理

$n\,(n\in\mathbb{N})$ 次多項式 $f(x)$ 能被 $x-a$ 整除的充要條件為 $f(a)=0$．

證：設 $f(x)$ 除以 $x-a$ 的商式為 $q(x)$，餘式為 $f(a)$，則

$$f(x)=(x-a)q(x)+f(a)$$

(1) 充分性：若 $f(a)=0$，則 $f(x)=(x-a)q(x)$，故 $x-a$ 能整除 $f(x)$．
(2) 必要性：若 $x-a$ 能整除 $f(x)$，則 $f(x)=(x-a)q(x)$，故 $f(a)=(a-a)q(a)=0$．

推論 1

一次式 $ax-b$ 能整除多項式 $f(x) \Leftrightarrow f\left(\dfrac{b}{a}\right)=0$．

推論 2

設 $\deg f(x) \geq 2$（$\deg f(x)$ 表示多項式 $f(x)$ 的次數），$a \neq b$，若 $f(a)=0$，$f(b)=0$，則 $f(x)$ 可為 $(x-a)(x-b)$ 所整除．

推論 3

設 $\deg f(x)=n$，a_1，a_2，$\cdots$，a_n 為 n 個相異數，若 $f(a_1)=0$，$f(a_2)=0$，$\cdots$，$f(a_n)=0$，則 $f(x)$ 可為 $(x-a_1)(x-a_2)\cdots(x-a_n)$ 所整除．

例題 4 若 $9x^{10}-3x^7+6x^5-5x^4+kx^2-1$ 能被 $x-1$ 整除，試求 k 之值．

解 令
$$f(x)=9x^{10}-3x^7+6x^5-5x^4+kx^2-1$$

因 $f(x)$ 能被 $x-1$ 整除，即 $x-1$ 為 $f(x)$ 的因式．由因式定理知
$$f(1)=0$$
即
$$9-3+6-5+k-1=0$$
$$\therefore k=-6.$$

隨堂練習 2 設 $f(x)=x^3-3x-2$，試證 $x-2$ 為 $f(x)$ 的因式．

定理 7-3

設 $f(x)=a_n x^n + a_{n-1} x^{n-1} + \cdots + a_1 x + a_0$ 為 n $(n \in \mathbb{N})$ 次多項式，若有 n 個相異值 $b_1, b_2, b_3, \cdots b_n$ 分別代替 x 均能使 $f(x)$ 為零，則
$$f(x)=a_n(x-b_1)(x-b_2)(x-b_3)\cdots(x-b_n).$$

證：由推論 3 知 $(x-b_1)(x-b_2)(x-b_3)\cdots(x-b_n)$ 能整除 $f(x)$，故得
$$f(x)=a_n(x-b_1)(x-b_2)(x-b_3)\cdots(x-b_n).$$

根據因式定理，只要能將多項式 $f(x)$ 分解成全部因式均為一次式的乘積，就可以解出 $f(x)=0$ 的所有根．

隨堂練習 3 試證 $x-1$ 為 $2x^3+5x^2-4x-3$ 的因式．

三、一元 n 次方程式求根

設 $a_n, a_{n-1}, a_{n-2}, \cdots, a_2, a_1, a_0 \in \mathbb{C}$，且 $a_n \neq 0$，則方程式
$$a_n x^n + a_{n-1} x^{n-1} + a_{n-2} x^{n-2} + \cdots + a_1 x + a_0 = 0 \tag{7-1-1}$$

稱為**一元 n 次方程式**. 當 $n > 2$ 時，我們稱其為一元高次方程式，在本節中，我們將討論一元高次方程式的解法.

通常解 n 次方程式

$$a_n x^n + a_{n-1} x^{n-1} + a_{n-2} x^{n-2} + \cdots + a_1 x + a_0 = 0$$

時，若等號左邊所表的多項式

$$p(x) = a_n x^n + a_{n-1} x^{n-1} + a_{n-2} x^{n-2} + \cdots + a_1 x + a_0 = 0$$

可分解為

$$p(x) = p_1(x) \cdot p_2(x)$$

則由較低次的方程式 $p_1(x) = 0$ 及 $p_2(x) = 0$ 的根可求得 $p(x) = 0$ 的根. 所以，解一元高次方程式，事實上是與因式分解有密切的關係.

方程式之諸根中，可能有相等者，我們稱之為**重根**. 若是二根相等，則稱之為**二重根**；若是三根相等，則稱之為**三重根**，依此類推；而方程式之根可為有理根、無理根或複數根. n 次方程式是否有根之問題，已由德國數學家高斯 (Gauss, 1777－1855) 予以解決，此即為代數基本定理，其證明超出本書的範圍，故僅將之敘述如下：

定理 7-4　代數基本定理

每一個一元 n 次方程式 $f(x) = 0$ $(n \geq 1)$ 至少有一個複數根.

對一 n 次方程式而言，$f(x) = 0$ 至少有一個複數根，設此根為 β_1，則 $(x - \beta_1)$ 可整除 $f(x)$，因而可將 $f(x)$ 改寫為

$$f(x) = (x - \beta_1) \phi_1(x)$$

其中 $\phi_1(x)$ 為 $n-1$ 次多項式. 再應用代數基本定理，則 $\phi_1(x) = 0$ 至少有一個複數根，設此根為 β_2，則 $(x - \beta_2)$ 可整除 $\phi_1(x)$，故 $f(x)$ 又可改寫為

$$f(x) = (x - \beta_1) \phi_1(x) = (x - \beta_1)(x - \beta_2) \phi_2(x)$$

其中 $\phi_2(x)$ 為 $n-2$ 次多項式. 依此繼續下去，可得

$$f(x)=(x-\beta_1)(x-\beta_2)\cdots(x-\beta_{n-1})\phi_{n-1}(x)$$

式中 $\phi_{n-1}(x)=a_n x+\gamma=a_n(x-\beta_n)$ 為一次式，故

$$f(x)=a_n(x-\beta_1)(x-\beta_2)\cdots(x-\beta_{n-1})(x-\beta_n)$$

其中 β_i $(i=1, 2, 3, \cdots, n)$ 可為實數，可為複數，亦可有相同者，若將 m 重根視為 m 個根，則一元 n 次方程式恰有 n 個根.

定理 7-5 ↩

n 次方程式恰有 n 個複數根.

定理 7-6 ↩

設 $f(x)=a_n x^n+a_{n-1}x^{n-1}+a_{n-2}x^{n-2}+\cdots+a_1 x+a_0$ 為一實係數 n 次多項式，若 $z=a+bi$ 為 $f(x)=0$ 的一根，則 $\bar{z}=a-bi$ 亦為 $f(x)=0$ 的一根.

證：由複數之性質知

$$\overline{z_1+z_2}=\bar{z}_1+\bar{z}_2, \quad \overline{z_1 \cdot z_2}=\bar{z}_1 \cdot \bar{z}_2, \quad \overline{z^n}=\bar{z}^n \tag{7-1-2}$$

而對任意實數 a，$\bar{a}=a$. 因

$$f(x)=a_n x^n+a_{n-1}x^{n-1}+\cdots+a_1 x+a_0$$

式中 $a_n, a_{n-1}, \cdots, a_2, a_1, a_0$ 為實數，又 $z=a+bi$ 為 $f(x)=0$ 的一根，即

$$a_n z^n+a_{n-1}z^{n-1}+\cdots+a_1 z+a_0=0$$

故

$$\overline{a_n z^n+a_{n-1}z^{n-1}+\cdots+a_1 z+a_0}=\bar{0}$$

$$a_n \bar{z}^n+a_{n-1}\bar{z}^{n-1}+\cdots+a_1 \bar{z}+a_0=0$$

此即 $f(\bar{z})=0$，因而 $\bar{z}=a-bi$ 亦為 $f(x)=0$ 的一根.

定理 7-7

若 $a+\sqrt{b}$ (a、$b \in \mathbb{Q}$，且 $b>0$) 為有理係數 n 次方程式

$$f(x)=a_n x^n+a_{n-1}x^{n-1}+\cdots+a_1 x+a_0=0$$

的一根，則其共軛數 $a-\sqrt{b}$ 亦為 $f(x)=0$ 的一根．

證：$[x-(a+\sqrt{b})][x-(a-\sqrt{b})]=(x-a)^2-b$

以 $(x-a)^2-b$ 除 $f(x)$，設商式為 $q(x)$，餘式為 $\alpha x+\beta$，α、$\beta \in \mathbb{Q}$，則

$$f(x)=[(x-a)^2-b]q(x)+\alpha x+\beta=0$$

因 $a+\sqrt{b}$ 為 $f(x)=0$ 的根，故

$$f(a+\sqrt{b})=0\cdot q(x)+\alpha(a+\sqrt{b})+\beta=0$$

即 $$a\alpha+\beta+\alpha\sqrt{b}=0$$

又因 $a\alpha+\beta$ 為有理數，$\sqrt{b}$ ($b>0$) 為無理數，故

$$a\alpha+\beta=0,\quad \alpha\sqrt{b}=0$$

可得 $\alpha=0$，於是，$\beta=0$．所以，

$$f(x)=[x-(a+\sqrt{b})][x-(a-\sqrt{b})]q(x)$$

因為當 $x=a-\sqrt{b}$ 時，$f(a-\sqrt{b})=0$，所以，$a-\sqrt{b}$ 也是 $f(x)=0$ 的一根．

例題 5 已知一個四次方程式之根為 -2、0、$\dfrac{1}{2}$ 與 1，求此方程式．

解 此方程式為

$$f(x)=(x+2)(x-0)\left(x-\dfrac{1}{2}\right)(x-1)=0$$

即 $$2x^4+x^3-5x^2+2x=0.$$

例題 6 已知 i 為方程式 $x^4-2x^3+3x^2-2x+2=0$ 的一根，試解此方程式.

解 因方程式的係數均為實數，故依定理 7-6 可知，$-i$ 亦為此方程式的一根. 故知 $(x-i)(x+i)=x^2+1$ 為 $x^4-2x^3+3x^2-2x+2$ 的因式. 利用多項式的除法，將原方程式改寫為

$$(x^2+1)(x^2-2x+2)=0$$

令 $x^2-2x+2=0$，解得

$$x=\frac{2\pm\sqrt{(-2)^2-4\times 1\times 2}}{2}=\frac{2\pm 2i}{2}=1\pm i$$

故知 i、$-i$、$1+i$ 及 $1-i$ 為此方程式的四個根.

例題 7 設方程式 $2x^3+5x^2+ax-6=0$ 有一根為 1，試解此方程式.

解 令 $f(x)=2x^3+5x^2+ax-6$，則 $f(x)$ 必為 $x-1$ 整除，由因式定理知，

$$f(1)=2+5+a-6=0$$

可得 $a=-1$，故三次方程式為 $2x^3+5x^2-x-6=0$. 利用綜合除法可得

$$\begin{array}{r|l} 2+5-1-6 & 1 \\ +2+7+6 & \\ \hline 2+7+6+0 & -2 \\ -4-6 & \\ \hline 2+3+0 & \end{array}$$

原方程式經由因式分解寫成

$$(x-1)(x+2)(2x+3)=0$$

故方程式的三個根為 1、-2 與 $-\frac{3}{2}$.

例題 8 已知 $2-\sqrt{3}$ 與 $-\frac{1}{3}$ 為方程式 $6x^4-13x^3-35x^2-x+3=0$ 的二根，求其

所有的根.

解　因方程式的係數均為有理數，故依定理 7-7 可知，$2+\sqrt{3}$ 為此方程式的一根. 因此，$6x^4-13x^3-35x^2-x+3$ 可被

$$[x-(2+\sqrt{3})][x-(2-\sqrt{3})](3x+1)=3x^3-11x^2-x+1$$

整除.

利用多項式的除法可將原方程式寫成

$$(3x^3-11x^2-x+1)(2x+3)=0$$

故所有的根為 $2-\sqrt{3}$、$2+\sqrt{3}$、$-\dfrac{1}{3}$ 與 $-\dfrac{3}{2}$.

前面所討論者已使我們得知實係數的 n 次方程式有 n 個複數根，但如何將這些根求出來呢？現在，我們來討論一元高次方程式的解法.

定理 7-8

設 $f(x)=a_nx^n+a_{n-1}x^{n-1}+a_{n-2}x^{n-2}+\cdots+a_1x+a_0$ 是一個整係數 n 次多項式，其中 $a_n\neq 0$；若 $(a,b)=1$，且 $ax-b$ 是 $f(x)$ 的因式，則 $a\,|\,a_n$，$b\,|\,a_0$.

證：$ax-b$ 是 $f(x)$ 的因式

$$\Leftrightarrow f\left(\dfrac{b}{a}\right)=a_n\left(\dfrac{b}{a}\right)^n+a_{n-1}\left(\dfrac{b}{a}\right)^{n-1}+a_{n-2}\left(\dfrac{b}{a}\right)^{n-2}+\cdots+a_1\left(\dfrac{b}{a}\right)+a_0=0$$

$$\Leftrightarrow a_n b^n+a_{n-1}b^{n-1}a+a_{n-2}b^{n-2}a^2+\cdots+a_1ba^{n-1}+a_0a^n=0$$

$$\Leftrightarrow a(a_{n-1}b^{n-1}+a_{n-2}b^{n-2}a+\cdots+a_1ba^{n-2}+a_0a^{n-1})=-a_nb^n$$

因為等號左邊是 a 的倍數，所以右邊 $-a_nb^n$ 也是 a 的倍數，但 $(a,b)=1$，可知 $(a,b^n)=1$，因而 $a\,|\,a_n$. 同理亦可證明 $b\,|\,a_0$.

推　論

當整係數多項式 $f(x)$ 的首項係數 $a_n=1$ 時，$f(x)=0$ 的任何有理根必定是**整數**.

例題 9 求 $x^3-2x^2-2x-3=0$ 的有理根.

解 由推論，我們將 $x=\pm 1$、± 3 分別代入 $f(x)=x^3-2x^2-2x-3$ 中，可得

$$f(1)=1-2-2-3=-6$$
$$f(-1)=-1-2+2-3=-4$$
$$f(3)=27-18-6-3=0$$
$$f(-3)=-27-18+6-3=-42$$

所以，方程式 $x^3-2x^2-2x-3=0$ 只有一個有理根 $x=3$.

定理 7-9

設 $f(x)$ 為一 n 次多項式，
(1) 若其各項係數和為 0，則 $f(x)$ 有 $x-1$ 的因式.
(2) 若其各奇次項係數和等於其各偶次項係數和，則 $f(x)$ 有 $x+1$ 的因式.
(3) 若無常數項，則 $f(x)$ 有因式 x.

例題 10 求方程式 $5x^4+4x^3+5x+4=0$ 的有理根.

解 因方程式中各奇次項係數和等於各偶次項係數和，故由定理 7-9 知，$x+1$ 為 $f(x)=5x^4+4x^3+5x+4$ 的因式. 利用綜合除法可得

$$\begin{array}{r} 5+4+0+5+4 \\ -5+1-1-4 \\ \hline 5-1+1+4+0 \end{array} \bigg| -1$$

所以，$5x^4+4x^3+5x+4=(x+1)(5x^3-x^2+x+4)$.

將 $x = \pm 1$、± 2、± 4、$\pm \dfrac{1}{5}$、$\pm \dfrac{2}{5}$、$\pm \dfrac{4}{5}$ 分別代入 $q(x) = 5x^3 - x^2 + x + 4$ 中，僅僅得到 $q\left(-\dfrac{4}{5}\right) = 0$.

利用綜合除法可得

$$\begin{array}{r|r}
5-1+1+4 & -\dfrac{4}{5} \\
-4+4-4 & \\
\hline
5\overline{5-5+5+0} & \\
1-1+1 &
\end{array}$$

原方程式變成

$$(x+1)(5x+4)(x^2-x+1) = 0$$

所以，方程式的有理根為 -1 與 $-\dfrac{4}{5}$.

例題 11 解方程式 $x^3 - 6x^2 + x - 6 = 0$.

解 將 $x = \pm 1$、± 2、± 3、± 6 分別代入 $f(x) = x^3 - 6x^2 + x - 6$ 中，僅僅得到 $f(6) = 0$. 利用綜合除法可得

$$\begin{array}{r|r}
1-6+1-6 & 6 \\
+6+0+6 & \\
\hline
1+0+1+0 &
\end{array}$$

原方程式變成

$$(x-6)(x^2+1) = 0$$

所以，方程式的根為 6、i 與 $-i$.

在方程式 $f(x) = 0$ 中，若令 y 表 x 的函數，能將 $f(x)$ 化為 y 的二次方程式，則稱 $f(x) = 0$ 為**準二次方程式**，其解法以下面例子說明之.

例題 12 解方程式 $(x+1)(x+2)(x+3)(x+4) = 120$.

解
$$(x+1)(x+2)(x+3)(x+4)=120$$
$$\Rightarrow [(x+1)(x+4)][(x+2)(x+3)]-120=0$$
$$\Rightarrow (x^2+5x+4)(x^2+5x+6)-120=0$$
$$\Rightarrow (x^2+5x)^2+10(x^2+5x)+24-120=0$$
$$\Rightarrow (x^2+5x)^2+10(x^2+5x)-96=0$$

令 $y=x^2+5x$，則

$$y^2+10y-96=0 \Rightarrow (y+16)(y-6)=0 \Rightarrow y=-16 \text{ 或 } y=6.$$

(a) 當 $y=-16$ 時，解 $x^2+5x+16=0$，可得

$$x=\frac{-5\pm\sqrt{25-4\times 16}}{2}=\frac{-5\pm\sqrt{39}\,i}{2}$$

(b) 當 $y=6$ 時，解 $x^2+5x-6=0$，可得

$$(x+6)(x-1)=0$$

故 $x=1$ 或 $x=-6$

所以，原方程式的根為 1、-6、$\dfrac{-5+\sqrt{39}\,i}{2}$ 與 $\dfrac{-5-\sqrt{39}\,i}{2}$.

例題 13 解方程式 $2x^4-3x^3+5x^2-3x+2=0$.

解 $2x^4-3x^3+5x^2-3x+2=0$ 可改寫為

$$2(x^4+1)-3(x^3+x)+5x^2=0$$

$$2\left(x^2+\frac{1}{x^2}\right)-3\left(x+\frac{1}{x}\right)+5=0$$

令 $y=x+\dfrac{1}{x}$，則 $x^2+\dfrac{1}{x^2}=y^2-2$，故

$$2(y^2-2)-3y+5=0$$
$$2y^2-3y+1=0$$
$$(y-1)(2y-1)=0$$

解得 $y=1$ 或 $y=\dfrac{1}{2}$，因而

$$x+\dfrac{1}{x}=1 \text{ 或 } x+\dfrac{1}{x}=\dfrac{1}{2}$$

分別解 $x^2-x+1=0$ 與 $2x^2-x+2=0$，可得

$$x=\dfrac{1\pm\sqrt{(-1)-4}}{2}=\dfrac{1\pm\sqrt{3}\,i}{2}$$

及

$$x=\dfrac{1\pm\sqrt{(-1)^2-4\times 2\times 2}}{4}=\dfrac{1\pm\sqrt{15}\,i}{4}$$

所以，原方程式的根為 $\dfrac{1+\sqrt{3}\,i}{2}$、$\dfrac{1-\sqrt{3}\,i}{2}$、$\dfrac{1+\sqrt{15}\,i}{4}$ 與 $\dfrac{1-\sqrt{15}\,i}{4}$.

習題 7-1

1. 試以綜合除法求下列各式的商式及餘式.
   (1) $(3x^3-6x^2+x+2)\div(3x-1)$
   (2) $(x^4-6x^3+7x^2+8x-16)\div(x+1)$
2. 試利用因式定理分解下列各多項式.
   (1) $6x^3+11x^2-3x-2$
   (2) $2x^4+3x^3+9x^2+12x+4$
3. 試證 -1 為 $f(x)=x^5-x^4-5x^3+x^2+8x+4=0$ 之三重根，並求其餘二根.
4. 已知某有理係數之三次方程式的二根為 -3 與 $1-\sqrt{2}$，求此方程式.
5. 已知 $2+\sqrt{2}$ 為 $f(x)=x^4-7x^3+16x^2-14x+4=0$ 的一根，求其餘的根.
6. 解下列各方程式.

(1) $x^3+2x^2-9x-18=0$
(2) $12x^3-8x^2-21x+14=0$
(3) $3x^4-8x^3-28x^2+64x-15=0$
(4) $(x+1)(x+2)(x+3)(x+4)=3$

7-2 分式方程式

以一有理係數之多項式 $F(x)$ 除以另一有理係數之多項式 $G(x)$ ($G(x) \neq 0$)，而寫成 $\dfrac{F(x)}{G(x)}$ 的形式稱為**有理式**. 若 $G(x)$ 不為常數多項式，則 $\dfrac{F(x)}{G(x)}$ 稱為**分式**. 若一方程式中含有分式，而在分式的分母中含有未知數，則此類方程式稱為**分式方程式**.

例如，$4x+2+\dfrac{1}{x}=5$，$\dfrac{2}{x+1}-\dfrac{x}{x-1}=\dfrac{x+2}{x^2-1}+4$ 均為 x 的分式方程式 (以 x 為未知數的分式方程式). 一個分式方程式經移項整理，按分式的運算簡化後，必可將方程式的所有分式簡化為一個最簡分式 $\dfrac{f(x)}{g(x)}$. 所以，分式方程式可化為與它有相同解的方程式

$$\dfrac{f(x)}{g(x)}=0 \left(\dfrac{f(x)}{g(x)} \text{ 為最簡分式}\right)$$

由於分式的分母不能為零，故當一個最簡分式 $\dfrac{f(x)}{g(x)}$ 的值為零時，$f(x)=0$，而 $g(x) \neq 0$. 因此，方程式 $\dfrac{f(x)}{g(x)}=0$ 與方程式 $f(x)=0$ 有相同的解. 若在 $\dfrac{f(x)}{g(x)}=0$ 中，$f(x) \neq 0$，則原方程式無解. 但在解分式方程式時，若方程式等號的兩邊，以含有未知數的代數式乘之，則可能產生非原方程式的根，此種根稱為**增根**.

例如，方程式 $x-3=0$ 之等號的兩邊都以 $x-2$ 乘之，則得

$$(x-2)(x-3)=0$$

令 $x-2=0$，得 $x=2$；令 $x-3=0$，得 $x=3$. 將 $x=2$ 代入原方程式中並不能滿足，故 $x=2$ 不是方程式 $x-3=0$ 的根，而是增根.

例題 1 解方程式 $\dfrac{x-1}{x^2-5x+6} - \dfrac{x}{2-x} = \dfrac{2}{x-3}$.

解 $\dfrac{x-1}{(x-2)(x-3)} - \dfrac{x}{x-2} = \dfrac{2}{x-3}$ 以 $(x-2)(x-3)$ 乘方程式等號的兩邊，得

$$x-1+x(x-3)=2(x-2)$$
$$\Rightarrow x^2-4x+3=0$$
$$\Rightarrow (x-1)(x-3)=0$$
$$\Rightarrow x=1 \text{ 或 } x=3 \text{ (增根)}$$

故原方程式的根為 $x=1$.

解分式方程式時，為了方便，常先去分母，即以方程式中各分母的最低公倍式去乘方程式等號的兩邊，而將分式方程式化為整式方程式，然後解之．若所得之根不使原分式中任一分母為零，且能滿足原方程式，則其為原方程式之解；否則就不是原方程式之解，其為增根，應捨去．一分式方程式可能有解，可能無解，可能有增根，故解分式方程式時，應將所得之解代入原方程式，檢驗其是否為原方程式之解．

例題 2 解方程式 $\dfrac{x+3}{3x+2} - \dfrac{4x-1}{4x+1} = \dfrac{1-2x}{3x+2}$.

解 以各分母的最低公倍式 $(3x+2)(4x+1)$ 乘原式等號的兩邊，可得

$$(x+3)(4x+1)-(4x-1)(3x+2)=(1-2x)(4x+1)$$

化成 $6x=-4,\ x=-\dfrac{2}{3}$

$x=-\dfrac{2}{3}$ 會使各分母之最低公倍式 $(3x+2)(4x+1)$ 等於零，故 $x=-\dfrac{2}{3}$ 不是原方程式之根，而是增根，應捨去，所以得知原方程式沒有解．

隨堂練習 4 試解分式方程式 $\dfrac{2x-1}{2(x-1)} - \dfrac{8x}{4x+3} = \dfrac{2x+5}{2(x-1)(4x+3)}$.

答案：無解.

例題 3 解方程式 $\dfrac{x-1}{x+1}+\dfrac{x+5}{x+7}=\dfrac{x+1}{x+3}+\dfrac{x+3}{x+5}$.

解 $\dfrac{x+1-2}{x+1}+\dfrac{x+7-2}{x+7}=\dfrac{x+3-2}{x+3}+\dfrac{x+5-2}{x+5}$

$\Rightarrow 1-\dfrac{2}{x+1}+1-\dfrac{2}{x+7}=1-\dfrac{2}{x+3}+1-\dfrac{2}{x+5}$

$\Rightarrow \dfrac{1}{x+1}+\dfrac{1}{x+7}=\dfrac{1}{x+3}+\dfrac{1}{x+5}$

$\Rightarrow \dfrac{1}{x+1}-\dfrac{1}{x+3}=\dfrac{1}{x+5}-\dfrac{1}{x+7}$

$\Rightarrow \dfrac{1}{(x+1)(x+3)}=\dfrac{1}{(x+5)(x+7)}$

$\Rightarrow (x+5)(x+7)=(x+1)(x+3)$

$\Rightarrow x^2+12x+35=x^2+4x+3$

$\Rightarrow x=-4$

$x=-4$ 不使任何分母為零，故 $x=-4$ 為方程式的根.

習題 7-2

解下列各方程式.

1. $\dfrac{3}{x}+\dfrac{6}{x-1}-\dfrac{x+13}{x(x-1)}=0$

2. $\dfrac{2x}{x+1}-\dfrac{2-x}{x-1}-\dfrac{4}{x^2-1}=0$

3. $\dfrac{x}{x-1}-\dfrac{1}{x-3}+\dfrac{4}{(x-1)(x-3)}=0$

4. $x-\dfrac{2}{x-1}-\dfrac{2}{x-2}=0$

5. $1 + \dfrac{10-3x}{x^2+3x-4} + \dfrac{x}{x-1} = \dfrac{x}{x+4}$

6. $\dfrac{x+1}{x+2} + \dfrac{x+7}{x+8} = \dfrac{x+3}{x+4} + \dfrac{x+5}{x+6}$

7. $\dfrac{3x-2}{x-1} + \dfrac{2x+9}{x+4} = \dfrac{x+3}{x+2} + \dfrac{4x+5}{x+1}$

▸▸ 7-3 無理方程式

方程式 $f(x)=0$ 經適當之整理後，若其中含有根式，而根式中含有未知數 x，則此種方程式稱為**無理方程式**，或根式方程式，例如，

$$\sqrt{2x-4} - \sqrt{x^2+9} = 1$$

$$\sqrt{x+4} + \sqrt{x-4} = \sqrt{2x+1}$$

均為無理方程式.

求解無理方程式主要是設法將根號去掉，將根式方程式化為有理方程式時，通常採用乘以**有理化因式**或乘方的方法，但這兩種方法都可能產生增根，故必須核驗所解之值是否為原方程式的根.

例題 1 解方程式 $\sqrt{2x-4} - \sqrt{x+5} = 1$.

解 $\sqrt{2x-4} = 1 + \sqrt{x+5}$ 兩邊平方，可得

$$2x-4 = 1 + x + 5 + 2\sqrt{x+5}$$

$$x - 10 = 2\sqrt{x+5}$$

兩邊再平方，可得

$$x^2 - 20x + 100 = 4(x+5)$$

$$x^2 - 24x + 80 = 0$$

$$(x-20)(x-4) = 0$$

$$x = 20 \ \text{或} \ x = 4$$

驗算：$x=20$ 時，$\sqrt{40-4}-\sqrt{20+5}=6-5=1$

$x=4$ 時，$\sqrt{8-4}-\sqrt{4+5}=2-3=-1$（不合）

故原方程式的根為 $x=20$.

例題 2 解方程式 $\dfrac{\sqrt{x+1}+\sqrt{x-1}}{\sqrt{x+1}-\sqrt{x-1}}=2\sqrt{x^2-1}+1$.

解 將原方程式整理，改寫為

$$\dfrac{(\sqrt{x+1}+\sqrt{x-1})^2}{(\sqrt{x+1}-\sqrt{x-1})(\sqrt{x+1}+\sqrt{x-1})}=2\sqrt{x^2-1}+1$$

$$\Rightarrow \dfrac{x+1+x-1+2\sqrt{x^2-1}}{(x+1)-(x-1)}=2\sqrt{x^2-1}+1$$

$$\Rightarrow x+\sqrt{x^2-1}=2\sqrt{x^2-1}+1$$

$$\Rightarrow \sqrt{x^2-1}=x-1$$

$$\Rightarrow x^2-1=x^2-2x+1$$

$$\Rightarrow 2x=2 \Rightarrow x=1$$

$x=1$ 適合原方程式，故 1 為原方程式的根.

例題 3 解方程式 $x^2+6x+2\sqrt{x^2+6x}-24=0$.

解 $x^2+6x+2\sqrt{x^2+6x}-24=0$，令 $\sqrt{x^2+6x}=k$，則

$$k^2+2k-24=0 \Rightarrow (k+6)(k-4)=0 \Rightarrow k=4 \text{ 或 } k=-6.$$

當 $k=4$ 時，$4=\sqrt{x^2+6x} \Rightarrow x^2+6x=16 \Rightarrow x^2+6x-16=0$

$\Rightarrow (x+8)(x-2)=0 \Rightarrow x=-8$ 或 $x=2$.

當 $k=-6$ 時，$-6=\sqrt{x^2+6x}$ （不合）.

驗算：$x=-8$ 時，$64-48+2\sqrt{64-48}-24=16+8-24=0.$

$x=2$ 時，$4+12+2\sqrt{4+12}-24=16+8-24=0$.

故原方程式的根為 2 與 -8.

隨堂練習 5 解方程式 $\sqrt{2x-3}+\sqrt{3x-5}=\sqrt{5x-6}$ $(x>\dfrac{5}{3})$.

答案：$x=2$.

例題 4 解 $\log\sqrt{3x+4}+\dfrac{1}{2}\log(5x+1)=1+\log 3$.

解 $\log\sqrt{3x+4}+\log\sqrt{5x+1}=\log 10+\log 3$

即 $\log\sqrt{(3x+4)(5x+1)}=\log 30$

故 $(3x+4)(5x+1)=30^2$

$(3x+4)(5x+1)=900$

$15x^2+23x-896=0$

$(x-7)(15x+128)=0$

可得 $x=7$ 或 $x=-\dfrac{128}{15}$，但當 $x=-\dfrac{128}{15}$ 時，$3x+4<0$（不合）．所以，方程式的根為 $x=7$.

習題 7-3

試解下列無理方程式.

1. $\sqrt{x^2-3}=x-1$
2. $x-2\sqrt{x}-3=0$
3. $\sqrt{x+1}+\sqrt{x+2}=3$
4. $\sqrt{x+6}+\sqrt{3x-5}=3\sqrt{x-1}$
5. $\sqrt{2+\sqrt{2+\sqrt{x}}}=2$
6. $\sqrt{x+4}+\sqrt{x+20}+2\sqrt{x+11}=0$
7. $\log(\sqrt{7x+4}+25)-\log x=1$

8

不等式

本章學習目標

- 不等式的意義，絕對不等式
- 一元不等式的解法
- 一元二次不等式
- 其他一元不等式的解法
- 二元一次不等式
- 二元線性規劃

▶▶ 8-1 不等式的意義，絕對不等式

一、不等式的意義

含有實數的次序關係符號 "<"、">"、"≤"、"≥" 等的式子，稱為**不等式**，下列各式：

1. $2x+6 > 4$
2. $x+2y-5 \leq 0$
3. $5x^2-x-4 > 0$
4. $x^2+x+2 > 0$
5. $|2x+5| \geq |x-1|$

均稱為不等式.

使不等式成立之未知數的值稱為不等式的**解**，求不等式所有解所成的集合，稱為這個不等式的**解集合**.

我們知道，實數可以比較大小. 在實數軸上，兩個不同的點 A 與 B 分別表示兩個不同的實數 a 與 b，右邊的點所表示的數比左邊的點所表示的數大.

$$a-b > 0 \Leftrightarrow a > b$$
$$a-b = 0 \Leftrightarrow a = b$$
$$a-b < 0 \Leftrightarrow a < b$$

由此可見，欲比較兩個實數的大小，只要考慮它們的差就可以了.

例題 1 比較 $(x+2)(x+3)$ 與 $(x-1)(x+6)$ 的大小.

解
$$(x+2)(x+3)-(x-1)(x+6) = (x^2+5x+6)-(x^2+5x-6)$$
$$= 12 > 0$$

故 $(x+2)(x+3) > (x-1)(x+6)$.

例題 2 比較 $(x^2+2)^2$ 與 x^4+2x^2+3 的大小.

解
$$(x^2+2)^2-(x^4+2x^2+3) = x^4+4x^2+4-x^4-2x^2-3$$
$$= 2x^2+1 > 0$$

故 $(x^2+2)^2 > x^4+2x^2+3.$

二、絕對不等式

凡含變數的不等式在變數限制範圍內恆成立者，我們稱為**絕對不等式**. 例如：$x^2 \geq 0$；$x^4+y^4 \geq 0$. 此外，若不等式有解且非絕對不等式，則稱其為**條件不等式**，如：$|x-1| > 2$，$\sqrt{x} > 3$.

解不等式以及證明不等式，均得依據不等式的基本性質. 這些性質也就是實數的次序關係，敘述如下：

設 a、b、c、$d \in \mathbb{R}$，

1. 若 $a > b$，且 $b > c$，則 $a > c$ (遞移律).

2. (a) 若 $a > b > 0$，則 $\dfrac{1}{b} > \dfrac{1}{a} > 0$.

   (b) 若 $0 > a > b$，則 $0 > \dfrac{1}{b} > \dfrac{1}{a}$.

3. 若 $a > b$，則 $-b > -a$，反之亦然.

4. 若 $a > b$，則 $a+c > b+c$.

5. 若 $a > b$，且 $c > d$，則 $a+c > b+d$.

6. (a) 若 $a > b$，且 $c > 0$，則 $ac > bc$.

   (b) 若 $a > b$，且 $c < 0$，則 $ac < bc$.

7. 若 $a > b > 0$，且 $c > d > 0$，則 $ac > bd$.

8. $a > b > 0 \Rightarrow a^n > b^n \quad (n \in \mathbb{N})$

9. $a > b > 0 \Rightarrow \sqrt[n]{a} > \sqrt[n]{b} \quad (n \in \mathbb{N})$

由於不等式的形式是多樣的，所以不等式的證明方法也就不同. 下面將舉例說明一些常用的證明方法.

我們已經知道，$a-b > 0 \Leftrightarrow a > b$. 因此，欲證明 $a > b$，只要證明 $a-b > 0$. 這是證明不等式時常用的一種方法，稱為**比較法**.

例題 3 試證：$x^2+4 > 3x$.

解 因
$$(x^2+4)-3x = x^2-3x+\left(\frac{3}{2}\right)^2-\left(\frac{3}{2}\right)^2+4$$
$$=\left(x-\frac{3}{2}\right)^2+\frac{7}{4} \geq \frac{7}{4} > 0$$

故 $x^2+4 > 3x$.

例題 4 設 a 為正數，試證：$a+\dfrac{1}{a} \geq 2$.

解 因 $a+\dfrac{1}{a}-2 = \dfrac{a^2-2a+1}{a} = \dfrac{(a-1)^2}{a} \geq 0 \ (a>0)$

故 $a+\dfrac{1}{a} \geq 2$.

例題 5 設 a、b、c 為三個實數，試證：$a^2+b^2+c^2 \geq ab+bc+ca$.

解 $a^2+b^2+c^2-(ab+bc+ca) = \dfrac{1}{2}[2a^2+2b^2+2c^2-2(ab+bc+ca)]$
$$=\frac{1}{2}[(a-b)^2+(b-c)^2+(c-a)^2]$$

因 a、b、c 為實數，可知 $(a-b)^2 \geq 0$，$(b-c)^2 \geq 0$，$(c-a)^2 \geq 0$，所以，
$$\frac{1}{2}[(a-b)^2+(b-c)^2+(c-a)^2] \geq 0$$

故 $a^2+b^2+c^2 \geq ab+bc+ca$.

上式等號成立的充要條件為 $a=b=c$.

我們還常常利用下面的性質證明不等式.

1. 若 $a、b \in \mathbb{R}$，則 $a^2+b^2 \geq 2ab$（等號成立的充要條件是 $a=b$）．

2. 若 $a>0、b>0$，則 $\dfrac{a+b}{2} \geq \sqrt{ab}$，即，算術平均數 ≥ 幾何平均數（等號成立的充要條件是 $a=b$）．

3. 若 $a_1, a_2, \cdots, a_n > 0$，則 $\dfrac{a_1+a_2+\cdots+a_n}{n} \geq \sqrt[n]{a_1 a_1 \cdots a_n}$（等號成立的充要條件是 $a_1=a_2=\cdots=a_n$）．

例題 6 設 $a>0、b>0$，試證：$\dfrac{a+b}{2} \geq \sqrt{ab} \geq \dfrac{2ab}{a+b}$．

(即，算術平均數 ≥ 幾何平均數 ≥ 調和平均數)．

解 因 $a、b$ 為二正數，可得 $(\sqrt{a}-\sqrt{b})^2 \geq 0$，即 $a+b \geq 2\sqrt{ab}$，故

$$\dfrac{a+b}{2} \geq \sqrt{ab} \quad \cdots\cdots\text{①}$$

又 $\sqrt{ab} - \dfrac{2ab}{a+b} = \dfrac{\sqrt{ab}(a+b)-2ab}{a+b} = \dfrac{\sqrt{ab}(a+b-2\sqrt{ab})}{a+b}$

$$= \dfrac{\sqrt{ab}(\sqrt{a}-\sqrt{b})^2}{a+b} \geq 0$$

（因 $\sqrt{ab} \geq 0$, $(\sqrt{a}-\sqrt{b})^2 \geq 0$, $a+b>0$），故

$$\sqrt{ab} \geq \dfrac{2ab}{a+b} \quad \cdots\cdots\text{②}$$

由①、②得 $\dfrac{a+b}{2} \geq \sqrt{ab} \geq \dfrac{2ab}{a+b}$．

又上式等號成立的充要條件是 $a=b$．

例題 7 設 $x>0$, $y>0$，求 $\left(4x-\dfrac{1}{y}\right)\left(9y-\dfrac{1}{x}\right)$ 的最小值．

解 因
$$\left(4x-\frac{1}{y}\right)\left(9y-\frac{1}{x}\right) = 36xy + \frac{1}{xy} - 13$$

而
$$\frac{36xy + \frac{1}{xy}}{2} \geq \sqrt{(36xy)\frac{1}{xy}} = 6$$

即,
$$36xy + \frac{1}{xy} \geq 12$$

可得
$$36xy + \frac{1}{xy} - 13 \geq 12 - 13 = -1$$

故 $\left(4x-\frac{1}{y}\right)\left(9y-\frac{1}{x}\right)$ 的最小值為 -1.

我們可以利用某些已經證明過的不等式（如上面所給的性質）作為基礎，再運用不等式的性質推導出所要證明的不等式，這種證明的方法稱為**綜合法**.

例題 8 設 a、b、c 為正數，試證：$\frac{1}{a}+\frac{1}{b}+\frac{1}{c} \geq \frac{9}{a+b+c}$.

解 利用算術平均數 $\geq$ 幾何平均數，
$$\frac{\frac{1}{a}+\frac{1}{b}+\frac{1}{c}}{3} \geq \sqrt[3]{\frac{1}{a}\cdot\frac{1}{b}\cdot\frac{1}{c}}$$

即,
$$\frac{1}{a}+\frac{1}{b}+\frac{1}{c} \geq 3\sqrt[3]{\frac{1}{a}\cdot\frac{1}{b}\cdot\frac{1}{c}} \quad \cdots\cdots ①$$

$$\frac{a+b+c}{3} \geq \sqrt[3]{abc}$$

即,
$$a+b+c \geq 3\sqrt[3]{abc} \quad \cdots\cdots ②$$

① 與 ② 相乘，可得 $\left(\frac{1}{a}+\frac{1}{b}+\frac{1}{c}\right)(a+b+c) \geq 9$

故
$$\frac{1}{a}+\frac{1}{b}+\frac{1}{c} \geq \frac{9}{a+b+c}.$$

證明不等式時，有時可以由所求證的不等式出發，分析出使這個不等式成立的條件，將證明這個不等式轉化為判定這些條件是否具備的問題. 如果能夠肯定這些條件都已具備，那麼就可以斷定原不等式成立，這種證明方法通常稱為**分析法**.

例題 9 已知 a、b 與 c 均為正數，且 $a<b$，試證：$\dfrac{a+c}{b+c}>\dfrac{b}{a}$.

解 因為 $a>0$、$b>0$、$c>0$，為了要證明
$$\frac{a+c}{b+c}>\frac{b}{a}$$
只需證明
$$(a+c)b>a(b+c)$$
即
$$bc>ac$$
因此，只需證明 $b>a$，因為 $b>a$ 成立 (題設)，所以
$$\frac{a+c}{b+c}>\frac{b}{a}$$
成立.

例題 10 試證：$\sqrt{2}+\sqrt{7}<\sqrt{3}+\sqrt{6}$.

解 方法 1：為了要證明
$$\sqrt{2}+\sqrt{7}<\sqrt{3}+\sqrt{6}$$
只需證明
$$(\sqrt{2}+\sqrt{7})^2<(\sqrt{3}+\sqrt{6})^2$$
展開得
$$9+2\sqrt{14}<9+2\sqrt{18}$$
即
$$2\sqrt{14}<2\sqrt{18}$$

$$\sqrt{14} < \sqrt{18}$$
$$14 < 18$$

因為 $14 < 18$ 成立，所以

$$\sqrt{2} + \sqrt{7} < \sqrt{3} + \sqrt{6}$$

成立.

方法 2：因 $14 < 18$，可得

$$\sqrt{14} < \sqrt{18},\ 2\sqrt{14} < 2\sqrt{18}$$
$$9 + 2\sqrt{14} < 9 + 2\sqrt{18}$$
$$(\sqrt{2} + \sqrt{7})^2 < (\sqrt{3} + \sqrt{6})^2$$

所以 $\sqrt{2} + \sqrt{7} < \sqrt{3} + \sqrt{6}$.

定理 8-1　柯西-希瓦茲不等式

若 $a_1, a_2, \cdots, a_n, b_1, b_2, \cdots, b_n$ 均為實數，則

$$(a_1^2 + a_2^2 + \cdots + a_n^2)(b_1^2 + b_2^2 + \cdots + b_n^2) \geq (a_1b_1 + a_2b_2 + \cdots + a_nb_n)^2$$

（等號成立的充要條件是 $\dfrac{a_1}{b_1} = \dfrac{a_2}{b_2} = \cdots = \dfrac{a_n}{b_n}$）.

證：我們現在僅證明 $n = 2$ 的情形. 因

$$\begin{aligned}
&(a_1^2 + a_2^2)(b_1^2 + b_2^2) - (a_1b_1 + a_2b_2)^2 \\
&= a_1^2 b_1^2 + a_2^2 b_1^2 + a_1^2 b_2^2 + a_2^2 b_2^2 - (a_1^2 b_1^2 + 2a_1b_1a_2b_2 + a_2^2 b_2^2) \\
&= a_2^2 b_1^2 - 2a_1b_1a_2b_2 + a_1^2 b_2^2 \\
&= (a_2b_1 - a_1b_2)^2 \geq 0
\end{aligned}$$

故

$$(a_1^2 + a_2^2)(b_1^2 + b_2^2) \geq (a_1b_1 + a_2b_2)^2.$$

例題 11 設 a 與 b 均為正數，試證：
$$\left(a+\frac{1}{b}\right)\left(\frac{1}{2a}+2b\right) \geq \frac{9}{2}.$$

解
$$\left(a+\frac{1}{b}\right)\left(\frac{1}{2a}+2b\right) = \left[(\sqrt{a})^2+\left(\frac{1}{\sqrt{b}}\right)^2\right]\left[\left(\frac{1}{\sqrt{2a}}\right)^2+(\sqrt{2b})^2\right]$$
$$\geq \left(\frac{\sqrt{a}}{\sqrt{2a}}+\frac{\sqrt{2b}}{\sqrt{b}}\right)^2 = \left(\frac{1}{\sqrt{2}}+\sqrt{2}\right)^2$$
$$= \frac{1}{2}+2+2 = \frac{9}{2}.$$

例題 12 設 a、b 與 c 均為正數，試證：
$$\frac{a^2+b^2+c^2}{3} \geq \left(\frac{a+b+c}{3}\right)^2.$$

解 因 $\left[\left(\frac{a}{\sqrt{3}}\right)^2+\left(\frac{b}{\sqrt{3}}\right)^2+\left(\frac{c}{\sqrt{3}}\right)^2\right]\left[(\sqrt{3})^2+(\sqrt{3})^2+(\sqrt{3})^2\right] \geq (a+b+c)^2$

故 $\left(\frac{a^2}{3}+\frac{b^2}{3}+\frac{c^2}{3}\right)(3+3+3) \geq (a+b+c)^2$

即 $\frac{a^2+b^2+c^2}{3} \geq \left(\frac{a+b+c}{3}\right)^2.$

習題 8-1

1. 已知 $x>1$，比較 x^3 與 x^2-x+1 的大小。
2. 比較 $(x+5)(x+7)$ 與 $(x+6)^2$ 的大小。
3. 比較 $(2a+1)(a-3)$ 與 $(a-6)(2a+7)+45$ 的大小。

4. 已知 $a>0$，$b>0$，且 $a\neq b$，試證：$a^4+b^4>a^3b+ab^3$.

5. 試證：若 $a>0$，$b>0$，$c>0$，則 $a^3+b^3+c^3\geq 3abc$ (等號成立的充要條件是 $a=b=c$).

6. 設 x、y 與 z 均為正數，試證：$(x+y+z)^3\geq 27xyz$.

7. 已知 a、b、c 均為相異的正數，試證：$a+b+c>\sqrt{ab}+\sqrt{bc}+\sqrt{ca}$.

8. 已知 $x>0$，$y>0$，$z>0$，試證：

   (1) $\dfrac{x}{y}+\dfrac{y}{x}\geq 2$　　　　(2) $\dfrac{x}{y}+\dfrac{y}{z}+\dfrac{z}{x}\geq 3$

9. 試證：當 $x>0$ 時，$x+\dfrac{16}{x}$ 的最小值為 8.

10. 求函數 $f(x)=3x^2+\dfrac{1}{2x^2}$ 的最小值.

11. 設 a、b、c、d 均非負數，試證：$\dfrac{a+b+c+d}{4}\geq\sqrt[4]{abcd}$.

8-2　一元不等式的解法

　　一個不等式在經過移項化簡之後，凡是可寫成形如下列的不等式，稱為一元一次不等式：

1. $ax+b>0$　　　　　　　　2. $ax+b\geq 0$
3. $ax+b<0$　　　　　　　　4. $ax+b\leq 0$

其中 a、b 均是實數，且 $a\neq 0$.

　　我們都知道，如果兩個不等式的解集合相等，那麼這兩個不等式就稱為**同解不等式**. 一個不等式變形為另一個不等式時，如果這兩個不等式是同解不等式，那麼這種變形就稱為不等式的同解變形.

1. 設 $a > 0$,

$$ax+b > 0 \Leftrightarrow x > -\frac{b}{a}, \quad 解集合為 \ A = \left\{ x \,\middle|\, x > -\frac{b}{a} \right\}$$

$$ax+b \geq 0 \Leftrightarrow x \geq -\frac{b}{a}, \quad 解集合為 \ A = \left\{ x \,\middle|\, x \geq -\frac{b}{a} \right\}$$

如圖 8-1 所示.

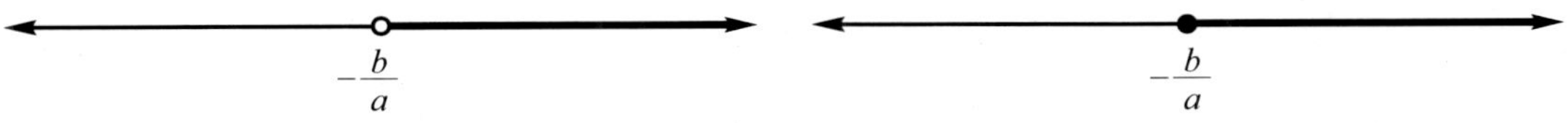

(1) $A = \left\{ x \,\middle|\, x > -\frac{b}{a} \right\}$, 其中 "○" 表示解集合不包含點 $-\frac{b}{a}$.

(2) $A = \left\{ x \,\middle|\, x \geq -\frac{b}{a} \right\}$, 其中 "●" 表示解集合包含點 $-\frac{b}{a}$.

圖 8-1

2. 設 $a < 0$,

$$ax+b > 0 \Leftrightarrow x < -\frac{b}{a}, \quad 解集合為 \ A = \left\{ x \,\middle|\, x < -\frac{b}{a} \right\}$$

$$ax+b \geq 0 \Leftrightarrow x \leq -\frac{b}{a}, \quad 解集合為 \ A = \left\{ x \,\middle|\, x \leq -\frac{b}{a} \right\}$$

如圖 8-2 所示.

(1) $A = \left\{ x \,\middle|\, x < -\frac{b}{a} \right\}$

(2) $A = \left\{ x \,\middle|\, x \leq -\frac{b}{a} \right\}$

圖 8-2

對於一元一次不等式
$$ax+b < 0$$
的解亦可以同樣方式討論，其解集合為

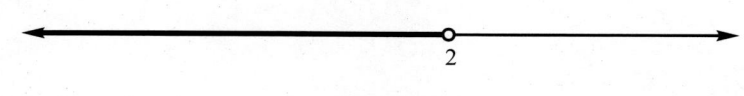

$$A = \left\{ x \,\middle|\, x < -\frac{b}{a} \right\}, \text{ 當 } a > 0$$

或
$$A = \left\{ x \,\middle|\, x > -\frac{b}{a} \right\}, \text{ 當 } a < 0$$

如圖 8-3 所示.

(1) $a > 0$, $A = \left\{ x \,\middle|\, x < -\frac{b}{a} \right\}$ (2) $a < 0$, $A = \left\{ x \,\middle|\, x > -\frac{b}{a} \right\}$

圖 8-3

同理，我們可探討一元一次不等式 $ax + b \leq 0$ 的解集合為

$$A = \left\{ x \,\middle|\, x \leq -\frac{b}{a} \right\}, \text{ 當 } a > 0$$

或
$$A = \left\{ x \,\middle|\, x \geq -\frac{b}{a} \right\}, \text{ 當 } a < 0$$

例題 1 解不等式 $2(x+1) + \dfrac{x-2}{3} > \dfrac{7}{2}x - 1$.

解 兩邊乘以 6，可得
$$12(x+1) + 2(x-2) > 21x - 6$$
$$14x + 8 > 21x - 6$$

移項整理，
$$-7x > -14$$
$$x < 2$$

故解集合為 $A = \{x \,|\, x < 2\}$，圖形如圖 8-4 所示.

圖 8-4

例題 2 解 $|3x-1| < x+2$，並作其圖形.

解 若 $3x-1 \geq 0$，則 $x \geq \dfrac{1}{3}$，可得

$$3x-1 < x+2$$
$$2x < 3$$
$$x < \dfrac{3}{2}$$

故 $\qquad x \in \left[\dfrac{1}{3}, \dfrac{3}{2}\right)$ ……………………………………①

若 $3x-1 < 0$，則 $x < \dfrac{1}{3}$，可得

$$-(3x-1) < x+2$$
$$-4x < 1$$
$$x > -\dfrac{1}{4}$$

故 $\qquad x \in \left(-\dfrac{1}{4}, \dfrac{1}{3}\right)$ ……………………………………②

由 ① 與 ② 之聯集得原不等式的解集合為 $x \in \left(-\dfrac{1}{4}, \dfrac{3}{2}\right)$，如圖 8-5 所示.

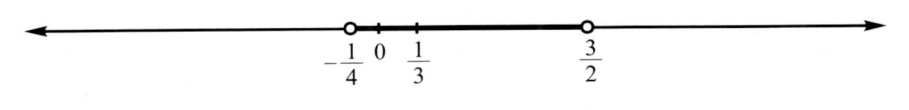

圖 8-5

例題 3 求解 $5 \leq |2x-1| + |x+3| < 8$.

解 分成 $x \geq \dfrac{1}{2}$，$-3 < x < \dfrac{1}{2}$，$x \leq -3$ 等三個情形討論：

(a) 當 $x \geq \dfrac{1}{2}$ 時，

$$5 \le |2x-1| + |x+3| < 8$$
$$\Rightarrow 5 \le (2x-1)+(x+3) < 8 \Rightarrow 5 \le 3x+2 < 8 \Rightarrow 3 \le 3x < 6$$
$$\Rightarrow 1 \le x < 2$$

但 $x \ge \dfrac{1}{2}$，故 $1 \le x < 2$．

(b) 當 $-3 < x < \dfrac{1}{2}$ 時，

$$5 \le |2x-1| + |x+3| < 8$$
$$\Rightarrow 5 \le (1-2x)+(x+3) < 8 \Rightarrow 5 \le -x+4 < 8$$
$$\Rightarrow 1 \le -x < 4 \Rightarrow -4 < x \le -1$$

但 $-3 < x < \dfrac{1}{2}$，故 $-3 < x \le -1$．

(c) 當 $x \le -3$ 時，

$$5 \le |2x-1| + |x+3| < 8$$
$$\Rightarrow 5 \le (1-2x)-(x+3) < 8 \Rightarrow 5 \le -2-3x < 8$$
$$\Rightarrow 7 \le -3x < 10 \Rightarrow -\dfrac{10}{3} < x \le -\dfrac{7}{3}$$

但 $x \le -3$，故 $-\dfrac{10}{3} < x \le -3$．

由 (a)、(b)、(c) 可得 $1 \le x < 2$ 或 $-\dfrac{10}{3} < x \le -1$．

隨堂練習 1 ✎ 求解 $x^2+x \ge |3x+3|$．

答案：$x \le -3$ 或 $x = -1$ 或 $x \ge 3$．

習題 8-2

試解下列各不等式．

1. $2x-11 > 5-3x$

2. $\dfrac{2}{3}(x+3) < \dfrac{4}{5}(2x+5)$

3. $\dfrac{1}{3}(x-6)+5 < \dfrac{1}{4}(2-3x)$

4. $|x+2| > \dfrac{3x+14}{5}$

5. $3(x+5)-\dfrac{2}{3} \geq 2x-\dfrac{3}{2}$

6. $\dfrac{5x+7}{5}-\dfrac{x+7}{5} > \dfrac{3x+2}{3}-\dfrac{2}{7}x$

7. $|2x-1|+|x-5|-|x-7|=15$

8. $x^2+x \geq |3x+3|$

▶▶ 8-3 一元二次不等式

我們在第二章與第五章中已分別介紹過一元二次方程式與二次函數. 現在我們要來討論如何解一元二次不等式.

設 a、b、c 均為實數，且 $a \neq 0$，則形如

$$ax^2+bx+c > 0$$
$$ax^2+bx+c \geq 0$$
$$ax^2+bx+c < 0$$
$$ax^2+bx+c \leq 0$$

的式子，稱為一元二次不等式.

若 α 為一實數，以 $x=\alpha$ 代入 x 的二次不等式中，能使不等式成立，則實數 α 稱為此二次不等式的一解；一元二次不等式有解時，常有無限多個解，不能一一列舉，於是所有這些解所成的集合，稱為一元二次不等式的解集合.

例題 1 解不等式 $x^2-7x+12 > 0$.

解 由原不等式可得

$$(x-3)(x-4) > 0$$

將 $x-3$ 與 $x-4$ 看作兩個數，其乘積大於 0，必定兩數均大於 0，或兩數均小於 0. 再利用下表討論上式的解：

x 的範圍	$x<3$	$3<x<4$	$4<x$
$x-3$	$-$	$+$	$+$
$x-4$	$-$	$-$	$+$
$(x-3)(x-4)$	$+$	$-$	$+$

故此不等式的解為 $x<3$ 或 $x>4$，或

$$x \in (-\infty, 3) \cup (4, \infty)$$

以圖形表示即得圖 8-6 中的粗線部分，但不含端點.

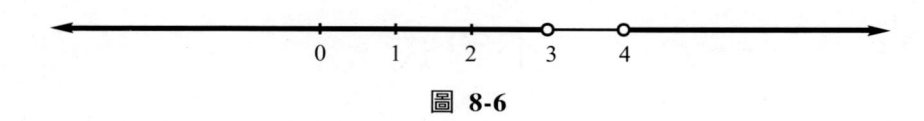

圖 8-6

例題 2 解 $x^2-2x-3<0$.

解 由原不等式可得

$$(x+1)(x-3)<0$$

將 $x+1$ 與 $x-3$ 看作兩個數，它們的乘積小於 0，則它們必定為異號. 再利用下表討論上式的解：

x 的範圍	$x<-1$	$-1<x<3$	$3<x$
$x+1$	$-$	$+$	$+$
$x-3$	$-$	$-$	$+$
$(x+1)(x-3)$	$+$	$-$	$+$

故此不等式的解為 $-1<x<3$，或 $x \in (-1, 3)$.

若以圖形表示，則為圖 8-7 中的粗線部分，但不含端點.

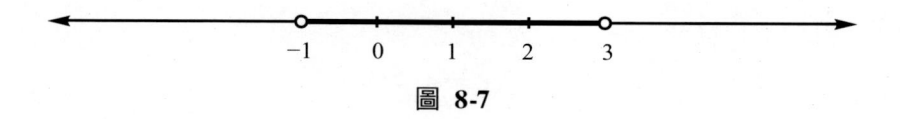

圖 8-7

隨堂練習 2 解一元二次不等式 $2x^2+x-3<0$.

答案：$x \in \left(-\dfrac{3}{2},\ 1\right)$.

一元二次不等式的解與二次函數有密切的關係，設 $f(x) = ax^2 + bx + c\ (a > 0)$，其圖形為開口向上且最低點為 $\left(-\dfrac{b}{2a},\ f\left(-\dfrac{b}{2a}\right)\right)$ 的拋物線，其中 $f\left(-\dfrac{b}{2a}\right) = \dfrac{4ac - b^2}{4a}$.

設 $a \neq 0$，

$$f(x) = ax^2 + bx + c = 0 \Leftrightarrow f(x) = a\left(x + \dfrac{b}{2a}\right)^2 + \dfrac{4ac - b^2}{4a} = 0$$

$$\Leftrightarrow f(x) = a\left(x + \dfrac{b}{2a}\right)^2 - \dfrac{b^2 - 4ac}{4a} = 0$$

$$\Leftrightarrow a\left(x + \dfrac{b}{2a}\right)^2 = \dfrac{b^2 - 4ac}{4a} \Leftrightarrow x + \dfrac{b}{2a} = \pm\sqrt{\dfrac{b^2 - 4ac}{4a^2}}$$

$$\Leftrightarrow x = -\dfrac{b}{2a} \pm \dfrac{\sqrt{b^2 - 4ac}}{2a}$$

$$\Leftrightarrow x = \dfrac{-b \pm \sqrt{\Delta}}{2a} \tag{8-3-1}$$

故二次方程式 $f(x) = ax^2 + bx + c = 0$ 的二根分別為 $\alpha = \dfrac{-b + \sqrt{\Delta}}{2a}$ 與 $\beta = \dfrac{-b - \sqrt{\Delta}}{2a}$.

現就 $\Delta > 0$、$\Delta = 0$ 與 $\Delta < 0$ 分別討論一元二次不等式的解.

1. 設 $a > 0$，$\Delta > 0$. $f(x) = ax^2 + bx + c = a(x - \alpha)(x - \beta) > 0 \Leftrightarrow (x - \alpha)(x - \beta) > 0 \Leftrightarrow x < \alpha$ 或 $x > \beta$ (設 $\alpha < \beta$). 由圖 8-8 所示，亦可得知，$ax^2 + bx + c \geq 0 \Leftrightarrow x \leq \alpha$ 或 $x \geq \beta$ (設 $\alpha < \beta$)，又知 $ax^2 + bx + c \leq 0 \Leftrightarrow \alpha \leq x \leq \beta$.

2. 設 $a > 0$，$\Delta = 0$. $f(x) = ax^2 + bx + c = a(x - \alpha)^2 > 0 \Leftrightarrow (x - \alpha)^2 > 0 \Leftrightarrow x \in \mathbb{R}$ 且 $x \neq \alpha$. 由圖 8-9 所示，亦可得知，$ax^2 + bx + c > 0 \Leftrightarrow x \in \mathbb{R}$ 且 $x \neq \alpha$.
   又，$f(x) = ax^2 + bx + c < 0$ 在 $a > 0$，$\Delta = 0$ 時，可化為

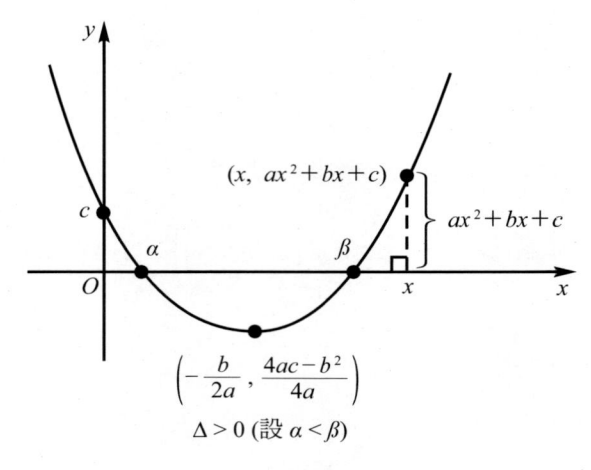

圖 8-8

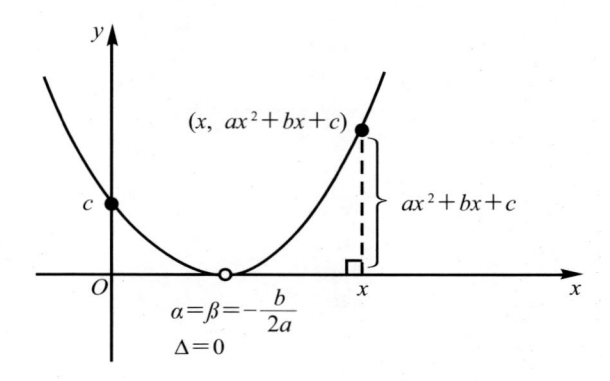

$\Delta > 0$（設 $\alpha < \beta$）

圖 8-9

$\alpha = \beta = -\dfrac{b}{2a}$
$\Delta = 0$

$$f(x) = a\left(x + \dfrac{b}{2a}\right)^2 < 0 \tag{8-3-2}$$

但當 $a > 0$ 時，$a\left(x + \dfrac{b}{2a}\right)^2 \geq 0$，因此無法找到實數 x 滿足式 (8-3-2)，故當 $a > 0$，$\Delta = 0$ 時，不等式 $ax^2 + bx + c < 0$ 無解。

3. 設 $a > 0$，$\Delta < 0$。$f(x) = ax^2 + bx + c > 0$ 可化為

$$f(x) = a\left(x + \dfrac{b}{2a}\right)^2 + \dfrac{4ac - b^2}{4a} \geq \dfrac{4ac - b^2}{4a} > 0$$

因此，$f(x) = ax^2 + bx + c > 0 \Leftrightarrow x \in \mathbb{R}$。由圖 8-10 所示，亦可得知，$ax^2 + bx + c > 0$

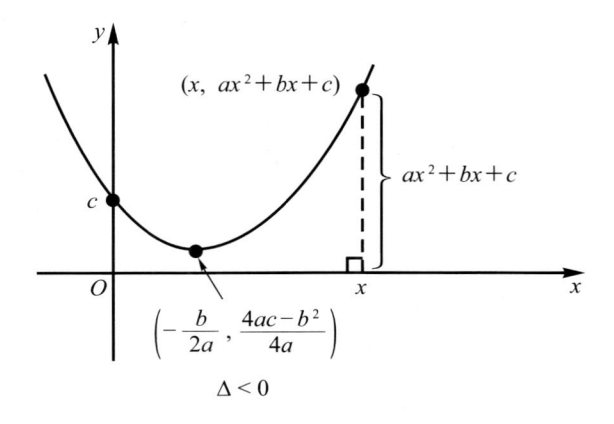

圖 8-10

⇔ $x \in \mathbb{R}$.

又, $f(x) = ax^2 + bx + c < 0$ 可化為

$$f(x) = a\left(x + \frac{b}{2a}\right)^2 - \frac{b^2 - 4ac}{4a} < 0 \qquad (8\text{-}3\text{-}3)$$

若 $a > 0$, $\Delta < 0$, 則式 (8-3-3) 不等號的左邊恆大於 0, 故找不到實數 x 滿足式 (8-3-3), 此時不等式 $ax^2 + bx + c < 0$ 無解.

綜合以上所論, 二次不等式的解法如下:

設 $a > 0$. 將不等式化為標準式:

$$ax^2 + bx + c > 0 \quad \cdots\cdots ①$$

或

$$ax^2 + bx + c < 0 \quad \cdots\cdots ②$$

1. 若上式可分解因式, 則將不等式變為:

$$a(x - \alpha)(x - \beta) > 0 \quad \cdots\cdots ①'$$

或

$$a(x - \alpha)(x - \beta) < 0 \quad \cdots\cdots ②'$$

(此處設 $\alpha < \beta$)

可得 ① 式的解為 $x < \alpha$ 或 $x > \beta$, ② 式的解為 $\alpha < x < \beta$.

2. 若上式不會（或不能）分解因式，則當 $\Delta > 0$ 時，先求出 $ax^2+bx+c=0$ 的二根 α、β $(\alpha<\beta)$，可得 ① 式的解為 $x<\alpha$ 或 $x>\beta$，② 式的解為 $\alpha<x<\beta$.

例題 3 試解下列各一元二次不等式，並作解集合之圖形．

(1) $x^2-5x+6 \geq 0$ (2) $3x^2-10x+3 \leq 0$

(3) $-2x^2+8x-8 < 0$ (4) $-8+x-4x^2 > 0$

(5) $x^2-x+1 > 0$

解 (1) $\Delta = b^2-4ac = (-5)^2-4\cdot 1\cdot 6 = 25-24 = 1 > 0$
故方程式 $x^2-5x+6=0$ 有兩相異實根．

$$x^2-5x+6 \geq 0 \Leftrightarrow (x-2)(x-3) \geq 0 \Leftrightarrow x \leq 2 \text{ 或 } x \geq 3.$$

此不等式的解集合為 $x \in (-\infty, 2] \cup [3, \infty)$，如圖 8-11 所示．

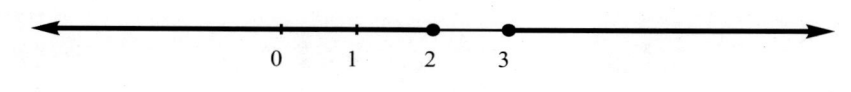

圖 8-11

(2) $\Delta = b^2-4ac = (-10)^2-4\cdot 3\cdot 3 = 64 > 0$
故方程式 $3x^2-10x+3=0$ 有兩相異實根．

$$3x^2-10x+3 \leq 0 \Leftrightarrow 3(x-3)\left(x-\frac{1}{3}\right) \leq 0 \Leftrightarrow 3\left(x-\frac{1}{3}\right)(x-3) \leq 0$$

$\Leftrightarrow \dfrac{1}{3} \leq x \leq 3$．此不等式的解集合為 $x \in \left[\dfrac{1}{3}, 3\right]$，如圖 8-12 所示．

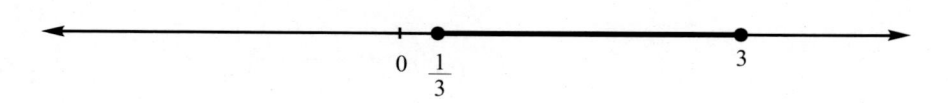

圖 8-12

(3) $-2x^2+8x-8<0 \Leftrightarrow x^2-4x+4>0 \Leftrightarrow (x-2)^2>0 \Leftrightarrow x\in\mathbb{R}, x\neq 2$. 此不等式的解集合為 $\{x|x\neq 2\}$，如圖 8-13 所示．(注意：本題 $\Delta=0$．)

圖 8-13

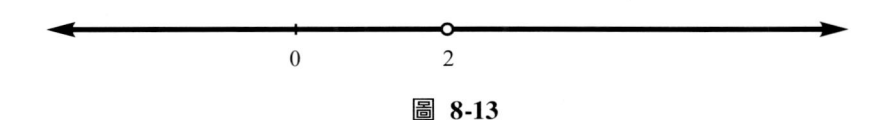

(4) 原式變為 $4x^2-x+8<0$．因 $4x^2-x+8=4\left(x-\dfrac{1}{8}\right)^2+\dfrac{127}{16}>0 \ \forall x\in R$ 恆成立，故 $4x^2-x+8<0$ 無解．

(5) $x^2-x+1=\left(x-\dfrac{1}{2}\right)^2+\dfrac{3}{4}>0 \ \forall x$ 恆成立，即 $x^2-x+1>0$ 的解為任意實數．

隨堂練習 3 解不等式組 $\begin{cases} x^2+2x-3<0 \\ 2x^2-7x-4\geq 0 \end{cases}$．

答案：$x\in\left(-3, -\dfrac{1}{2}\right]$．

例題 4 設 x 的二次方程式 $x^2+2mx+3m^2+2m-4=0$ (m 為實數) 有兩實數根，求 m 的範圍．

解 原方程式有兩實根 $\Rightarrow \Delta=b^2-4ac=(2m)^2-4\cdot 1\cdot(3m^2+2m-4)\geq 0$
$\Rightarrow m^2+m-2\leq 0 \Rightarrow (m+2)(m-1)\leq 0$

故 $-2\leq m\leq 1$．

例題 5 試決定 k 的值使方程式

$$2x^2+(k-9)x+(k^2+3k+4)=0$$

有 (1) 等根；(2) 相異的實根；(3) 共軛複數根．

解 判別式 $\Delta=(k-9)^2-4\times 2\times(k^2+3k+4)$
$=-7(k-1)(k+7)$

(1) $\Delta=0$、$k=1$ 或 $k=-7$，方程式有兩等根；

(2) $\Delta > 0$，即 $-7 < k < 1$，方程式有兩相異實根；

(3) $\Delta < 0$，即 $k < -7$，或 $k > 1$，方程式有兩共軛複數根．

習題 8-3

1. 解下列各一元二次不等式．
   (1) $x^2 + 2x + 2 > 0$
   (2) $x^2 + x + 1 < 0$
   (3) $16x^2 - 22x - 3 \leq 0$
   (4) $x^2 + 4x + 4 > 0$
   (5) $(x-1)(x-4) < x - 5$
   (6) $9x^2 - 12x + 4 \leq 0$
   (7) $x^2 - 2x + 5 > 0$
   (8) $2\sqrt{3}\,x - 3x^2 - 1 < 0$

2. 設二次方程式 $ax^2 + (a-3)x + a = 0$ 有實根，試求實數 a 的範圍．

3. 設 k 為實數，且不論 x 為任何實數，$x^2 + 2(k-5)x + 2(3k-19)$ 的值恆為正數，試求 k 的範圍．

4. 解不等式 $|x-2| < |3x-4|$．

5. 解不等式 $\begin{cases} x^2 - 2x - 8 < 0 \\ x^2 - x - 2 > 0 \end{cases}$．

▶▶ 8-4　其他一元不等式的解法

一、一元高次不等式的解法

一元高次不等式可由高次方程式所表示曲線之 y-坐標的正負值求得其解．就不等式 $(x-\alpha_1)(x-\alpha_2)\cdots(x-\alpha_n) > 0$ (或 < 0)，此處 $\alpha_1 < \alpha_2 < \cdots < \alpha_n$，曲線方程式 $y = (x-\alpha_1)(x-\alpha_2)\cdots(x-\alpha_n)$ 與 x-軸交於 $x = \alpha_1, \alpha_2, \cdots, \alpha_n$．在數線上依順序標以 $\alpha_1, \alpha_2, \cdots, \alpha_n$，自右至左依序 $+, -, +, \cdots$，見圖 8-14．

圖 8-14

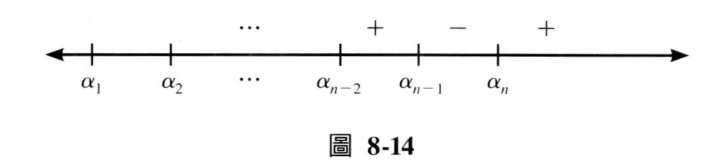

1. 若 $y > 0$，則不等式的解取"＋"的範圍.
2. 若 $y < 0$，則不等式的解取"－"的範圍.

例題 1 解不等式 $x^3 - 4x^2 - x + 4 > 0$.

解 $x^3 - 4x^2 - x + 4 = (x-4)(x-1)(x+1) > 0$，如圖 8-15 所示.
故 $-1 < x < 1$ 或 $x > 4$.

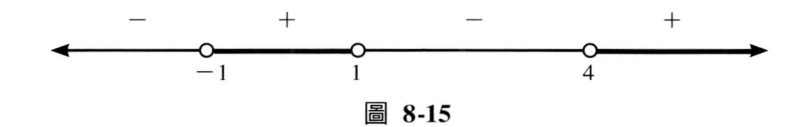

圖 8-15

註：當不等式含有一次式的偶次方時，一般先將該一次式的偶次方全部除去，因為它不會影響不等號，待範圍求出後，再將會使該一次式等於零的值代入檢驗，看一看是否適合.

例題 2 解 $(x-1)^2(x+1)^3(x-4)(x+3) < 0$.

解 $(x-1)^2(x+1)^3(x-4)(x+3) < 0 \Leftrightarrow (x+1)^3(x-4)(x+3) < 0$，如圖 8-16 所示.
故 $x < -3$ 或 $-1 < x < 4$，但 $x \neq 1$.

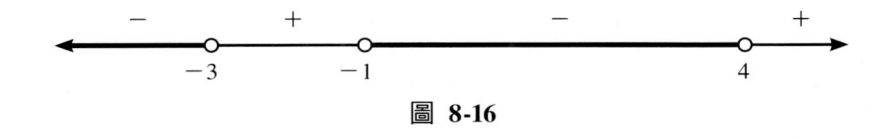

圖 8-16

隨堂練習 4 解 $x^3(x^2-1)(x^3-1)(x+2) < 0$.
答案：$x < -2$ 或 $-1 < x < 0$.

二、分式不等式的解法

凡形如 $\dfrac{f(x)}{g(x)}$ 的式子稱為分式,而 $\dfrac{f(x)}{g(x)} > 0$ 與 $\dfrac{f(x)}{g(x)} < 0$ 均稱為分式不等式. 因 $\dfrac{f(x)}{g(x)} > 0$ 與 $f(x)g(x) > 0$ 同義 $\left(\text{即, } \dfrac{f(x)}{g(x)} > 0 \Leftrightarrow f(x)g(x) > 0\right)$, $\dfrac{f(x)}{g(x)} < 0$ 與 $f(x)g(x) < 0$ 同義 $\left(\text{即, } \dfrac{f(x)}{g(x)} < 0 \Leftrightarrow f(x)g(x) < 0\right)$,故一般都是去分母再求解.

例題 3 解不等式 $x + 2 \geq \dfrac{4}{x-1}$.

解 $x + 2 \geq \dfrac{4}{x-1} \Rightarrow x + 2 - \dfrac{4}{x-1} \geq 0 \Rightarrow \dfrac{(x+2)(x-1)-4}{x-1} \geq 0$

$\Rightarrow \dfrac{x^2+x-6}{x-1} \geq 0 \Rightarrow \dfrac{(x+3)(x-2)}{x-1} \geq 0$

因而 $(x+3)(x-2)(x-1) \geq 0$,但 $x \neq 1$.

故 $x \in [-3, 1)$ 或 $x \in [2, \infty)$,如圖 8-17 所示.

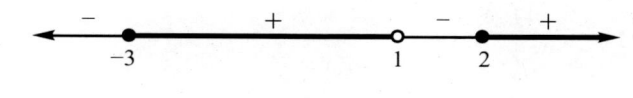

圖 8-17

例題 4 解不等式 $\dfrac{x^2-3x+2}{x^2-2x-3} < 0$.

解 $\dfrac{x^2-3x+2}{x^2-2x-3} < 0 \Rightarrow \dfrac{(x-1)(x-2)}{(x-3)(x+1)} < 0$

$\Rightarrow (x-1)(x-2)(x-3)(x+1) < 0$

故 $x \in (-1, 1)$ 或 $x \in (2, 3)$,如圖 8-18 所示.

圖 8-18

例題 5 解 $\dfrac{3x^2+5x-2}{(x-1)(x^2+x+3)} \leq 0$.

解 $\dfrac{3x^2+5x-2}{(x-1)(x^2+x+3)} \leq 0 \Rightarrow (3x^2+5x-2)(x-1)(x^2+x+3) \leq 0$,

但 $(x-1)(x^2+x+3) \neq 0$.

因 $3x^2+5x-2 = (3x-1)(x+2)$, $x^2+x+3 = \left(x+\dfrac{1}{2}\right)^2 + \dfrac{11}{4} > 0$,

故 $(3x^2+5x-2)(x-1)(x^2+x+3) \leq 0$ 可化成

$$(3x-1)(x+2)(x-1) \leq 0, \text{ 但 } x \neq 1.$$

故 $x \in (-\infty, -2]$ 或 $x \in \left[\dfrac{1}{3}, 1\right)$, 如圖 8-19 所示.

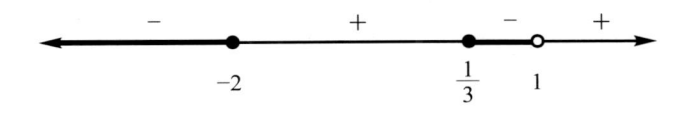

圖 8-19

註：$\dfrac{f(x)}{g(x)} \leq 0 \Leftrightarrow f(x)g(x) \leq 0$ 且 $g(x) \neq 0$.

隨堂練習 5 解 $\dfrac{4x^2+12x-3}{3x^2+11x-4} < 1$.

答案：$-4 < x < \dfrac{1}{3}$.

三、無理不等式的解法

1. $\sqrt{f(x)} > \sqrt{g(x)}$ 的解法：求 $\begin{cases} f(x) \geq 0 \\ g(x) \geq 0 \\ f(x) > g(x) \end{cases}$ 的解集合．

2. $\sqrt{f(x)} > g(x)$ 的解法：(1) $\begin{cases} f(x) \geq 0 \\ g(x) < 0 \end{cases}$, (2) $\begin{cases} f(x) \geq 0 \\ g(x) \geq 0 \\ f(x) > [g(x)]^2 \end{cases}$

    (1) 與 (2) 合併起來，即得 x 的範圍．

3. $\sqrt{f(x)} < g(x)$ 的解法：求 $\begin{cases} f(x) \geq 0 \\ g(x) > 0 \\ f(x) < [g(x)]^2 \end{cases}$ 的解集合．

例題 6 解不等式 $\sqrt{3x-4} > \sqrt{x-3}$．

解 因為根式必須有意義，所以先解不等式組

$$\begin{cases} 3x-4 \geq 0 \\ x-3 \geq 0 \end{cases}$$

解得 $x \geq 3$．

另一方面，原不等式兩邊平方，可得

$$3x-4 > x-3$$

解得 $x > \dfrac{1}{2}$，故原不等式的解為 $x \geq 3$．

例題 7 解不等式 $\sqrt{1+x} > x-2$．

解 (1) $\begin{cases} 1+x \geq 0 \\ x-2 < 0 \end{cases} \Rightarrow \begin{cases} x \geq -1 \\ x < 1 \end{cases} \Rightarrow -1 \leq x < 2$

(2) $\begin{cases} 1+x \geq 0 \\ x-2 \geq 0 \\ 1+x \geq (x-2)^2 \end{cases} \Rightarrow \begin{cases} x \geq -1 \\ x \geq 2 \\ x^2-5x+3 \leq 0 \end{cases}$

$\Rightarrow \begin{cases} x \geq -1 \\ x \geq 2 \\ \dfrac{5-\sqrt{13}}{2} \leq x \leq \dfrac{5+\sqrt{13}}{2} \end{cases} \Rightarrow 2 \leq x \leq \dfrac{5+\sqrt{13}}{2}$

故 (1) 與 (2) 合併起來，可得 $-1 \leq x \leq \dfrac{5+\sqrt{13}}{2}$.

隨堂練習 6　解不等式 $\sqrt{x^2-5x+4} < x+3$.

答案：$x \in \left(-\dfrac{5}{11},\ 1\right] \cup [4,\ \infty)$.

習題 8-4

試解下列各不等式.

1. $(x^2+x)^2 - 14(x^2+x) + 24 < 0$

2. $\dfrac{2x-3}{x^2} > \dfrac{1}{6-x}$

3. $\dfrac{2x-1}{x+2} < 1 \leq \dfrac{2x+1}{x}$

4. $x > 3\sqrt{x-2}$

5. $2\sqrt{9+x} - 6 > \sqrt{x}$

6. $\sqrt{x^2-5x-6} > x-7$

8-5 二元一次不等式

所謂二元（含有兩個未知數）一次不等式即為下列的不等式：

$$ax+by+c<0 \ (\leq 0 \text{、} >0 \text{ 或 } \geq 0), \ a^2+b^2 \neq 0 \tag{8-5-1}$$

求式 (8-5-1) 的解以圖解方式為宜．就 xy-平面上的點 (x_0, y_0)，若以 $x=x_0$ 及 $y=y_0$ 代入式 (8-5-1) 能使不等式 (8-5-1) 成立，則稱點 (x_0, y_0) 為式 (8-5-1) 的解．所有滿足式 (8-5-1) 的解所成的集合稱為不等式 (8-1) 的解集合．

在 xy-平面上，直線 L 的方程式為 $ax+by+c=0$，它將坐標平面分割成三部分：

$$\Gamma_+ = \{(x, y) \mid ax+by+c > 0\}$$
$$\Gamma_- = \{(x, y) \mid ax+by+c < 0\}$$
$$L = \{(x, y) \mid ax+by+c = 0\}$$

茲將它們圖形的位置，詳述如下：

1. 當 $b>0$ 時，$L: y=-\dfrac{a}{b}x-\dfrac{c}{b}$，此時不等式 $ax+by+c>0$ 或 $y>-\dfrac{a}{b}x-\dfrac{c}{b}$ 的圖形表示 L 的上側部分．同理，當 $b>0$，則 $ax+by+c<0$ 或 $y<-\dfrac{a}{b}x-\dfrac{c}{b}$ 表示 L 的下側部分．

2. 當 $b=0$ 時，$L: x=-\dfrac{c}{a}$ $(a \neq 0)$，此時不等式 $x>-\dfrac{c}{a}$ 與 $x<-\dfrac{c}{a}$ 的圖形分別表示 L 的右方部分與左方部分．

3. 當 $a=0$ 時，$L: y=-\dfrac{c}{b}$ $(b \neq 0)$，此時不等式 $y>-\dfrac{c}{b}$ 與 $y<-\dfrac{c}{b}$ 的圖形分別表示 L 的上方部分與下方部分．

欲判斷不等式 $ax+by+c>0$ 或 $ax+by+c<0$ 所表示的區域是在直線 $ax+by+c=0$ 的哪一側，通常可用某一側的一固定點的坐標代入 $ax+by+c$：

1. 若其值大於 0，則該側的區域就是由 $ax+by+c>0$ 所確定.
2. 若其值小於 0，則該側的區域就是由 $ax+by+c<0$ 所確定.

註：當不等式為 ≥ 或 ≤ 型時，其圖形為半平面且包含直線 $ax+by+c=0$；若不等式為 > 0 或 < 0 型時，其圖形為一半平面但不含直線 $ax+by+c=0$（此時將直線繪成虛線，表示不等式的圖形不含此直線）.

如果已知兩點 $P(x_1, y_1)$、$Q(x_2, y_2)$ 及直線 $L: ax+by+c=0$，我們可有下列的性質：

1. P 與 Q 在 L 的反側 $\Leftrightarrow (ax_1+by_1+c)(ax_2+by_2+c)<0$.
2. P 與 Q 在 L 的同側 $\Leftrightarrow (ax_1+by_1+c)(ax_2+by_2+c)>0$.

例題 1 已知兩點 $A(2, 5)$ 與 $B(4, -1)$. 試判斷 A 與 B 在直線 $L: 2x-y+6=0$ 的同側或反側？

解 以 $A(2, 5)$ 代入方程式等號的左邊，可得 $4-5+6=5>0$. 以 $B(4, -1)$ 代入方程式等號的左邊，可得 $8+1+6=15>0$. A、B 的坐標均使 $2x-y+6>0$，故 A 與 B 在 L 的同側.

例題 2 圖示下列各不等式的解.

(1) $3x-2y+12<0$ (2) $3x+y-5 \geq 0$.

解 (1) 作直線 $3x-2y+12=0$（以虛線表示）. 以原點 $(0, 0)$ 代入 $3x-2y+12$，可得 $0-0+12>0$，故原點不在 $3x-2y+12<0$ 所表示的區域內. 如圖 8-20 所示.

(2) 作直線 $3x+y-5=0$（以實線表示）. 以原點 $(0, 0)$ 代入 $3x+y-5$，可得 $0+0-5<0$，故原點不在 $3x+y-5 \geq 0$ 所表示的區域內. 如圖 8-21 所示.

圖 8-20　　　　　　　　　圖 8-21

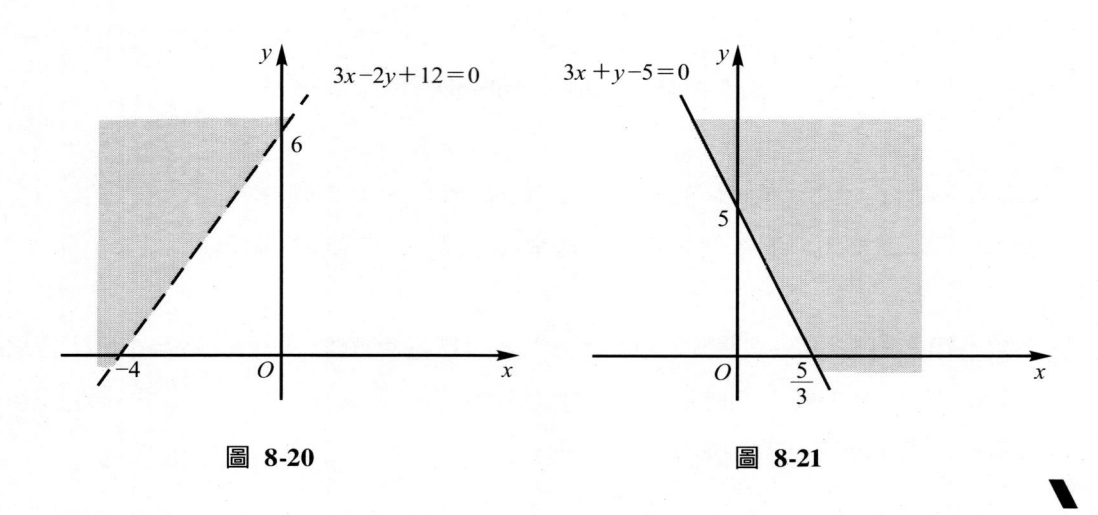

隨堂練習 7　　圖示二元一次不等式 $4x+5y \geq -20$ 之解.

對於聯立不等式而言，其解集合為各個不等式之解集合的交集，見下面例子.

例題 3　圖示下列各聯立不等式的解.

(1) $\begin{cases} x-3y-9 < 0 \\ 2x+3y-6 > 0 \end{cases}$
(2) $\begin{cases} -2x+y \geq 2 \\ x-3y \leq 6 \\ x < 1 \end{cases}$

解　(1) 不等式 $x-3y-9 < 0$ 的解為直線 $x-3y-9=0$ 的左上側，不等式 $2x+3y-6 > 0$ 的解為直線 $2x+3y-6=0$ 的右上側，而兩者的共同部分，就是原聯立不等式的解，如圖 8-22 所示.

(2) $-2x+y \geq 2$ 的解集合為直線 $-2x+y=2$ 的左上側加上直線 $-2x+y=2$ 本身. $x-3y \leq 6$ 的解集合為直線 $x-3y=6$ 的左上側加上直線 $x-3y=6$ 本身. $x < 1$ 的解集合為直線 $x=1$ 的左側. 所求聯立不等式的解集合為上述三個解集合的交集，如圖 8-23 所示.

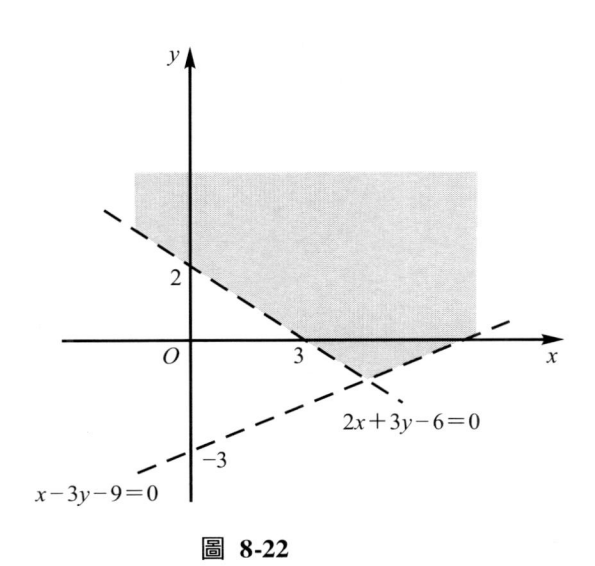

圖 8-22

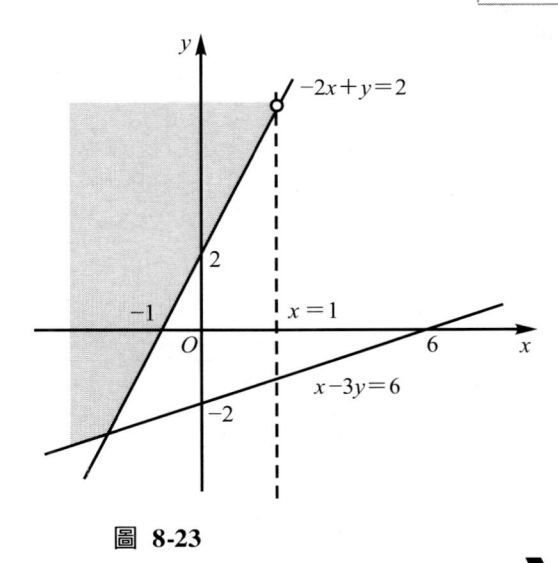

圖 8-23

例題 4 作不等式組 $\begin{cases} 2x+y-2 < 0 \\ x-y > 0 \\ 2x+3y+9 > 0 \end{cases}$ 的圖形.

解 $2x+y-2 < 0$ 的解集合為 $2x+y-2=0$ 的左下側部分，$x-y > 0$ 的解集合為 $x-y=0$ 的右下側部分，$2x+3y+9 > 0$ 的解集合為 $2x+3y+9=0$ 的右上側部分，所以，有顏色部分的圖形即為所求，如圖 8-24 所示.

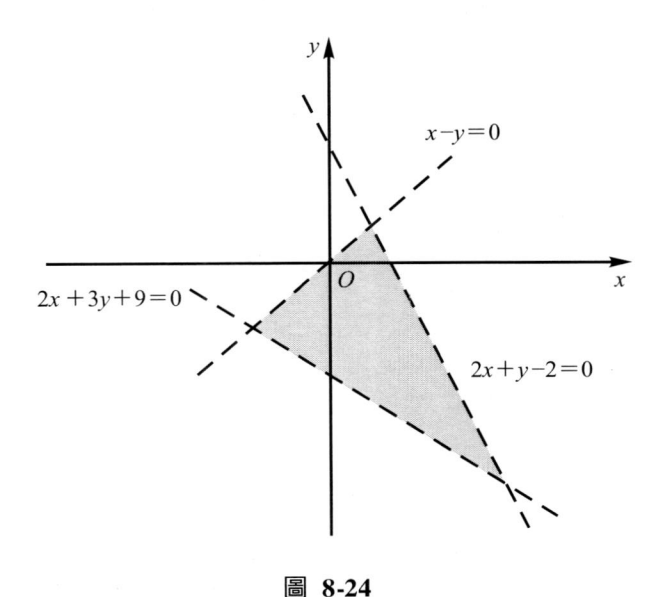

圖 8-24

隨堂練習 8 ✎ 作不等式組 $\begin{cases} 4x-3y \geq 6 \\ x+y \geq 1 \\ 0 \leq x \leq 3 \\ 0 \leq y \leq 2 \end{cases}$ 的圖形.

習題 8-5

1. 已知兩點 $A(-5, 3)$ 與 $B(2, -1)$，試判斷 A 與 B 在直線 $x+3y-1=0$ 的同側或反側？

2. 圖示下列各不等式的解.

    (1) $2x+3y-6 < 0$ (2) $5x+y \geq 1$ (3) $-x+3y+3 \leq 0$

3. 圖示下列各聯立不等式的解.

    (1) $\begin{cases} x+y+1 \geq 0 \\ -x+3y+3 \leq 0 \end{cases}$ (2) $\begin{cases} x+y \leq 5 \\ x-2y \geq 3 \end{cases}$ (3) $\begin{cases} -2x+y \geq 2 \\ x-3y \leq 6 \\ x < -1 \end{cases}$

    (4) $\begin{cases} x-y < 3 \\ x+2y < 0 \\ 2x+y > -6 \end{cases}$ (5) $\begin{cases} x-2y+1 \leq 0 \\ x+y-5 \leq 0 \\ 2x-y-1 \geq 0 \end{cases}$ (6) $\begin{cases} x-y \geq 1 \\ x+y \leq 5 \\ x \leq 4 \\ y \geq 0 \end{cases}$

4. 作下列各不等式的圖形.

    (1) $|2x+3y| \leq 6$ (2) $|x-2y+1| \geq 2$

8-6 二元線性規劃

當我們在做決策時，經常要在有限的資源，如人力、物力及財力等的條件下，做出最適當的決定，以使所做的決策能獲得最佳的利用．譬如，在工廠的生產決策中，我們希望能獲得最大利潤或花費最小成本．線性規劃就是利用數學方法解決此種決策問題的一種簡單而又挺好的工具．所以，線性規劃是一種計量的決策工具，主要是用於研究經濟資源的分配問題，藉以決定如何將有限的經濟資源作最有效的調配與運用，以求發揮資源的最高效能，俾能以最低的代價，獲取最高的效益．因此，如何將一個決策問題轉換成線性規劃問題，以及如何求解線性規劃問題將是一個非常重要的工作．

許多線性規劃問題皆與二元一次聯立不等式有關，而聯立不等式的解答往往相當的多．在 xy-平面上，由某些直線所圍成區域內的每一點 (x, y) 若適合題意，則稱為該問題的**可行解**，而該區域稱為該問題的**可行解區域**．

如果一個應用問題的已知條件可化為一次不等式 (稱為**限制式**)，而且具有最大或最小值的函數 (稱為**目標函數**) 為線性函數 $ax+by+c$，則處理這種應用問題，就稱為**二元線性規劃**．其解法如下：

1. 依題意列出限制式及目標函數．
2. 根據限制式畫出限制區域 (稱為**可行解區域**)．
3. 找出滿足目標函數的最適當解 (稱為**最佳解**)．

今舉實例說明如下．

例題 1 設 $x \geq 0$，$y \geq 0$，$2x+y \leq 8$，$2x+3y \leq 12$，求 $x+y$ 的最大值．

解 原不等式組的可行解區域 (有顏色區域部分) 如圖 8-25 所示．設 $x+y=k$，則直線 $x+y=k$ 與 $x+y=0$ 平行．當 x-截距愈大時，k 值愈大，而由圖可知，直線 $x+y=k$ 通過點 $(3, 2)$ 時，x-截距最大，故 $x=3$，$y=2$ 時，k 有最大值，因而 $k=3+2=5$．

圖 8-25

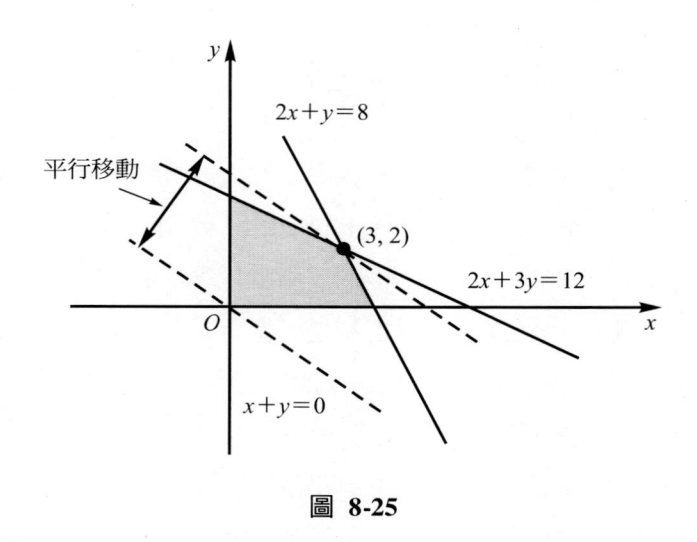

例題 2 某農民有田 40 畝，欲種甲、乙兩種作物，甲作物的成本每畝需 500 元，乙作物的成本每畝需 2000 元，收成後，甲作物每畝獲利 2000 元，乙作物每畝獲利 6000 元，若該農民有資本 50000 元，試問甲、乙兩種作物各種幾畝，才可獲得最大利潤？

解 設甲作物種 x 畝，乙作物種 y 畝，則

$$\begin{cases} x+y \leq 40 \\ 500x+2000y \leq 50000 \\ x \geq 0,\ y \geq 0 \end{cases}$$

即

$$\begin{cases} x+y \leq 40 \\ x+4y \leq 100 \\ x \geq 0,\ y \geq 0 \end{cases}$$

目標函數（最大利潤）為 $P=2000x+6000y=k$。

直線 $2000x+6000y=k$ 與直線 $x+3y=0$ 平行．在斜線區域（可行解區域）內，將直線 $2000x+6000y=k$ 向右平行移動，x-截距愈大時，k 值愈大．由圖 8-26 可知，當直線 $2000x+6000y=k$ 通過點 $(20, 20)$ 時，x-截距最大，故 k 有最大值．因此，甲、乙兩種作物各種 20 畝，可得最大利潤．

圖 8-26

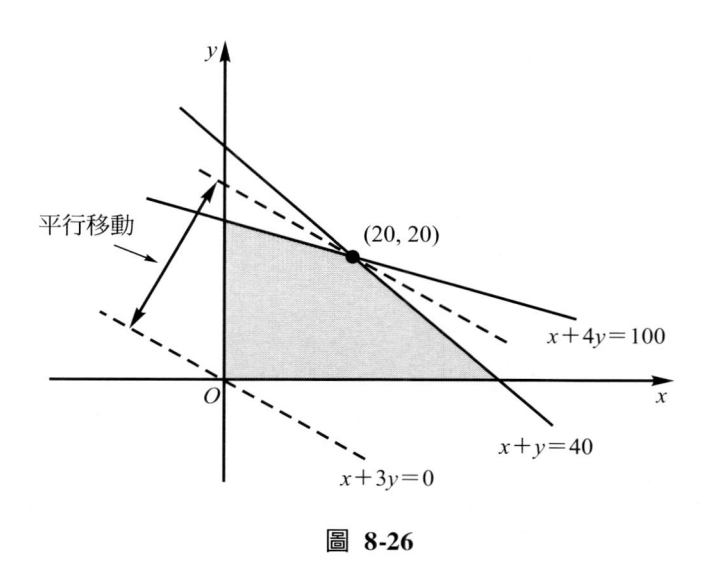

由上面的例題，我們得知求二元線性規劃問題的解時，最佳解均發生在可行解區域的頂點，下面的定理可以告訴我們求最佳解的另一方法.

定理 8-2

設 A 與 B 為 xy-平面上相異兩點，若線性函數 $ax+by+c$ 在 $\overline{AB}$ 上取值，則其最大值及最小值必定發生在 $\overline{AB}$ 的端點 A、B.

定理 8-3

設 S 為一凸多邊形區域，若線性函數 $ax+by+c$ 在 S 上取值，則其最大值及最小值必定發生在 S 的頂點.

證：因 S 為凸多邊形區域，故對於 S 中任一點 P 而言，通過 P 的直線必定與 S 相交於邊上兩點 A、B. 如圖 8-27 所示. 依定理 8-2 知，線性函數 $ax+by+c$ 在 $\overline{AB}$ 上取值時，其最大值及最小值必定發生在 A、B 上. 但對於 A、B 所在的邊 $\overline{A_iA_{i+1}}$ 及 $\overline{A_kA_{k+1}}$ 而言，A、B 不會是發生最大值及最小值的點，除非 A、B 本身是頂點或最大值及最小值發生在 S 的整個邊 $\overline{A_iA_{i+1}}$ 及 $\overline{A_kA_{k+1}}$ 上. 所以，最

A_{i+1}　A　A_i

P

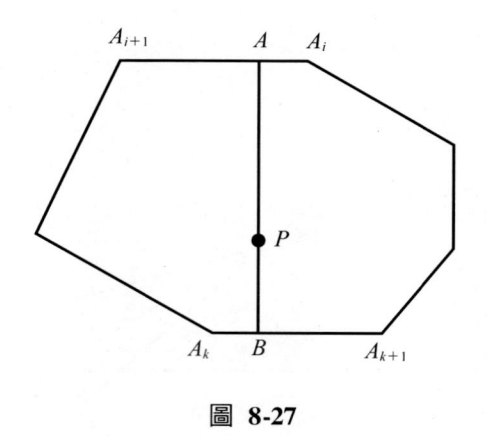

A_k　B　A_{k+1}

圖 8-27

大值及最小值必定發生在頂點.

故由定理 8-3 知，最佳解發生在頂點，故將可行解區域的頂點代入目標函數比較結果，就可得到最佳解.

註：若將一多邊形的任一邊延長為直線，除了此邊上兩頂點外，其他頂點均在此直線的同側，則稱該多邊形為凸多邊形.

例題 3 在 $x \geq 0$, $y \geq 0$, $x+2y-2 \leq 0$, $2x+y-2 \leq 0$ 的條件下，求

(1) $5x+y$ 的最大值與最小值.
(2) $x+5y$ 的最大值與最小值.
(3) x^2+y^2 的最大值與最小值.

解 可行解區域 $x \geq 0$, $y \geq 0$, $x+2y-2 \leq 0$, $2x+y-2 \leq 0$ 的圖形如圖 8-28 所示.

(1)

(x, y)	$5x+y$	
$(0, 0)$	0	← 最小
$(1, 0)$	5	← 最大
$\left(\dfrac{2}{3}, \dfrac{2}{3}\right)$	4	
$(0, 1)$	1	

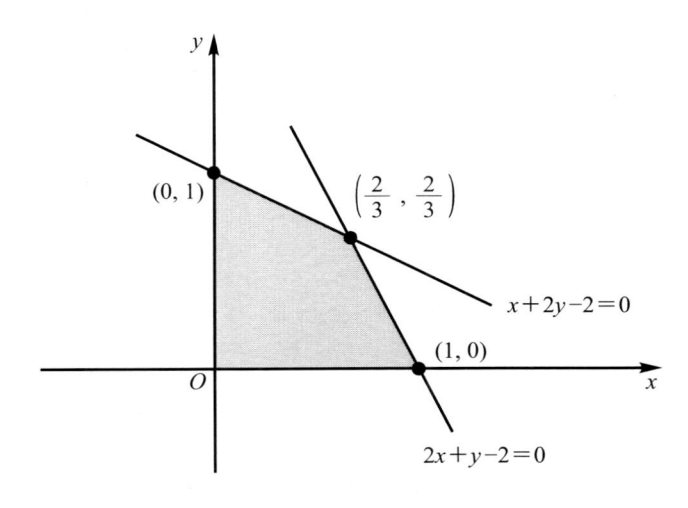

圖 8-28

故 $5x+y$ 的最大值為 5，最小值為 0.

(2)

(x, y)	$x+5y$	
$(0, 0)$	0	← 最小
$(1, 0)$	0	
$\left(\dfrac{2}{3}, \dfrac{2}{3}\right)$	4	
$(0, 1)$	5	← 最大

故 $x+5y$ 的最大值為 5，最小值為 0.

(3) 對於可行解區域內的任一點 $P(x, y)$，可得 $\overline{OP}^2 = x^2+y^2$，所以欲求 x^2+y^2 的最大值與最小值，就是相當於求 $\overline{OP}$ 的最大值與最小值. 今以原點 O 為圓心，當半徑漸漸增加時，可發現圓弧通過點 $(1, 0)$、$\left(\dfrac{2}{3}, \dfrac{2}{3}\right)$ 或 $(0, 1)$ 時，$\overline{OP}$ 的值會最大. 在 $(x, y)=(0, 0)$ 時，$\overline{OP}$ 為最小，即 x^2+y^2 有最小值 0；在 $(x, y)=(0, 1)$ 或 $(1, 0)$ 時，$\overline{OP}$ 為最大，即 x^2+y^2 有最大值 1.

例題 4 在 $2x-3y+4 \geq 0$，$3x+4y-11 \geq 0$，$5x+y-24 \leq 0$ 的條件下，求

(1) $\dfrac{y}{x}$ 的最大值與最小值，　　(2) $\dfrac{x+1}{y+2}$ 的最大值與最小值．

解 (1) 令 $\dfrac{y}{x}=k$，則 $L：y=kx$ 表示通過原點且斜率為 k 的直線，如圖 8-29 所示．當 L 通過點 $(1，2)$ 時，$k=2$；L 通過點 $(5，-1)$ 時，$k=-\dfrac{1}{5}$，因 $-\dfrac{1}{5} \le k \le 2$，故 $\dfrac{y}{x}$ 的最大值為 2，最小值為 $-\dfrac{1}{5}$．

(2) 令 $\dfrac{x+1}{y+2}=k$，則 $L：x+1-k(y+2)=0$ 表示通過點 $(-1，-2)$ 且斜率為 $\dfrac{1}{k}$（或無斜率）的直線，如圖 8-30 所示．當 L 通過點 $(1，2)$ 時，$\dfrac{1}{k}=2$；L 通過點 $(5，-1)$ 時，$\dfrac{1}{k}=\dfrac{1}{6}$，因 $\dfrac{1}{6} \le \dfrac{1}{k} \le 2$，可得 $\dfrac{1}{2} \le k \le 6$，故 $\dfrac{x+1}{y+2}$ 的最大值為 6，最小值為 $\dfrac{1}{2}$．

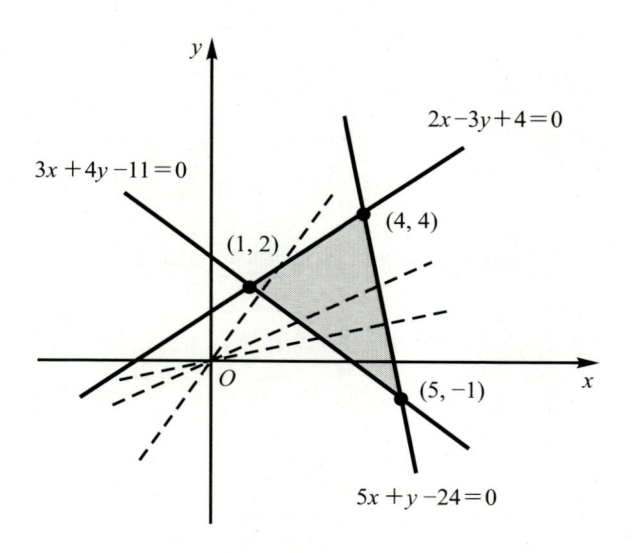

圖 8-29

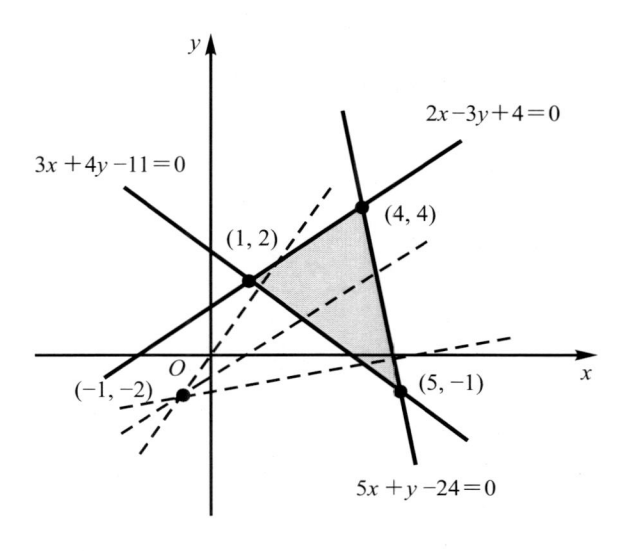

圖 8-30

隨堂練習 9 利用圖解法求下列線性規劃問題的最大值及最佳解．

目標函數： $f(x, y) = 2x + 3y$

受限制條件： $\begin{cases} 2x + 2y \leq 8 \\ x + 2y \leq 5 \\ x \geq 0 \\ 0 \leq y \leq 2 \end{cases}$

答案：目標函數之最大值為 9，最佳解為 (3, 1)．

例題 5 某工廠生產甲、乙兩種產品，已知甲產品每噸需用 9 噸的煤、4 瓩的電、3 個工作日 (一個工人工作一天等於 1 個工作日)；乙產品每噸需用 4 噸的煤、5 瓩的電、10 個工作日．又知甲產品每噸可獲利 7 萬元，乙產品每噸可獲利 12 萬元，且每天供煤最多 360 噸，用電最多 200 瓩，勞動人數最多 300 人．試問每天生產甲、乙兩種產品各多少噸，才能獲利最高？又最大利潤是多少？

解

	煤	電	工作日	利潤
甲	9 噸	4 瓩	3 個	7 萬元
乙	4 噸	5 瓩	10 個	12 萬元
限 制	360 噸	200 瓩	300 個	

設每天生產甲產品 x 噸，乙產品 y 噸，則

$$\begin{cases} 9x+4y \leq 360 \\ 4x+5y \leq 200 \\ 3x+10y \leq 300 \\ x \geq 0, \ y \geq 0 \end{cases}$$

利潤為 $(7x+12y)$ 萬元．可行解區域如圖 8-31 所示．

(x, y)	$7x+12y$	
$(0, 0)$	0	
$(40, 0)$	280	
$\left(\dfrac{1000}{29}, \dfrac{360}{29}\right)$	$\dfrac{11320}{29}$	
$(20, 24)$	428	← 最大
$(0, 30)$	360	

故每天生產甲產品 20 噸，乙產品 24 噸，可獲最大利潤 428 萬元．

我們知道求此類二元線性規劃問題的解時，可先畫出其可行解區域，然後由可行解區域的頂點所對應之目標函數值的大小，找到最佳解．在比較可行解區域的頂點所對應的目標函數值去找最佳解時，要注意有時符合題意的解僅限於可行解區域內的格子點 (即，可行解的 x 與 y 值必須是整數)．此時，如果有的頂點並非格子點，則它就不符合題意，不是我們所要找的解．今舉兩例說明其解法．

$4x+5y=200$

$9x+4y=360$

$(0, 30)$

$(20, 24)$

$3x+10y=300$

$\left(\dfrac{1000}{29}, \dfrac{360}{29}\right)$

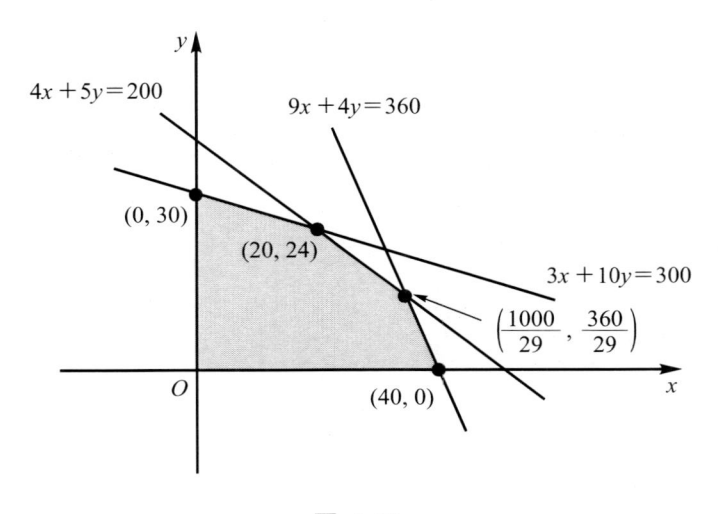

$(40, 0)$

圖 8-31

例題 6 某農夫有一塊菜圃，最少須施氮肥 5 公斤、磷肥 4 公斤及鉀肥 7 公斤．已知農會出售甲、乙兩種肥料，甲種肥料每公斤 10 元，其中含氮 20%、磷 10%、鉀 20%；乙種肥料每公斤 14 元，其中含氮 10%、磷 20%、鉀 20%．試問他向農會購買甲、乙兩種肥料各多少公斤加以混合施肥，才能使花費最少而又有足量的氮、磷及鉀肥？

解

	氮	磷	鉀	價格 (每公斤)
甲	20%	10%	20%	10 元
乙	10%	20%	20%	14 元
限 制	5 公斤	4 公斤	7 公斤	

設購買甲肥料 x 公斤，乙肥料 y 公斤，則

$$\begin{cases} x \cdot 20\% + y \cdot 10\% \geq 5 \\ x \cdot 10\% + y \cdot 20\% \geq 4 \\ x \cdot 20\% + y \cdot 20\% \geq 7 \\ x \geq 0, \ y \geq 0 \end{cases}$$

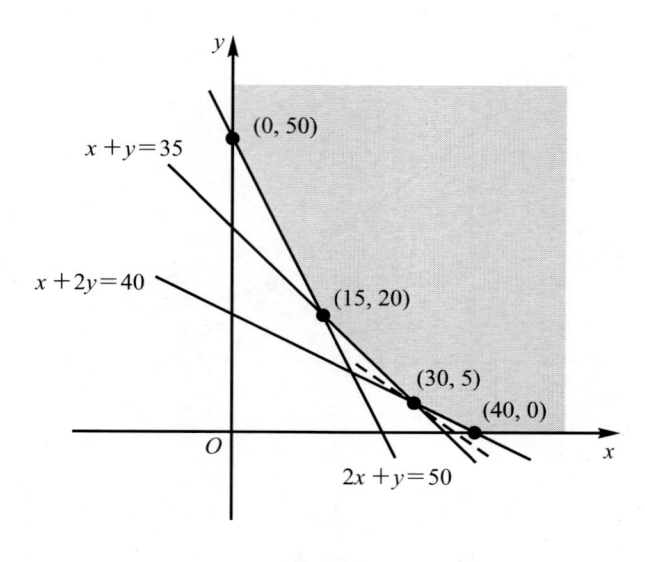

即

$$\begin{cases} 2x+y \geq 50 \\ x+2y \geq 40 \\ x+3y \geq 35 \\ x \geq 0, \; y \geq 0 \end{cases}$$

費用為 $P=10x+14y$ (元)

如圖 8-32 所示，在可行解區域內，將直線 $10x+14y=P$ 向左平行移動，當 x-截距愈小時，P 值愈小，由圖 8-32 可知，當直線 $10x+14y=P$ 通過點 $(30, 5)$ 時，x-截距最小，故 P 有最小值．因此，他向農會購買甲種肥料 30 公斤、乙種肥料 5 公斤，才能使花費最少．

上題我們亦可以比較可行解區域內為格子點的頂點 $(40, 0)$、$(30, 5)$、$(15, 20)$ 與 $(0, 50)$ 所對應目標函數值之大小，來決定最佳解．

(x, y)	$P=10x+14y$ (元)	
(40, 0)	400	
(30, 5)	370	← 最小
(15, 20)	430	
(0, 50)	700	

例題 7 甲種維他命丸每粒含 5 個單位維他命 A、9 個單位維他命 B，乙種維他命丸每粒含 6 個單位維他命 A、4 個單位維他命 B．假設每人每天最少需要 29 個單位維他命 A 及 35 個單位維他命 B，又已知甲種維他命丸每粒 5 元，乙種維他命丸每粒 4 元，則每天吃這兩種維他命丸各多少粒，才能使消費最少且能從其中攝取足夠的維他命 A 及 B？

解

	甲種維他命丸	乙種維他命丸	每人每天最少需要量
維他命 A	5 單位	6 單位	29 單位
維他命 B	9 單位	4 單位	35 單位
價　格	5 元	4 元	

設每天吃甲種維他命丸 x 粒，乙種維他命丸 y 粒，則

$$\begin{cases} 5x+6y \geq 29 \\ 9x+4y \geq 35 \\ x \geq 0, \ y \geq 0 \\ x、y \text{ 是整數} \end{cases}$$

可行解區域如圖 8-33 所示，

消費為 $P=5x+4y$ (元)

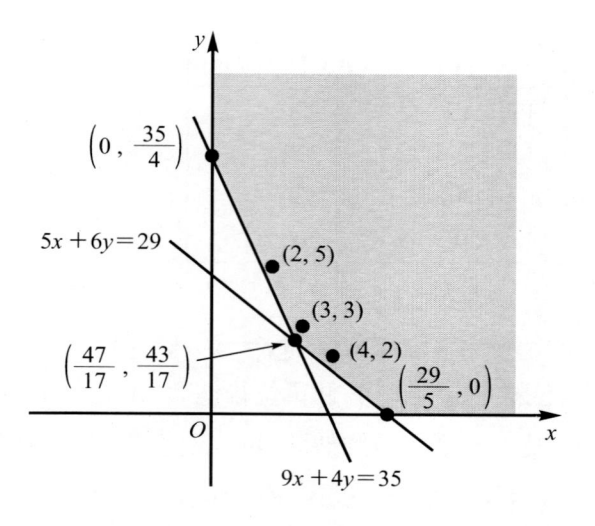

圖 8-33

(x, y)	$5x+4y$
$\left(\dfrac{29}{5}, 0\right)$	29
$\left(\dfrac{47}{17}, \dfrac{43}{17}\right)$	$\dfrac{407}{17} \approx 24$
$\left(0, \dfrac{35}{4}\right)$	35

因 x、y 必須是整數，故考慮點 $\left(\dfrac{47}{17}, \dfrac{43}{17}\right)$ 鄰近點 $(3, 3)$、$(4, 2)$ 及 $(2, 5)$.

(x, y)	$5x+4y$	
$(3, 3)$	27	← 最小
$(4, 2)$	28	
$(2, 5)$	30	

故每天吃甲種維他命丸 3 粒，乙種維他命丸 3 粒，才能使消費最少且能從其中攝取足夠的維他命 A 及 B.

隨堂練習 10 ✎ 已知 A、B 兩種藥丸，A 丸每粒 20 元，含 α 成分 5 毫克、β 成分 2 毫克；B 丸每粒 15 元，含 α 成分 3 毫克、β 成分 3 毫克．今某人至少需服用 α 成分 20 毫克、β 成分 10 毫克，試問 A、B 兩種藥丸各服多少粒，費用才最經濟？

答案：A 丸服 3 粒，B 丸服 2 粒，費用最經濟．

習題 8-6

1. 設 $y \geq 2x$，$y \leq 3x$，$x+y \leq 5$，求 $3x+2y$ 的最大值．

2. 設 $x \geq 0$，$y \geq 0$，$2x+y \leq 12$，$x+2y \leq 12$，求 $3x+4y$ 的最大值與最小值．

3. 在 $4x-y-7 \leq 0$，$3x-4y+11 \geq 0$，$x+3y-5 \geq 0$ 的條件下，求 $2x-3y$ 的最大值與最小值．

4. 在 $y \geq |x-2|$，$x-3y+6 \geq 0$ 的條件下，求下列的最大值與最小值．

    (1) $y+3$ (2) $x+2y$

5. 某工廠用 P、Q 兩種原料生產 A、B 兩種產品，生產 A 產品 1 噸，需 P 原料 2 噸、Q 原料 4 噸；而生產 B 產品 1 噸，需 P 原料 6 噸、Q 原料 2 噸．該工廠每月的原料分配為 P 原料 200 噸，Q 原料 100 噸，而 A 產品每噸可獲利 30 萬元，B 產品每噸可獲利 20 萬元．試問工廠每月生產 A、B 產品各幾噸，可得最大利潤？又最大利潤為多少？

6. 甲食品含蛋白質 6%、脂肪 4% 及碳水化合物 45%；乙食品含蛋白質 18%、脂肪 8% 及碳水化合物 9%。甲食品每 100 克是 12 元，乙食品每 100 克是 20 元，若某人一天最少需要蛋白質 90 克、脂肪 48 克及碳水化合物 216 克，試問他必須購買甲、乙食品各多少克才有足夠的需要量且又最省錢？一天至少要花多少錢？

7. 欲將兩種大小不同的鋼板，截成甲、乙、丙三種規格，各種鋼板可截得這三種規格的件數如下表所示：

	甲規格	乙規格	丙規格
第一種鋼板	2	1	1
第二種鋼板	1	2	3

若欲得甲、乙、丙三種規格的成品各 15、16、27 件，試問這兩種鋼板各多少片，可使需用到的鋼板總數最少？

9

矩　陣

本章學習目標

- 矩陣的意義
- 矩陣的運算
- 利用矩陣解一次方程組
- 可逆方陣

▶▶ 9-1 矩陣的意義

矩陣在各方面的用途非常廣泛，舉凡電機、土木、企業管理、經濟學等，均普遍會應用矩陣的觀念．

在沒有談到矩陣的定義之前，我們先看下列的數據．例如，某公司所屬兩工廠的資料如下表所示：

工廠	人員	機器數	電力	生產量
A	40	10	1000 瓩／小時	600 公噸
B	60	20	1500 瓩／小時	900 公噸

當我們知道該表格各欄的特定意義後，根據該表格內的數字所排成的矩形陣列，就可得到所要的資料．例如，上表各數字所排成的矩形陣列即為

$$\begin{bmatrix} 40 & 10 & 1000 & 600 \\ 60 & 20 & 1500 & 900 \end{bmatrix}$$

故由一些數字所排成的矩形陣列，並用括弧框起來，在數學上就稱為矩陣．在本節中將介紹矩陣的一些基本概念．

定義 9-1

若有 $m \times n$ 個數 a_{ij} ($i = 1, 2, 3, \cdots, m$；$j = 1, 2, 3, \cdots, n$) 表成下列的形式：

$$A = \begin{bmatrix} a_{11} & a_{12} & \cdots & a_{1j} & \cdots & a_{1n} \\ a_{21} & a_{22} & \cdots & a_{2j} & \cdots & a_{2n} \\ \vdots & \vdots & & \vdots & & \vdots \\ a_{i1} & a_{i2} & \cdots & a_{ij} & \cdots & a_{in} \\ \vdots & \vdots & & \vdots & & \vdots \\ a_{m1} & a_{m2} & \cdots & a_{mj} & \cdots & a_{mn} \end{bmatrix} \begin{matrix} \leftarrow 第\ 1\ 列 \\ \leftarrow 第\ 2\ 列 \\ \\ \leftarrow 第\ i\ 列 \\ \\ \leftarrow 第\ m\ 列 \end{matrix}$$

第 1 行　　　　第 j 行　第 n 行

其中有 m 列、n 行，這種由 a_{ij} 所組成的矩形陣列，稱為**矩陣**. 矩陣中第 i 列第 j 行的數 a_{ij}，稱為此矩陣第 i 列第 j 行的**元素**，此矩陣中共有 $m\times n$ 個元素.

矩陣常以大寫英文字母 A，B，C，…來表示. 若已知一矩陣 A 有 m 列 n 行，則稱此矩陣 A 的大小為 $m\times n$，或 A 為 $m\times n$ 階矩陣，以 $A=[a_{ij}]_{m\times n}$ 表示，其中 $1\leq i\leq m$，$1\leq j\leq n$.

例題 1 設 $A=\begin{bmatrix} 1 & 5 & 4 \\ -2 & 1 & 6 \end{bmatrix}$，$B=\begin{bmatrix} 3 & -1 & 1 \\ 4 & 1 & 2 \\ 5 & 6 & 3 \end{bmatrix}$，$C=\begin{bmatrix} 1 \\ 2 \\ -3 \end{bmatrix}$，$D=[2 \ \ 1 \ \ -1]$，

則 A 是 2×3 矩陣，且 $a_{11}=1$，$a_{12}=5$，$a_{13}=4$，$a_{21}=-2$，$a_{22}=1$，$a_{23}=6$；B 是 3×3 矩陣；C 是 3×1 矩陣；D 是 1×3 矩陣.

例題 2 設 $A=[a_{ij}]_{2\times 3}$，且 $a_{ij}=2i-j$，試求矩陣 A.

解 $A=\begin{bmatrix} a_{11} & a_{12} & a_{13} \\ a_{21} & a_{22} & a_{23} \end{bmatrix}$

而　　　　　$a_{11}=2-1=1$，$a_{12}=2-2=0$，$a_{13}=2-3=-1$

　　　　　　$a_{21}=4-1=3$，$a_{22}=4-2=2$，$a_{23}=4-3=1$

所以，
$$A = \begin{bmatrix} 1 & 0 & -1 \\ 3 & 2 & 1 \end{bmatrix}.$$

隨堂練習 1 設 $A=[a_{ij}]_{3\times 2}$，若 $a_{ij}=i^2+j^2-1$，$1 \leq i \leq 3$，$1 \leq j \leq 2$，求 A.

答案：$A = \begin{bmatrix} 1 & 4 \\ 4 & 7 \\ 9 & 12 \end{bmatrix}.$

定義 9-2

凡是只有一行的矩陣，即 $m \times 1$ 矩陣，稱為**行矩陣**.

凡是只有一列的矩陣，即 $1 \times n$ 矩陣，稱為**列矩陣**.

一矩陣中的各元素均為 0，稱為**零矩陣**，以符號「$\mathbf{0}_{m \times n}$」表示各元素均為 0 的 $m \times n$ 矩陣.

若矩陣的列數與行數相等，則稱該矩陣為**方陣**，$n \times n$ 的矩陣稱為 **n 階方陣**. 例如，

$$A = \begin{bmatrix} a_{11} & a_{12} & a_{13} & \cdots & a_{1n} \\ a_{21} & a_{22} & a_{23} & \cdots & a_{2n} \\ \vdots & \vdots & \vdots & & \vdots \\ a_{n1} & a_{n2} & a_{n3} & \cdots & a_{nn} \end{bmatrix} = [a_{ij}] \quad (1 \leq i, \ j \leq n)$$

其中 a_{11}，a_{22}，a_{33}，$\cdots$，a_{nn} 為其對角線上的元素.

若一方陣 $A=[a_{ij}]$ 中，除對角線上的元素外，其餘皆為 0，即 $a_{ij}=0 \ (i \neq j)$，則稱它為**對角線方陣**. 通常以 $\mathrm{diag}(a_{11}, a_{22}, a_{33}, \cdots, a_{nn})$ 表示之. 例如，

$$A = \begin{bmatrix} 2 & 0 & 0 & 0 \\ 0 & -1 & 0 & 0 \\ 0 & 0 & 3 & 0 \\ 0 & 0 & 0 & 1 \end{bmatrix} \text{ 或 } A = \mathrm{diag}(2, -1, 3, 1)$$

為對角線方陣.

若一方陣 $A=[a_{ij}]_{n\times n}$ 中，除對角線上的元素為 1 外，其餘皆為 0，即

$$a_{ij}=\begin{cases} 1, & i=j \\ 0, & i\neq j \end{cases}, \quad 1\leq i, j\leq n$$

則稱它為**單位方陣**，記為

$$I_n=\begin{bmatrix} 1 & 0 & 0 & 0 & \cdots & 0 \\ 0 & 1 & 0 & 0 & \cdots & 0 \\ \multicolumn{6}{c}{\cdots\cdots\cdots\cdots\cdots\cdots} \\ 0 & 0 & 0 & 0 & \cdots & 1 \end{bmatrix}$$

或 $I_n=\text{diag}(1, 1, 1, \cdots, 1)$.

在方陣 $A=[a_{ij}]$ 中，當 $i>j$ 時，$a_{ij}=0$，即

$$A=\begin{bmatrix} a_{11} & a_{12} & a_{13} & \cdots & a_{1n} \\ 0 & a_{22} & a_{23} & \cdots & a_{2n} \\ 0 & 0 & a_{33} & \cdots & a_{3n} \\ \vdots & \vdots & \vdots & & \vdots \\ 0 & 0 & 0 & \cdots & a_{nn} \end{bmatrix}$$

則稱 A 為**上三角矩陣**.

在方陣 $A=[a_{ij}]$ 中，當 $i<j$ 時，$a_{ij}=0$，即

$$A=\begin{bmatrix} a_{11} & 0 & 0 & \cdots & 0 \\ a_{21} & a_{22} & 0 & \cdots & 0 \\ a_{31} & a_{32} & a_{33} & \cdots & 0 \\ \vdots & \vdots & \vdots & & \vdots \\ a_{n1} & a_{n2} & a_{n3} & \cdots & a_{nn} \end{bmatrix}$$

則稱 A 為**下三角矩陣**.

定義 9-3

已知 $A = [a_{ij}]_{m \times n}$，若 $a_{ij}^T = a_{ji}$ ($1 \leq i \leq m$, $1 \leq j \leq n$)，則矩陣 $A^T = [a_{ij}^T]_{n \times m}$ 稱為 A 的**轉置矩陣**. 由此可知，A 的轉置是由 A 的行與列互換而得.

例如，若 $A = \begin{bmatrix} 1 & 4 \\ 7 & -1 \\ 0 & 1 \\ 4 & 3 \end{bmatrix}$，則 $A^T = \begin{bmatrix} 1 & 7 & 0 & 4 \\ 4 & -1 & 1 & 3 \end{bmatrix}$.

隨堂練習 2 若 $A = \begin{bmatrix} 1 & 2 & 1 \\ 2 & 3 & 2 \\ 3 & 1 & 4 \end{bmatrix}$，求 A^T.

答案：$A^T = \begin{bmatrix} 1 & 2 & 3 \\ 2 & 3 & 1 \\ 1 & 2 & 4 \end{bmatrix}$.

定義 9-4

若 A 為一矩陣，則由 A 中去掉某些行及某些列後所剩下的部分所構成的矩陣稱為 A 的**子矩陣**.

例題 3 若 $A = \begin{bmatrix} 3 & 2 & 1 & 4 \\ 5 & -3 & 2 & 0 \\ 1 & 5 & 4 & 7 \end{bmatrix}$，則 $[-3]$, $\begin{bmatrix} 1 & 4 \\ 2 & 0 \end{bmatrix}$, $\begin{bmatrix} 3 & 1 & 4 \\ 5 & 2 & 0 \end{bmatrix}$, $\begin{bmatrix} 3 & 2 & 1 \\ 5 & -3 & 2 \\ 1 & 5 & 4 \end{bmatrix}$

等等均是 A 的子矩陣，而且 A 也是其本身的子矩陣.

習題 9-1

1. 判斷下列矩陣的階.

   (1) $\begin{bmatrix} 3 \\ 5 \end{bmatrix}$
   (2) $\begin{bmatrix} 1 & 4 \\ -6 & 3 \end{bmatrix}$
   (3) $\begin{bmatrix} -1 & 1 & 2 \\ 3 & 4 & -1 \end{bmatrix}$

   (4) $[-1 \quad 0 \quad 1 \quad 2]$
   (5) $\begin{bmatrix} 1 & 2 & 4 & 6 \\ -1 & 1 & 2 & 7 \\ 0 & 1 & 1 & 4 \end{bmatrix}$

2. 設 $A=[a_{ij}]$ 為三階方陣，且 $a_{ij}=1$ ($i=1, 2, 3$)，當 $i \neq j$ 時，$a_{ij}=0$，求 A.

3. 設 $A = \begin{bmatrix} 2 & 1 & 4 \\ 3 & 7 & 5 \\ 0 & -1 & 9 \end{bmatrix}$，求 A^T.

4. 設 $A = \begin{bmatrix} 1 & 3 \\ 2 & 4 \end{bmatrix}$，求 A 的所有子矩陣.

▶▶ 9-2 矩陣的運算

為了要計算矩陣，需作其數學上的運算，它包含有矩陣的加、減常數乘以矩陣以及矩陣的乘法. 首先，我們定義兩矩陣相等的觀念.

定義 9-5

已知兩矩陣 $A=[a_{ij}]_{m \times n}$, $B=[b_{ij}]_{m \times n}$, $1 \leq i \leq m$, $1 \leq j \leq n$，若對於任意 i 與 j, $a_{ij}=b_{ij}$，則稱此兩矩陣為**相等矩陣**，以符號 $A=B$，或 $[a_{ij}]_{m \times n}=[b_{ij}]_{m \times n}$ 表之.

例題 1 設 $A=\begin{bmatrix} 2x & 1 \\ y & x-1 \end{bmatrix}$, $B=\begin{bmatrix} 4 & z \\ 2y & 1 \end{bmatrix}$, 若 $A=B$, 求 x、y 與 z.

解 因 $A=B$, 故

$$\begin{bmatrix} 2x & 1 \\ y & x-1 \end{bmatrix}=\begin{bmatrix} 4 & z \\ 2y & 1 \end{bmatrix}$$

即 $\begin{cases} 2x=4 \\ z=1 \\ y=2y \\ x-1=1 \end{cases}$, 解得 $\begin{cases} x=2 \\ y=0 \\ z=1 \end{cases}$.

隨堂練習 3 設 $A=\begin{bmatrix} 2x-1 & 1 \\ y-1 & 2x \end{bmatrix}$, $B=\begin{bmatrix} 2 & z-1 \\ 2y+1 & 3 \end{bmatrix}$, 若 $A=B$, 求 x、y 與 z.

答案：$x=\dfrac{3}{2}$, $y=-2$, $z=2$.

一、矩陣的加法

定義 9-6

若 $A=[a_{ij}]_{m\times n}$, $B=[b_{ij}]_{m\times n}$, 則 $C=A+B$, 此處 $C=[c_{ij}]_{m\times n}$, 且定義如下：

$$c_{ij}=a_{ij}+b_{ij}\ (1\leq i\leq m,\ 1\leq j\leq n).$$

由此定義, 可知兩個同階矩陣方能相加, 否則無意義.

例題 2 設 $A=\begin{bmatrix} -1 & 2 & 3 \\ 0 & -1 & 4 \\ 1 & 3 & 2 \end{bmatrix}$, $B=\begin{bmatrix} 0 & -1 & 2 \\ 1 & 3 & 4 \\ -1 & 2 & -1 \end{bmatrix}$, 求 $A+B$.

解 $A+B = \begin{bmatrix} -1 & 2 & 3 \\ 0 & -1 & 4 \\ 1 & 3 & 2 \end{bmatrix} + \begin{bmatrix} 0 & -1 & 2 \\ 1 & 3 & 4 \\ -1 & 2 & -1 \end{bmatrix}$

$= \begin{bmatrix} -1+0 & 2+(-1) & 3+2 \\ 0+1 & -1+3 & 4+4 \\ 1+(-1) & 3+2 & 2+(-1) \end{bmatrix} = \begin{bmatrix} -1 & 1 & 5 \\ 1 & 2 & 8 \\ 0 & 5 & 1 \end{bmatrix}.$

隨堂練習 4 設 $A = \begin{bmatrix} 1 & 2 & -1 \\ 2 & 3 & 1 \end{bmatrix}$, $B = \begin{bmatrix} 0 & 0 \\ 0 & 0 \end{bmatrix}$, A 與 B 可以相加嗎？

答案：不可以.

定理 9-1

若 $A = [a_{ij}]_{m \times n}$, $B = [b_{ij}]_{m \times n}$, $C = [c_{ij}]_{m \times n}$, 則下列的性質成立.

(1) $A+B = B+A$ （加法交換律）

(2) $(A+B)+C = A+(B+C)$ （加法結合律）

(3) $0_{m \times n} + A = A + 0_{m \times n} = A$, 此時 $0_{m \times n}$ 即稱為矩陣 A 的加法單位元素.

(4) 對於任意的矩陣 A, 均存在矩陣 $-A$, 使得 $A+(-A) = (-A)+A = 0_{m \times n}$, 此 $-A$ 稱為矩陣 A 的加法反元素.

隨堂練習 5 設 $A = \begin{bmatrix} -1 & 2 & 3 \\ 0 & 1 & 1 \\ 1 & -1 & 4 \end{bmatrix}$、$B = \begin{bmatrix} 1 & -1 & 2 \\ 0 & 0 & 1 \\ 4 & -1 & 1 \end{bmatrix}$ 與 $C = \begin{bmatrix} 1 & 3 & -1 \\ -2 & 1 & 0 \\ 0 & 1 & 0 \end{bmatrix}$,

試驗證 $(A+B)+C = A+(B+C)$ 成立.

二、常數乘以矩陣

定義 9-7

若 $A=[a_{ij}]_{m\times n}$，則定義數 α (有時稱為純量) 乘以矩陣的運算為 $B=\alpha A$，其中

$$B=[b_{ij}]_{m\times n}=[\alpha a_{ij}]_{m\times n}$$

即，B 是由 A 的每一元素乘 α 而得。

例如，若 $A=\begin{bmatrix}1 & -2 & 0\\ 3 & -1 & 1\\ 4 & 1 & 0\end{bmatrix}$，則

$$-3A=\begin{bmatrix}(-3)\times 1 & (-3)\times(-2) & (-3)\times 0\\ (-3)\times 3 & (-3)\times(-1) & (-3)\times 1\\ (-3)\times 4 & (-3)\times 1 & (-3)\times 0\end{bmatrix}=\begin{bmatrix}-3 & 6 & 0\\ -9 & 3 & -3\\ -12 & -3 & 0\end{bmatrix}.$$

隨堂練習 6 若 $A=\begin{bmatrix}1 & 4\\ 2 & 0\end{bmatrix}$，求 $-4A=?$

答案：$\begin{bmatrix}-4 & -16\\ -8 & 0\end{bmatrix}$.

定理 9-2

若 $A=[a_{ij}]_{m\times n}$，$B=[b_{ij}]_{m\times n}$，α、β 為二實數，則下列的性質成立.

(1) $\alpha(A+B)=\alpha A+\alpha B$
(2) $(\alpha+\beta)A=\alpha A+\beta A$
(3) $(\alpha\beta)A=\alpha(\beta A)=\beta(\alpha A)$
(4) $1A=A$
(5) $\alpha \mathbf{0}_{m\times n}=\mathbf{0}_{m\times n}$
(6) $0A=\mathbf{0}_{m\times n}$，其中 $0\in I\!R$.

例題 3 若 $A=\begin{bmatrix}1 & 5 & 0\\ 2 & 6 & 7\end{bmatrix}$，$B=\begin{bmatrix}-1 & 4 & 2\\ 1 & -3 & 8\end{bmatrix}$，$C=\begin{bmatrix}-7 & -22 & -31\\ -11 & 3 & 101\end{bmatrix}$，

(1) 求 $A+(B+C)$,

(2) 求 $A-2B$,

(3) 求出 X 使 $2A+4X=2B+C$.

解 (1) $A+(B+C) = \begin{bmatrix} 1 & 5 & 0 \\ 2 & 6 & 7 \end{bmatrix} + \begin{bmatrix} -8 & -18 & -29 \\ -10 & 0 & 109 \end{bmatrix} = \begin{bmatrix} -7 & -13 & -29 \\ -8 & 6 & 116 \end{bmatrix}$

(2) $A-2B = \begin{bmatrix} 1 & 5 & 0 \\ 2 & 6 & 7 \end{bmatrix} + \begin{bmatrix} 2 & -8 & -4 \\ -2 & 6 & -16 \end{bmatrix} = \begin{bmatrix} 3 & -3 & -4 \\ 0 & 12 & -9 \end{bmatrix}$

(3) $4X = -2A+2B+C$

$= \begin{bmatrix} -2 & -10 & 0 \\ -4 & -12 & -14 \end{bmatrix} + \begin{bmatrix} -2 & 8 & 4 \\ 2 & -6 & 16 \end{bmatrix} + \begin{bmatrix} -7 & -22 & -31 \\ -11 & 3 & 101 \end{bmatrix}$

$= \begin{bmatrix} -11 & -24 & -27 \\ -13 & -15 & 103 \end{bmatrix}$

故 $X = -\dfrac{1}{4} \begin{bmatrix} 11 & 24 & 27 \\ 13 & 15 & -103 \end{bmatrix}$.

隨堂練習 7 設 $A = \begin{bmatrix} 1 & -1 & 2 \\ 0 & 2 & 2 \end{bmatrix}$, $B = \begin{bmatrix} 3 & -1 & 0 \\ 1 & 0 & 1 \end{bmatrix}$, 求一個 2×3 階矩陣 X 滿足 $A+3B-2X=0$.

答案：$X = \begin{bmatrix} 5 & -2 & 1 \\ \dfrac{3}{2} & 1 & \dfrac{5}{2} \end{bmatrix}$.

三、矩陣的乘法

我們先定義 $1 \times m$ 階列矩陣乘以 $m \times 1$ 階行矩陣之積。令

$$A=[a_{11}\ \ a_{12}\ \ a_{13}\ \cdots\ a_{1m}],\ B=\begin{bmatrix}b_{11}\\b_{21}\\b_{31}\\\vdots\\b_{m1}\end{bmatrix}$$

則 A 乘以 B，記為 AB，為一個 1×1 階的矩陣，如下式：

$$AB=[a_{11}\ \ a_{12}\ \ a_{13}\ \cdots\ a_{1m}]\begin{bmatrix}b_{11}\\b_{21}\\b_{31}\\\vdots\\b_{m1}\end{bmatrix}$$

$$=[a_{11}b_{11}+a_{12}b_{21}+a_{13}b_{31}+\cdots+a_{1m}b_{m1}]_{1\times 1}$$

$$=\left[\sum_{p=1}^{m}a_{1p}b_{p1}\right]_{1\times 1}$$

例如：$[2\ \ -1\ \ 3]\begin{bmatrix}-1\\2\\1\end{bmatrix}=[2\times(-1)+(-1)\times 2+3\times 1]=[-1]_{1\times 1}$．

現在我們可將上式列矩陣與行矩陣之乘法，推廣至矩陣 A 與矩陣 B 相乘．若 A 為一 $m\times n$ 階矩陣，且 B 為一 $n\times l$ 階矩陣，則乘積 AB 為一 $m\times l$ 階矩陣，而 AB 的第 i 列第 j 行的元素為單獨提出 A 的第 i 列及 B 的第 j 行，將列與行相對應元素相乘然後再將其各乘積相加．

定義 9-8

若 $A=[a_{ij}]_{m\times n}$，$B=[b_{jk}]_{n\times l}$，則定義矩陣 A 與 B 的乘積為 $AB=C=[c_{ik}]_{m\times l}$，其中

$$c_{ik} = \sum_{j=1}^{n} a_{ij} b_{jk}$$

$i = 1, 2, \cdots, m$; $j = 1, 2, \cdots, n$; $k = 1, 2, \cdots, l$.

$$\underbrace{\begin{bmatrix} a_{11} & a_{12} & a_{13} & \cdots & a_{1n} \\ \vdots & \vdots & \vdots & & \vdots \\ a_{i1} & a_{i2} & a_{i3} & \cdots & a_{in} \\ \vdots & \vdots & \vdots & & \vdots \\ a_{m1} & a_{m2} & a_{m3} & \cdots & a_{mn} \end{bmatrix}}_{m \times n} \underbrace{\begin{bmatrix} b_{11} & b_{12} & \cdots & b_{1k} & \cdots & a_{1l} \\ b_{21} & b_{22} & \cdots & b_{2k} & \cdots & a_{2l} \\ \vdots & \vdots & & \vdots & & \vdots \\ b_{n1} & b_{n2} & \cdots & b_{nk} & \cdots & b_{nl} \end{bmatrix}}_{n \times l} = \begin{bmatrix} c_{ik} \end{bmatrix}_{m \times l}$$

第 i 列 ← ； ↑ 第 k 行

讀者應注意矩陣 A 的行數須與矩陣 B 的列數相等始可相乘, 否則 AB 無意義. 我們現在提供一簡便的方法來決定兩矩陣之乘積是否有意義. 寫下第一因子之階, 以及在其右邊寫下第二因子之階, 若內層數值相等, 則矩陣乘積可定義, 而外層數值則可決定乘積矩陣之階.

例題 4 假設 A 為 3×4 階矩陣, B 為 4×7 階矩陣, 且 C 為 7×3 階矩陣. 則 AB 為可定義且為 3×7 階矩陣. (CA 亦為可定義且為 7×4 階矩陣, BC 亦為可定義且為 4×3 階矩陣, 但乘積 AC、CB 及 BA 卻皆無意義.)

例題 5 若 $A = \begin{bmatrix} 1 & 3 \\ 2 & 4 \end{bmatrix}$, $B = \begin{bmatrix} -1 & 23 & 5 \\ 2 & 1 & -7 \end{bmatrix}$, 求 AB. 又 BA 是否可定義？

解 $AB = \begin{bmatrix} 1 & 3 \\ 2 & 4 \end{bmatrix} \begin{bmatrix} -1 & 23 & 5 \\ 2 & 1 & -7 \end{bmatrix}$

$= \begin{bmatrix} 1 \times (-1) + 3 \times 2 & 1 \times 23 + 3 \times 1 & 1 \times 5 + 3 \times (-7) \\ 2 \times (-1) + 4 \times 2 & 2 \times 23 + 4 \times 1 & 2 \times 5 + 4 \times (-7) \end{bmatrix}$

$$= \begin{bmatrix} 5 & 26 & -16 \\ 6 & 50 & -18 \end{bmatrix}$$

BA 不可定義，因矩陣 B 的行數不等於矩陣 A 的列數.

例題 6 若 $A = \begin{bmatrix} 1 & 1 \\ 0 & 0 \end{bmatrix}$, $B = \begin{bmatrix} 1 & 1 \\ 1 & 0 \end{bmatrix}$，求 AB 及 BA.

解 $AB = \begin{bmatrix} 1 & 1 \\ 0 & 0 \end{bmatrix} \begin{bmatrix} 1 & 1 \\ 1 & 0 \end{bmatrix} = \begin{bmatrix} 1 \times 1 + 1 \times 1 & 1 \times 1 + 1 \times 0 \\ 0 \times 1 + 0 \times 1 & 0 \times 1 + 0 \times 0 \end{bmatrix} = \begin{bmatrix} 2 & 1 \\ 0 & 0 \end{bmatrix}$

$BA = \begin{bmatrix} 1 & 1 \\ 1 & 0 \end{bmatrix} \begin{bmatrix} 1 & 1 \\ 0 & 0 \end{bmatrix} = \begin{bmatrix} 1 \times 1 + 1 \times 0 & 1 \times 1 + 1 \times 0 \\ 1 \times 1 + 0 \times 0 & 1 \times 1 + 0 \times 0 \end{bmatrix} = \begin{bmatrix} 1 & 1 \\ 1 & 1 \end{bmatrix}$.

例題 7 若 $A = \begin{bmatrix} 1 & 2 & 4 \\ -3 & 1 & 0 \\ 2 & -1 & 4 \end{bmatrix}$, $B = \begin{bmatrix} 1 & -1 & 1 \\ -2 & 1 & 1 \\ 1 & 2 & -3 \end{bmatrix}$，求 AB.

解 $AB = \begin{bmatrix} 1 & 2 & 4 \\ -3 & 1 & 0 \\ 2 & -1 & 4 \end{bmatrix} \begin{bmatrix} 1 & -1 & 1 \\ -2 & 1 & 1 \\ 1 & 2 & -3 \end{bmatrix}$

$= \begin{bmatrix} 1 \times 1 + 2 \times (-2) + 4 \times 1 & 1 \times (-1) + 2 \times 1 + 4 \times 2 & 1 \times 1 + 2 \times 1 + 4 \times (-3) \\ (-3) \times 1 + 1 \times (-2) + 0 \times 1 & (-3) \times (-1) + 1 \times 1 + 0 \times 2 & (-3) \times 1 + 1 \times 1 + 0 \times (-3) \\ 2 \times 1 + (-1) \times (-2) + 4 \times 1 & 2 \times (-1) + (-1) \times 1 + 4 \times 2 & 2 \times 1 + (-1) \times 1 + 4 \times (-3) \end{bmatrix}$

$= \begin{bmatrix} 1 & 9 & -9 \\ -5 & 4 & -2 \\ 8 & 5 & -11 \end{bmatrix}$.

例題 8 某家具製造商做桌子和書櫃，每一成品都需經過一組合過程與噴漆過程，其所需的時間由下列矩陣表示 (以小時為單位).

$$A = \begin{bmatrix} 組合過程 & 噴漆過程 \\ 2 & 2 \\ 3 & 4 \end{bmatrix} \begin{matrix} 桌子 \\ 書櫃 \end{matrix}$$

此製造商在台北與高雄各有一個工廠，其每小時成本以矩陣表示如下（以元為單位）：

$$B = \begin{bmatrix} 台北 & 高雄 \\ 9 & 10 \\ 10 & 12 \end{bmatrix} \begin{matrix} 組合過程 \\ 噴漆過程 \end{matrix}$$

試問矩陣乘積 AB 中的元素提供了此製造商什麼資訊？

解 $AB = \begin{bmatrix} 2 & 2 \\ 3 & 4 \end{bmatrix} \begin{bmatrix} 9 & 10 \\ 10 & 12 \end{bmatrix} = \begin{bmatrix} 38 & 44 \\ 67 & 78 \end{bmatrix}$

亦即

$$AB = \begin{bmatrix} 台北 & 高雄 \\ 38 & 44 \\ 67 & 78 \end{bmatrix} \begin{matrix} 桌子 \\ 書櫃 \end{matrix}$$

表示桌子、書櫃在各個工廠製造所需之成本．例如，AB 中的元素 38 表示了桌子在台北經組合過程與噴漆過程所需要的成本．

隨堂練習 8 若 $A = \begin{bmatrix} 1 & 2 & -1 \\ 2 & 4 & 3 \end{bmatrix}$，$B = \begin{bmatrix} 1 & 2 & 4 \\ 0 & 1 & 5 \\ -3 & 4 & 0 \end{bmatrix}$，求 AB．

答案：$\begin{bmatrix} 4 & 0 & 14 \\ -7 & 20 & 28 \end{bmatrix}$．

定理 9-3

設 A、B、C 為三個矩陣，且其加法與乘法的運算皆有意義，則下列的性質成立．

(1) $(AB)C=A(BC)$ (2) $A(B+C)=AB+AC$
(3) $(A+B)C=AC+BC$ (4) $\alpha(AB)=(\alpha A)B=A(\alpha B)$，$\alpha$ 為任意數.

方陣之乘法性質與實數之乘法性質，有相似之處，亦有相異之處，以下將一一說明之.

1. 相似處

(1) 若 A、B 與 C 均為 n 階方陣，則

$$(AB)C=A(BC)=ABC$$
$$A(B+C)=AB+AC$$
$$(A+B)C=AC+BC.$$

(2) 對方陣 $A_{n\times n}$ 與單位方陣 I_n，

$$AI_n=I_nA=A$$

一單位方陣在矩陣運算裡所扮演的角色就如同數值 1 在數值關係 $a\cdot 1=1\cdot a=a$ 裡所扮演的一樣.

(3) 對方陣 $A_{n\times n}$ 與零方陣 $0_{n\times n}$，

$$A0_{n\times n}=0_{n\times n}A=0_{n\times n}.$$

2. 相異處

(1) 對於任一異於 0 之實數 a，恰有一實數 $\dfrac{1}{a}$，使得 $a\times\dfrac{1}{a}=1$；但對於任一 n 階方陣 $A\neq 0$，未必有一 n 階方陣 B，滿足 $AB=I_n$. 例如：

設 $A=\begin{bmatrix} 1 & 0 \\ -1 & 0 \end{bmatrix}\neq 0$，$B=\begin{bmatrix} b_{11} & b_{12} \\ b_{21} & b_{22} \end{bmatrix}$，$I_2=\begin{bmatrix} 1 & 0 \\ 0 & 1 \end{bmatrix}$

若 $AB=I_2$，即 $\begin{bmatrix} 1 & 0 \\ -1 & 0 \end{bmatrix}\begin{bmatrix} b_{11} & b_{12} \\ b_{21} & b_{22} \end{bmatrix}=\begin{bmatrix} 1 & 0 \\ 0 & 1 \end{bmatrix}$

則
$$\begin{bmatrix} b_{11} & b_{12} \\ -b_{11} & -b_{12} \end{bmatrix} = \begin{bmatrix} 1 & 0 \\ 0 & 1 \end{bmatrix}$$

可知 $b_{11}=1$, $b_{12}=0$, $-b_{11}=0$, $-b_{12}=1$, 此為不合理.

故對於方陣 A, 不存在另一方陣 B, 使 $AB=I_2$.

(2) 對於任意兩實數 a 與 b, $ab=ba$. 但對於任意兩 n 階方陣 A 及 B, $AB=BA$ 未必成立, 如例題 6.

(3) 對於兩實數 a、b, 若 $ab=0$, 則 $a=0$ 或 $b=0$. 但對於兩 n 階方陣 A 及 B, 若 $AB=0$, 則 $A=0$ 或 $B=0$ 未必成立. 例如：

設 $A = \begin{bmatrix} 1 & 0 \\ 0 & 0 \end{bmatrix}$, $B = \begin{bmatrix} 0 & 0 \\ 1 & 0 \end{bmatrix}$

則 $AB = \begin{bmatrix} 1 & 0 \\ 0 & 0 \end{bmatrix} \begin{bmatrix} 0 & 0 \\ 1 & 0 \end{bmatrix} = \begin{bmatrix} 0 & 0 \\ 0 & 0 \end{bmatrix}$

但 $A \neq 0$ 且 $B \neq 0$.

(4) 對於實數 a、b 與 c, 若 $ab=ac$, 且 $a \neq 0$, 則 $b=c$. 但對於三個 n 階方陣 A、B、C, 若 $AB=AC$, 且 $A \neq 0$, 則 $B=C$ 未必成立. 例如：

設 $A = \begin{bmatrix} 0 & 1 \\ 0 & 2 \end{bmatrix}$, $B = \begin{bmatrix} 1 & 1 \\ 3 & 4 \end{bmatrix}$, $C = \begin{bmatrix} 2 & 5 \\ 3 & 4 \end{bmatrix}$

此處 $AB = AC = \begin{bmatrix} 3 & 4 \\ 6 & 8 \end{bmatrix}$

雖然 $A \neq 0$, 但欲從方程式 $AB=AC$ 之兩端消去 A 而得 $B=C$ 是錯誤的. 因此, 對矩陣而言, 消去律不成立.

四、方陣的乘冪

在實數系中, 若 $a \in \mathbb{R}$, 則
$$a \cdot a = a^2$$
$$a \cdot a \cdot a = a^3$$

$$\underbrace{a \cdot a \cdot a \cdots\cdots a}_{n \text{ 個 } a} = a^n$$

又若 $a \neq 0$，則 $a^0 = 1$．此一性質在方陣與其本身之乘法中亦成立，因方陣之列數與行數皆相同．

定義 9-9

令 $A = [a_{ij}]_{m \times n}$ 則矩陣 A 的乘冪（非負）定義為 $A^0 = I_n$，$A^1 = A$，且對 $K \geq 2$，$A^K = (A^{K-1})(A)$．

例題 9 設 $A = \begin{bmatrix} 2 & 1 \\ -4 & 3 \end{bmatrix}$，則

$$A^2 = (A)(A) = \begin{bmatrix} 2 & 1 \\ -4 & 3 \end{bmatrix}\begin{bmatrix} 2 & 1 \\ -4 & 3 \end{bmatrix} = \begin{bmatrix} 0 & 5 \\ -20 & 5 \end{bmatrix}$$

且

$$A^3 = (A^2)(A) = \begin{bmatrix} 0 & 5 \\ -20 & 5 \end{bmatrix}\begin{bmatrix} 2 & 1 \\ -4 & 3 \end{bmatrix} = \begin{bmatrix} -20 & 15 \\ -60 & -5 \end{bmatrix}.$$

定理 9-4

若 A 為一方陣，且若 r 與 s 均為非負整數，則

(1) $A^{r+s} = (A^r)(A^s)$　　　　(2) $(A^r)^s = A^{rs} = (A^s)^r$．

例如，$A^{4+6} = (A^4)(A^6) = A^{10}$，$(A^3)^2 = A^{(3)(2)} = (A^2)^3 = A^6$．但是，實數的指數律 $(ab)^n = a^n b^n$，在方陣之乘法中並不成立．事實上，如果 A 與 B 均為 n 階方陣，且 n 是大於或等於 2 的整數，一般而言，$(AB)^n \neq A^n B^n$．因此，方陣相乘之順序非常重要，縱然是最簡單的情形 $n=2$，我們通常也會得知 $(AB)(AB) \neq (AA)(BB)$．

例題 10 令 $A = \begin{bmatrix} 2 & -4 \\ 1 & 3 \end{bmatrix}$, $B = \begin{bmatrix} 1 & 4 \\ -6 & 3 \end{bmatrix}$, 則

$$(AB)^2 = \begin{bmatrix} 10 & -16 \\ 0 & 17 \end{bmatrix}^2 = \begin{bmatrix} 100 & -432 \\ 0 & 289 \end{bmatrix}$$

然而，

$$A^2B^2 = \begin{bmatrix} 0 & -20 \\ 5 & 5 \end{bmatrix} \begin{bmatrix} 7 & 16 \\ -8 & 23 \end{bmatrix} = \begin{bmatrix} 160 & -460 \\ -5 & 195 \end{bmatrix}$$

因此，對方陣 A 與 B 而言，我們有 $(AB)^2 \neq A^2B^2$.

例題 11 設 $A = \begin{bmatrix} 1 & -1 \\ 2 & 3 \end{bmatrix}$, $B = \begin{bmatrix} -1 & 3 \\ 4 & 2 \end{bmatrix}$, 試證：

(1) $(A^T)^T = A$ (2) $(AB)^T = B^T A^T$ (3) $(A+B)^T = A^T + B^T$

解 (1) 因 $A^T = \begin{bmatrix} 1 & 2 \\ -1 & 3 \end{bmatrix}$, 故 $(A^T)^T = \begin{bmatrix} 1 & -1 \\ 2 & 3 \end{bmatrix} = A$.

(2) $AB = \begin{bmatrix} 1 & -1 \\ 2 & 3 \end{bmatrix} \begin{bmatrix} -1 & 3 \\ 4 & 2 \end{bmatrix} = \begin{bmatrix} -5 & 1 \\ 10 & 12 \end{bmatrix}$

$(AB)^T = \begin{bmatrix} -5 & 10 \\ 1 & 12 \end{bmatrix}$

又 $B^T A^T = \begin{bmatrix} -1 & 4 \\ 3 & 2 \end{bmatrix} \begin{bmatrix} 1 & 2 \\ -1 & 3 \end{bmatrix} = \begin{bmatrix} -5 & 10 \\ 1 & 12 \end{bmatrix}$

故 $(AB)^T = B^T A^T$.

(3) $A + B = \begin{bmatrix} 1 & -1 \\ 2 & 3 \end{bmatrix} + \begin{bmatrix} -1 & 3 \\ 4 & 2 \end{bmatrix} = \begin{bmatrix} 0 & 2 \\ 6 & 5 \end{bmatrix}$

$(A+B)^T = \begin{bmatrix} 0 & 2 \\ 6 & 5 \end{bmatrix}$

又 $A^T+B^T=\begin{bmatrix} 1 & 2 \\ -1 & 3 \end{bmatrix}+\begin{bmatrix} -1 & 4 \\ 3 & 2 \end{bmatrix}=\begin{bmatrix} 0 & 6 \\ 2 & 5 \end{bmatrix}$

故 $(A+B)^T=A^T+B^T$.

參考例題 11，我們有下面的定理.

定理 9-5　轉置的性質

假設 $A=[a_{ij}]$ 為 $m\times p$ 矩陣，$B=[b_{ij}]$ 為 $p\times n$ 矩陣，r 為實數，則
(1) $(A^T)^T=A$
(2) $(AB)^T=B^TA^T$
(3) $(rA)^T=rA^T$
(4) 若 A 與 B 皆為 $m\times p$ 矩陣，則 $(A+B)^T=A^T+B^T$.

定義 9-10

已知方陣 $A=[a_{ij}]_{n\times n}$，若 $A=A^T$，則稱 A 為對稱，亦即，對 $i, j=1, 2, \cdots, n$，若 $a_{ij}=a_{ji}$，則 A 為對稱.

例題 12　方陣

$$A=\begin{bmatrix} 1 & 2 \\ 2 & 3 \end{bmatrix},\ B=\begin{bmatrix} 1 & 2 & 3 \\ 2 & 4 & 5 \\ 3 & 5 & 6 \end{bmatrix},\ C=\begin{bmatrix} -1 & 2 & 4 & 6 \\ 2 & 7 & 3 & 5 \\ 4 & 3 & 8 & 0 \\ 6 & 5 & 0 & 4 \end{bmatrix},\ I_3=\begin{bmatrix} 1 & 0 & 0 \\ 0 & 1 & 0 \\ 0 & 0 & 1 \end{bmatrix}$$

均為對稱.

習題 9-2

1. 設 $A = \begin{bmatrix} 2 & a & b \\ -1 & 2 & 0 \\ c & d & 0 \end{bmatrix}$，若 $A^T = A$，求 $a+b-c+d$ 的值.

2. 設 $\begin{bmatrix} 2x^2+1 & 3x+4y \\ 4x+y & y^2 \end{bmatrix} = \begin{bmatrix} 3x+15 & 2y \\ -2x-3y & 9 \end{bmatrix}$，求 x 及 y.

3. 設 $A = \begin{bmatrix} -1 & 1 & 2 \\ 0 & 1 & -1 \end{bmatrix}$，$B = \begin{bmatrix} 3 & 1 & 0 \\ 0 & 1 & 0 \end{bmatrix}$，求一個 2×3 階矩陣 X 滿足 $A-2B+3X = 0$.

4. 試求下列各矩陣之積.

    (1) $\begin{bmatrix} -1 & 1 & 5 \end{bmatrix} \begin{bmatrix} 2 \\ 1 \\ 3 \end{bmatrix}$

    (2) $\begin{bmatrix} 1 & 2 \\ -3 & 1 \end{bmatrix} \begin{bmatrix} 2 & 3 \\ 1 & -2 \end{bmatrix}$

    (3) $\begin{bmatrix} 1 & 2 & 4 \\ -3 & 1 & 0 \\ 2 & -1 & 4 \end{bmatrix} \begin{bmatrix} 1 & -1 & 1 \\ -2 & 1 & 1 \\ 1 & 2 & -3 \end{bmatrix}$

    (4) $\begin{bmatrix} 3 & 4 & -1 & 5 \\ -2 & 1 & 3 & 2 \\ 4 & 5 & 6 & 7 \end{bmatrix} \begin{bmatrix} 1 & 0 \\ 3 & 4 \\ -2 & 3 \\ -1 & 2 \end{bmatrix}$

5. 設 $A = \begin{bmatrix} 1 & -3 \\ 2 & 4 \end{bmatrix}$，$B = \begin{bmatrix} 5 & 6 \\ -3 & 4 \end{bmatrix}$，$C = \begin{bmatrix} 1 & 2 \\ 5 & 6 \end{bmatrix}$，求 $(3A-4B)C$ 及 $3AC-4BC$. 兩者是否相等？

6. 若 $A = \begin{bmatrix} 1 & -1 \\ 2 & 1 \end{bmatrix}$，$B = \begin{bmatrix} -1 & 0 & 1 \\ 2 & 1 & 3 \end{bmatrix}$，求 AB 及 BA. (注意：BA 是否可乘？)

7. 若 $A = \begin{bmatrix} 1 & -1 & 0 & 2 \end{bmatrix}$，求 AA^T 及 A^TA.

8. 有甲、乙、丙、丁四家工廠，甲工廠每日生產：A 產品 3 單位、B 產品 4 單位、C 產品 5 單位；乙工廠每日生產：A 產品 2 單位、B 產品 6 單位、C 產品 4 單位；丙工廠每日生產：A 產品 5 單位、B 產品 2 單位、C 產品 3 單位；丁工廠每日生產：A 產品 4 單位、B 產品 6 單位、C 產品 2 單位．已知生產 A 產品 1 單位需成本費 30 元，B 產品 1 單位需成本費 40 元，C 產品 1 單位需成本費 50 元，問四家工廠生產一日需成本費共多少元？(用矩陣乘法表示．)

▶▶ 9-3 利用矩陣解一次方程組

在數學或其他學科中，經常會遇到含有許多未知數的一次方程組（或稱線性方程組），為了求此類一次方程組之解，本節將介紹高斯消去法．利用高斯消去法求一次方程組之解，需要應用矩陣的基本列運算．所謂矩陣的**基本列運算**，即是對於矩陣的列上之元素做運算：

1. 任意兩列可互換．

例如，將矩陣 A 中的第 i 列與第 j 列互相對調，以 $R_i \leftrightarrow R_j$ 表示之，即，

$$A = \begin{bmatrix} a_{11} & a_{12} & \cdots & a_{1n} \\ a_{21} & a_{22} & \cdots & a_{2n} \\ \vdots & \vdots & & \vdots \\ a_{i1} & a_{i2} & \cdots & a_{in} \\ \vdots & \vdots & & \vdots \\ a_{j1} & a_{j2} & \cdots & a_{jn} \\ \vdots & \vdots & & \vdots \\ a_{n1} & a_{n2} & \cdots & a_{nn} \end{bmatrix} \underset{R_i \leftrightarrow R_j}{\sim} \begin{bmatrix} a_{11} & a_{12} & \cdots & a_{1n} \\ a_{21} & a_{22} & \cdots & a_{2n} \\ \vdots & \vdots & & \vdots \\ a_{j1} & a_{j2} & \cdots & a_{jn} \\ \vdots & \vdots & & \vdots \\ a_{i1} & a_{i2} & \cdots & a_{in} \\ \vdots & \vdots & & \vdots \\ a_{n1} & a_{n2} & \cdots & a_{nn} \end{bmatrix}$$

2. 將任意一列，以異於零之數 c 乘之．

例如，將矩陣 A 中的第 i 列乘常數 c，以 cR_i 表示之，即，

$$A = \begin{bmatrix} a_{11} & a_{12} & \cdots & a_{1n} \\ a_{21} & a_{22} & \cdots & a_{2n} \\ \vdots & \vdots & & \vdots \\ a_{i1} & a_{i2} & \cdots & a_{in} \\ \vdots & \vdots & & \vdots \\ a_{n1} & a_{n2} & \cdots & a_{nn} \end{bmatrix} \underset{cR_i}{\sim} \begin{bmatrix} a_{11} & a_{12} & \cdots & a_{1n} \\ a_{21} & a_{22} & \cdots & a_{2n} \\ \vdots & \vdots & & \vdots \\ ca_{i1} & ca_{i2} & \cdots & ca_{in} \\ \vdots & \vdots & & \vdots \\ a_{n1} & a_{n2} & \cdots & a_{nn} \end{bmatrix}$$

3. 將某列乘上一非零常數，然後加到另一列.

例如，將矩陣 A 中的第 i 列乘上一非零常數 c，然後加在另一列，如第 j 列上，以 $cR_i + R_j$ 表示之. 即

$$A = \begin{bmatrix} a_{11} & a_{12} & a_{13} & \cdots & a_{1n} \\ a_{21} & a_{22} & a_{23} & \cdots & a_{2n} \\ \vdots & \vdots & \vdots & & \vdots \\ a_{i1} & a_{i2} & a_{i3} & \cdots & a_{in} \\ \vdots & \vdots & \vdots & & \vdots \\ a_{j1} & a_{j2} & a_{j3} & \cdots & a_{jn} \\ \vdots & \vdots & \vdots & & \vdots \\ a_{n1} & a_{n2} & a_{n3} & \cdots & a_{nn} \end{bmatrix} \underset{cR_i + R_j}{\sim} \begin{bmatrix} a_{11} & a_{12} & a_{13} & \cdots & a_{1n} \\ a_{21} & a_{22} & a_{23} & \cdots & a_{2n} \\ \vdots & \vdots & \vdots & & \vdots \\ a_{i1} & a_{i2} & a_{i3} & \cdots & a_{in} \\ \vdots & \vdots & \vdots & & \vdots \\ ca_{i1}+a_{j1} & ca_{i2}+a_{j2} & ca_{i3}+a_{j3} & \cdots & ca_{in}+a_{jn} \\ \vdots & \vdots & \vdots & & \vdots \\ a_{n1} & a_{n2} & a_{n3} & \cdots & a_{nn} \end{bmatrix}$$

此種基本列運算只是將一矩陣變形為另一矩陣，使所得矩陣適合某一特殊形式，原矩陣與所得矩陣並無相等關係.

註：兩矩陣間的符號「～」表示後面的矩陣是由前面的矩陣經由「基本列運算」而得到.

定義 9-11

若 $m \times n$ 矩陣 A 經由有限次數的基本列運算後變成 $m \times n$ 矩陣 B，則稱 A 列同義於 B，寫成 $A \sim B$.

例題 1　矩陣

$$A = \begin{bmatrix} 1 & 2 & 4 & 3 \\ 2 & 1 & 3 & 2 \\ 1 & -1 & 2 & 3 \end{bmatrix} \text{列同義於 } D = \begin{bmatrix} 2 & 4 & 8 & 6 \\ 1 & -1 & 2 & 3 \\ 4 & -1 & 7 & 8 \end{bmatrix}$$

因為 $A = \begin{bmatrix} 1 & 2 & 4 & 3 \\ 2 & 1 & 3 & 2 \\ 1 & -1 & 2 & 3 \end{bmatrix} \xrightarrow{2R_3+R_2} \begin{bmatrix} 1 & 2 & 4 & 3 \\ 4 & -1 & 7 & 8 \\ 1 & -1 & 2 & 3 \end{bmatrix} \xrightarrow{R_2 \leftrightarrow R_3}$

$\begin{bmatrix} 1 & 2 & 4 & 3 \\ 1 & -1 & 2 & 3 \\ 4 & -1 & 7 & 8 \end{bmatrix} \xrightarrow{2R_1} \begin{bmatrix} 2 & 4 & 8 & 6 \\ 1 & -1 & 2 & 3 \\ 4 & -1 & 7 & 8 \end{bmatrix} = D$

我們在下面討論一種非常有用的矩陣形式，稱為**列梯陣**，此種矩陣在**高斯消去法**解一次方程組時非常有用．

定義 9-12

若 $m \times n$ 矩陣 A 滿足下列性質，則稱為**列梯陣**．
(1) 所有全為 0 的列（若有的話）皆置於矩陣的底部．
(2) 不全為 0 的列當中第一個非 0 的元素為 1，此稱為列的**首項**．
(3) 若第 i 列與第 $i+1$ 列皆不全為 0，則第 $i+1$ 列的首項應置於第 i 列之首項的右方．

例題 2　矩陣

$$A = \begin{bmatrix} 1 & -3 & 2 & 4 \\ 0 & 1 & 4 & 5 \\ 0 & 0 & 1 & 2 \end{bmatrix} \text{與 } B = \begin{bmatrix} 1 & 2 & 3 & 1 & 2 \\ 0 & 1 & -2 & 4 & 5 \\ 0 & 0 & 1 & -2 & 6 \\ 0 & 0 & 0 & 0 & 0 \\ 0 & 0 & 0 & 0 & 0 \end{bmatrix}$$

均為列梯陣．

第九章 矩 陣 **277**

讀者應特別注意，列梯陣當中若一行含有某列的首項，而該行的其他元素皆為 0，則該列梯陣稱為**簡約列梯陣**．

例題 3 矩陣 $A = \begin{bmatrix} 1 & 0 & 0 & 0 & 3 \\ 0 & 0 & 1 & 0 & 4 \\ 0 & 0 & 0 & 1 & 1 \end{bmatrix}$ 與 $B = \begin{bmatrix} 1 & 0 & 0 & -2 \\ 0 & 1 & 2 & 1 \\ 0 & 0 & 0 & 0 \end{bmatrix}$ 均為簡約列梯陣．

例題 4 試將矩陣 $A = \begin{bmatrix} 0 & 2 & 3 & -4 & 1 \\ 0 & 0 & 2 & 3 & 4 \\ 2 & 2 & -5 & 2 & 4 \\ 2 & 0 & -6 & 9 & 7 \end{bmatrix}$ 化成簡約列梯陣．

解 步驟 1：從左往右，找出 A 中首先出現不全為 0 的行，此行稱為**樞軸行**．

$$A = \begin{bmatrix} 0 & 2 & 3 & -4 & 1 \\ 0 & 0 & 2 & 3 & 4 \\ 2 & 2 & -5 & 2 & 4 \\ 2 & 0 & -6 & 9 & 7 \end{bmatrix}$$
$\qquad\qquad\quad\uparrow$
$\qquad\quad$ A 的樞軸行

步驟 2：從上往下，找出在樞軸行中第一個非 0 的元素，此元素稱為**樞軸元素**，如 A 中圈圈所示．

$$A = \begin{bmatrix} 0 & 2 & 3 & -4 & 1 \\ 0 & 0 & 2 & 3 & 4 \\ ② & 2 & -5 & 2 & 4 \\ 2 & 0 & -6 & 9 & 7 \end{bmatrix}$$
樞軸元素 →

步驟 3：將第一列與樞軸元素所在之列互換，使得樞軸元素在第一列，令此新矩陣為 A_1．

$$A_1 = \begin{bmatrix} ② & 2 & -5 & 2 & 4 \\ 0 & 0 & 2 & 3 & 4 \\ 0 & 2 & 3 & -4 & 1 \\ 2 & 0 & -6 & 9 & 7 \end{bmatrix}$$

步驟 4：為了使首項為 1，將 A_1 的第一列除以樞軸元素 2，於是，在第一列且在樞軸行的元素為 1，令此新矩陣為 A_2．

$$A_2 = \begin{bmatrix} 1 & 1 & -\dfrac{5}{2} & 1 & 2 \\ 0 & 0 & 2 & 3 & 4 \\ 0 & 2 & 3 & -4 & 1 \\ 2 & 0 & -6 & 9 & 7 \end{bmatrix}$$

步驟 5：將 A_2 的第一列乘上 (-2) 之後加到第四列，使得在樞軸行的各元素除了樞軸元素所在位置的元素外均為 0，令此新矩陣為 A_3．

$$A_3 = \begin{bmatrix} 1 & 1 & -\dfrac{5}{2} & 1 & 2 \\ 0 & 0 & 2 & 3 & 4 \\ 0 & 2 & 3 & -4 & 1 \\ 0 & -2 & -1 & 7 & 3 \end{bmatrix}$$

步驟 6：保留矩陣 A_3 的第一列，且重複 1 至 5 的步驟處理留下來之子矩陣 B，繼續使用此法直到整個矩陣成簡約列梯陣．

$$\begin{matrix} & 1 & 1 & -\dfrac{5}{2} & 1 & 2 \\ B = & \begin{bmatrix} 0 & 0 & 2 & 3 & 4 \\ 0 & ② & 3 & -4 & 1 \\ 0 & -2 & -1 & 7 & 3 \end{bmatrix} \end{matrix}$$

B 的樞軸行 ⏎
樞軸元素 ⎯⎯⎯⎯

B 的第一與第二列互換，可得

$$B_1 = \begin{bmatrix} 1 & 1 & -\dfrac{5}{2} & 1 & 2 \\ 0 & 2 & 3 & -4 & 1 \\ 0 & 0 & 2 & 3 & 4 \\ 0 & -2 & -1 & 7 & 3 \end{bmatrix}$$

B_1 的第一列除以 2，可得

$$B_2 = \begin{bmatrix} 1 & 1 & -\dfrac{5}{2} & 1 & 2 \\ 0 & 1 & \dfrac{3}{2} & -2 & \dfrac{1}{2} \\ 0 & 0 & 2 & 3 & 4 \\ 0 & -2 & -1 & 7 & 3 \end{bmatrix}$$

B_2 的第一列乘上 2 加到第三列，可得

$$B_3 = \begin{bmatrix} 1 & 1 & -\dfrac{5}{2} & 1 & 2 \\ 0 & 1 & \dfrac{3}{2} & -2 & \dfrac{1}{2} \\ 0 & 0 & 2 & 3 & 4 \\ 0 & 0 & 2 & 3 & 4 \end{bmatrix}$$

步驟 7：B_3 的第一列乘上 (−1) 後加到方框框外的列，使得在 B_3 的樞軸行中除了樞軸元素外，其他的元素皆為 0．

步驟 8：保留 B_3 矩陣的第一列，且重複步驟 1 至 7 處理留下來之子矩陣 **C**．

$$C = \begin{bmatrix} 1 & 0 & -4 & 3 & \frac{3}{2} \\ 0 & 1 & \frac{3}{2} & -2 & \frac{1}{2} \\ 0 & 0 & ② & 3 & 4 \\ 0 & 0 & 2 & 3 & 4 \end{bmatrix}$$

　　　　　　　　　　　　C 的樞軸行 ┘
　　　　　　　　樞軸元素 ─

C 中不需互換任何列，將 C 的第一列除以 2，可得

$$C_1 = \begin{bmatrix} 1 & 0 & -4 & 3 & \frac{3}{2} \\ 0 & 1 & \frac{3}{2} & -2 & \frac{1}{2} \\ 0 & 0 & 1 & \frac{3}{2} & 2 \\ 0 & 0 & 2 & 3 & 4 \end{bmatrix}$$

C_1 的第一列乘上 (-2) 後加到第二列，可得

$$C_2 = \begin{bmatrix} 1 & 0 & -4 & 3 & \frac{3}{2} \\ 0 & 1 & \frac{3}{2} & -2 & \frac{1}{2} \\ 0 & 0 & 1 & \frac{3}{2} & 2 \\ 0 & 0 & 0 & 0 & 0 \end{bmatrix}$$

將 C_2 的第一列乘上 4 後加到方框框外的第一列，C_2 的第一列乘上 $\left(-\frac{3}{2}\right)$ 後加到方框框外的第二列，可得

$$\begin{bmatrix} 1 & 0 & 0 & 9 & \dfrac{19}{2} \\ 0 & 1 & 0 & -\dfrac{17}{4} & -\dfrac{5}{2} \\ 0 & 0 & 1 & \dfrac{3}{2} & 2 \\ 0 & 0 & 0 & 0 & 0 \end{bmatrix}$$

為簡約列梯陣.

由上述例題，我們得知下面的定理，但不予證明.

定理 9-6

每一非零的 $m \times n$ 矩陣列同義於其唯一的簡約列梯陣.

現在，我們將列梯陣應用到解一次方程組上。已知一次方程組

$$\begin{cases} a_{11}x_1 + a_{12}x_2 + \cdots + a_{1n}x_n = b_1 \\ a_{21}x_1 + a_{22}x_2 + \cdots + a_{2n}x_n = b_2 \\ a_{31}x_1 + a_{32}x_2 + \cdots + a_{3n}x_n = b_3 \\ \vdots \quad\quad \vdots \quad\quad \vdots \quad\quad \vdots \\ a_{n1}x_1 + a_{n2}x_2 + \cdots + a_{nn}x_n = b_n \end{cases} \quad (9\text{-}3\text{-}1)$$

其中 $x_1, x_2, \cdots, x_n$ 為未知數，而 $a_{11}, a_{12}, \cdots, a_{nn}, b_1, b_2, \cdots, b_n$ 為常數.

若令

$$A = \begin{bmatrix} a_{11} & a_{12} & \cdots & a_{1n} \\ a_{21} & a_{22} & \cdots & a_{2n} \\ \vdots & \vdots & & \vdots \\ a_{n1} & a_{n2} & \cdots & a_{nn} \end{bmatrix}, \quad X = \begin{bmatrix} x_1 \\ x_2 \\ \vdots \\ x_n \end{bmatrix}, \quad B = \begin{bmatrix} b_1 \\ b_2 \\ \vdots \\ b_n \end{bmatrix}$$

則按矩陣之乘法，及相等矩陣之定義，式 (9-3-1) 可寫成

$$\begin{bmatrix} a_{11} & a_{12} & \cdots & a_{1n} \\ a_{21} & a_{22} & \cdots & a_{2n} \\ \vdots & \vdots & & \vdots \\ a_{n1} & a_{n2} & \cdots & a_{nn} \end{bmatrix} \begin{bmatrix} x_1 \\ x_2 \\ \vdots \\ x_n \end{bmatrix} = \begin{bmatrix} b_1 \\ b_2 \\ \vdots \\ b_n \end{bmatrix} \qquad (9\text{-}3\text{-}2)$$

其中方陣 A 稱為此一次方程組的**係數矩陣**，方程式

$$AX = B \qquad (9\text{-}3\text{-}3)$$

稱為此一次方程組的**矩陣方程式**，又矩陣

$$[A \vdots B] = \begin{bmatrix} a_{11} & a_{12} & a_{13} & \cdots & a_{1n} & \vdots & b_1 \\ a_{21} & a_{22} & a_{23} & \cdots & a_{2n} & \vdots & b_2 \\ \vdots & \vdots & \vdots & & \vdots & \vdots & \vdots \\ a_{n1} & a_{n2} & a_{n3} & \cdots & a_{nn} & \vdots & b_n \end{bmatrix}$$

稱為**擴增矩陣**．

例如，一次方程組

$$\begin{cases} 2x_1 + 3x_2 - x_3 = 4 \\ 3x_1 - 4x_2 + x_3 = 1 \\ 7x_1 + 5x_2 + 4x_3 = -1 \end{cases}$$

寫成矩陣方程式為

$$\begin{bmatrix} 2 & 3 & -1 \\ 3 & -4 & 1 \\ 7 & 5 & 4 \end{bmatrix} \begin{bmatrix} x_1 \\ x_2 \\ x_3 \end{bmatrix} = \begin{bmatrix} 4 \\ 1 \\ -1 \end{bmatrix}$$

其中 $\begin{bmatrix} 2 & 3 & -1 \\ 3 & -4 & 1 \\ 7 & 5 & 4 \end{bmatrix}$ 為係數矩陣，而 $\begin{bmatrix} 2 & 3 & -1 & \vdots & 4 \\ 3 & -4 & 1 & \vdots & 1 \\ 7 & 5 & 4 & \vdots & -1 \end{bmatrix}$ 為擴增矩陣．

一次方程組以矩陣方程式表示相當簡便，我們可藉矩陣之基本列運算解此方程組．

定理 9-7

設 $AX=B$ 與 $CX=D$ 均為含有 n 個未知數的 m 個方程式所形成的一次方程組。如果這些方程組的擴增矩陣 $[A\vdots B]$ 與 $[C\vdots D]$ 為列同義，則此兩方程組恰有相同的解.

推論

如果 A 與 C 為列同義的 $m\times n$ 矩陣，則一次方程組 $AX=0$ 與 $CX=0$ 恰有相同的解.

首先，我們介紹一種高斯後代法來解一次方程組.

例題 5 解一次方程組

$$\begin{cases} x_1 - x_2 + x_3 = 4 \\ 3x_1 + 2x_2 + x_3 = 2 \\ 4x_1 + 2x_2 + 2x_3 = 8 \end{cases}.$$

解 方程組的擴增矩陣為

$$\begin{bmatrix} 1 & -1 & 1 & \vdots & 4 \\ 3 & 2 & 1 & \vdots & 2 \\ 4 & 2 & 2 & \vdots & 8 \end{bmatrix} \xrightarrow{-3R_1+R_2} \begin{bmatrix} 1 & -1 & 1 & \vdots & 4 \\ 0 & 5 & -2 & \vdots & -10 \\ 4 & 2 & 2 & \vdots & 8 \end{bmatrix} \xrightarrow{-4R_1+R_3}$$

原方程組　　　　　　　　擴增矩陣所對應新的方程組

$$\begin{cases} x_1 - x_2 + x_3 = 4 \\ 3x_1 + 2x_2 + x_3 = 2 \\ 4x_1 + 2x_2 + 2x_3 = 8 \end{cases} \qquad \begin{cases} x_1 - x_2 + x_3 = 4 \\ 5x_2 - 2x_3 = -10 \\ 4x_1 + 2x_2 + 2x_3 = 8 \end{cases}$$

$$\begin{bmatrix} 1 & -1 & 1 & \vdots & 4 \\ 0 & 5 & -2 & \vdots & -10 \\ 0 & 6 & -2 & \vdots & -8 \end{bmatrix} \xrightarrow{-\frac{6}{5}R_2+R_3} \begin{bmatrix} 1 & -1 & 1 & \vdots & 4 \\ 0 & 5 & -2 & \vdots & -10 \\ 0 & 0 & \frac{2}{5} & \vdots & 4 \end{bmatrix} \xrightarrow{\frac{1}{5}R_2}$$

擴增矩陣所對應新的方程組　　擴增矩陣所對應新的方程組

$$\begin{cases} x_1 - x_2 + x_3 = 4 \\ 5x_2 - 2x_3 = -10 \\ 6x_2 - 2x_3 = -8 \end{cases}$$
$$\begin{cases} x_1 - x_2 + x_3 = 4 \\ 5x_2 - 2x_3 = -10 \\ \dfrac{2}{5}x_3 = 4 \end{cases}$$

$$\begin{bmatrix} 1 & -1 & 1 & \vdots & 4 \\ 0 & 1 & -\dfrac{2}{5} & \vdots & -2 \\ 0 & 0 & \dfrac{2}{5} & \vdots & 4 \end{bmatrix}$$

至此，擴增矩陣所對應的方程組為

$$\begin{cases} x_1 - x_2 + x_3 = 4 & \cdots\cdots ① \\ x_2 - \dfrac{2}{5}x_3 = -2 & \cdots\cdots ② \\ \dfrac{2}{5}x_3 = 4 & \cdots\cdots ③ \end{cases}$$

由 ③ 式解得 $x_3 = 10$，代入 ② 式可得 $x_2 = -2 + \dfrac{2}{5}x_3 = -2 + 4 = 2$，

最後將 x_3 與 x_2 再代入 ① 式可得 $x_1 = 4 + x_2 - x_3 = 4 + 2 - 10 = -4$.

但讀者應注意由原係數矩陣的擴增矩陣，經由有限次之基本列運算後，其係數矩陣列同義於一上三角方陣，故由後代法依序解得 x_3、x_2 與 x_1 的值．如果再繼續矩陣的基本列運算，使係數矩陣列同義於一單位方陣，即

$$IX = C \Rightarrow X = C$$

則可直接求得 x_1、x_2 與 x_3 的值．因此，擴增矩陣 $[A \vdots B]$ 若經有限次基本列運算可變形為 $[I \vdots C]$，即表示恰有一解，否則可能無解或無限多組解，現在再繼續例題 5 的矩陣基本列運算．

$$\begin{bmatrix} 1 & -1 & 1 & \vdots & 4 \\ 0 & 1 & -\dfrac{2}{5} & \vdots & -2 \\ 0 & 0 & \dfrac{2}{5} & \vdots & 4 \end{bmatrix} \xrightarrow{\frac{5}{2}R_3} \begin{bmatrix} 1 & -1 & 1 & \vdots & 4 \\ 0 & 1 & -\dfrac{2}{5} & \vdots & -2 \\ 0 & 0 & 1 & \vdots & 10 \end{bmatrix} \xrightarrow{1R_2+R_1}$$

$$\begin{bmatrix} 1 & 0 & \dfrac{3}{5} & \vdots & 2 \\ 0 & 1 & -\dfrac{2}{5} & \vdots & -2 \\ 0 & 0 & 1 & \vdots & 10 \end{bmatrix} \xrightarrow{-\frac{3}{5}R_3+R_1} \begin{bmatrix} 1 & 0 & 0 & \vdots & -4 \\ 0 & 1 & -\dfrac{2}{5} & \vdots & -2 \\ 0 & 0 & 1 & \vdots & 10 \end{bmatrix}$$

$$\xrightarrow{\frac{2}{5}R_3+R_2} \begin{bmatrix} 1 & 0 & 0 & \vdots & -4 \\ 0 & 1 & 0 & \vdots & 2 \\ 0 & 0 & 1 & \vdots & 10 \end{bmatrix}$$

即，$\begin{bmatrix} 1 & -1 & 1 & \vdots & 4 \\ 3 & 2 & 1 & \vdots & 2 \\ 4 & 2 & 2 & \vdots & 8 \end{bmatrix}$ 與 $\begin{bmatrix} 1 & 0 & 0 & \vdots & -4 \\ 0 & 1 & 0 & \vdots & 2 \\ 0 & 0 & 1 & \vdots & 10 \end{bmatrix}$ 為列同義，而矩陣 $\begin{bmatrix} 1 & 0 & 0 & \vdots & -4 \\ 0 & 1 & 0 & \vdots & 2 \\ 0 & 0 & 1 & \vdots & 10 \end{bmatrix}$

所表示的就是方程組

$$\begin{cases} 1x_1+0x_2+0x_3=-4 \\ 0x_1+1x_2+0x_3=2 \\ 0x_1+0x_2+1x_3=10 \end{cases}$$

因此，方程組的解為

$$\begin{cases} x_1=-4 \\ x_2=2 \\ x_3=10 \end{cases}$$

此方法稱為**高斯-約旦消去法**．

隨堂練習 9 ✎ 利用高斯後代法解下列方程組

$$\begin{cases} x_2 - 2x_3 + x_4 = 1 \\ 2x_1 - x_2 \quad\quad\; + x_4 = 0 \\ 4x_1 + x_2 - 6x_3 + x_4 = 3 \end{cases}.$$

答案：$x_1 = \dfrac{1}{2} + s$，$x_2 = 1 + 2s - t$，$x_3 = s$，$x_4 = t$，$s \in \mathbb{R}$，$t \in \mathbb{R}$.

在式 (9-3-1) 中，若 $b_1 = b_2 = b_3 = \cdots = b_n = 0$，則稱為**齊次方程組**，我們亦可用矩陣形式寫成

$$AX = 0 \tag{9-3-4}$$

式 (9-3-4) 中的一組解 $x_1 = x_2 = x_3 = \cdots = x_n = 0$ 稱為齊次方程組的**零解**. 另外，若齊次方程組的一組解 x_1，x_2，x_3，$\cdots$，x_n 並非全為 0，則稱為**非零解**.

例題 6 解齊次方程組

$$\begin{cases} x_1 + 2x_2 + 3x_3 = 0 \\ -x_1 + 3x_2 + 2x_3 = 0 \\ 2x_1 + x_2 - 2x_3 = 0 \end{cases}.$$

解 此方程組的擴增矩陣為

$$\begin{bmatrix} 1 & 2 & 3 & \vdots & 0 \\ -1 & 3 & 2 & \vdots & 0 \\ 2 & 1 & -2 & \vdots & 0 \end{bmatrix} \xrightarrow{1R_1 + R_2} \begin{bmatrix} 1 & 2 & 3 & \vdots & 0 \\ 0 & 5 & 5 & \vdots & 0 \\ 2 & 1 & -2 & \vdots & 0 \end{bmatrix} \xrightarrow{-2R_1 + R_3}$$

$$\begin{bmatrix} 1 & 2 & 3 & \vdots & 0 \\ 0 & 5 & 5 & \vdots & 0 \\ 0 & -3 & -8 & \vdots & 0 \end{bmatrix} \xrightarrow{\frac{1}{5}R_2} \begin{bmatrix} 1 & 2 & 3 & \vdots & 0 \\ 0 & 1 & 1 & \vdots & 0 \\ 0 & -3 & -8 & \vdots & 0 \end{bmatrix} \xrightarrow{3R_2 + R_3}$$

$$\begin{bmatrix} 1 & 2 & 3 & \vdots & 0 \\ 0 & 1 & 1 & \vdots & 0 \\ 0 & 0 & -5 & \vdots & 0 \end{bmatrix} \xrightarrow{-\frac{1}{5}R_3} \begin{bmatrix} 1 & 2 & 3 & \vdots & 0 \\ 0 & 1 & 1 & \vdots & 0 \\ 0 & 0 & 1 & \vdots & 0 \end{bmatrix} \xrightarrow{-2R_1 + R_3} \begin{bmatrix} 1 & 0 & 1 & \vdots & 0 \\ 0 & 1 & 1 & \vdots & 0 \\ 0 & 0 & 1 & \vdots & 0 \end{bmatrix}$$

$$\xrightarrow{-1R_3+R_1} \begin{bmatrix} 1 & 0 & 0 & \vdots & 0 \\ 0 & 1 & 1 & \vdots & 0 \\ 0 & 0 & 1 & \vdots & 0 \end{bmatrix} \xrightarrow{-1R_3+R_2} \begin{bmatrix} 1 & 0 & 0 & \vdots & 0 \\ 0 & 1 & 0 & \vdots & 0 \\ 0 & 0 & 1 & \vdots & 0 \end{bmatrix}$$

因此，方程組的解為 $x_1=x_2=x_3=0$.

例題 7 解齊次方程組

$$\begin{cases} x_1 + x_2 + x_3 + x_4 = 0 \\ x_1 + x_4 = 0 \\ x_1 + 2x_2 + x_3 = 0 \end{cases}.$$

解 此方程組的擴增矩陣為

$$\begin{bmatrix} 1 & 1 & 1 & 1 & \vdots & 0 \\ 1 & 0 & 0 & 1 & \vdots & 0 \\ 1 & 2 & 1 & 0 & \vdots & 0 \end{bmatrix} \xrightarrow{-1R_1+R_2} \begin{bmatrix} 1 & 1 & 1 & 1 & \vdots & 0 \\ 0 & -1 & -1 & 0 & \vdots & 0 \\ 1 & 2 & 1 & 0 & \vdots & 0 \end{bmatrix} \xrightarrow{-1R_1+R_3}$$

$$\begin{bmatrix} 1 & 1 & 1 & 1 & \vdots & 0 \\ 0 & -1 & -1 & 0 & \vdots & 0 \\ 0 & 1 & 0 & -1 & \vdots & 0 \end{bmatrix} \xrightarrow{1R_2+R_1} \begin{bmatrix} 1 & 0 & 0 & 1 & \vdots & 0 \\ 0 & -1 & -1 & 0 & \vdots & 0 \\ 0 & 1 & 0 & -1 & \vdots & 0 \end{bmatrix} \xrightarrow{1R_2+R_3}$$

$$\begin{bmatrix} 1 & 0 & 0 & 1 & \vdots & 0 \\ 0 & -1 & -1 & 0 & \vdots & 0 \\ 0 & 0 & -1 & -1 & \vdots & 0 \end{bmatrix} \xrightarrow{-1R_3} \begin{bmatrix} 1 & 0 & 0 & 1 & \vdots & 0 \\ 0 & -1 & -1 & 0 & \vdots & 0 \\ 0 & 0 & 1 & 1 & \vdots & 0 \end{bmatrix} \xrightarrow{1R_2+R_3}$$

$$\begin{bmatrix} 1 & 0 & 0 & 1 & \vdots & 0 \\ 0 & -1 & 0 & 1 & \vdots & 0 \\ 0 & 0 & 1 & 1 & \vdots & 0 \end{bmatrix} \xrightarrow{-1R_2} \begin{bmatrix} 1 & 0 & 0 & 1 & \vdots & 0 \\ 0 & 1 & 0 & -1 & \vdots & 0 \\ 0 & 0 & 1 & 0 & \vdots & 0 \end{bmatrix}$$

最後矩陣所表示的方程組就是

$$\begin{cases} x_1 + \cdots + x_4 = 0 \\ x_2 + \cdots - x_4 = 0 \\ x_3 + x_4 = 0 \end{cases}$$

故方程組的解為 $\begin{cases} x_1 = -t \\ x_2 = t \\ x_3 = -t \\ x_4 = t \end{cases}, t \in I\!R.$

由以上的討論，我們得知一次方程組可能有解，也可能無解；如果有解，可能只有一組解，也可能有無限多組解．至少有一組解的一次方程組稱為**相容**，而無解的方程組稱為**不相容**．

定理 9-8

未知數個數多於方程式個數的一次齊次方程組有無窮多組解．

註：注意定理 9-7 僅適用於齊次方程組。未知數個數多於方程式個數之非齊次方程組未必是相容的；然而，假使方程組是相容，則它亦將有無窮多組解．

習題 9-3

1. 設
$$A = \begin{bmatrix} 2 & 0 & 4 & 2 \\ 3 & -2 & 5 & 6 \\ -1 & 3 & 1 & 1 \end{bmatrix}$$

求出經由下列對 A 的基本列運算所得到的矩陣．

(1) 將第二與第三列互換.

(2) 將第二列乘上 (-4).

(3) 將第三列乘上 2 後加到第一列.

2. 下列各矩陣中，哪些為簡約列梯陣？

$$A = \begin{bmatrix} 1 & 0 & 0 & 0 & -3 \\ 0 & 0 & 1 & 0 & 4 \\ 0 & 0 & 0 & 1 & 2 \end{bmatrix} \qquad B = \begin{bmatrix} 0 & 1 & 0 & 0 & 5 \\ 0 & 0 & 1 & 0 & -4 \\ 0 & 0 & 0 & -1 & 3 \end{bmatrix}$$

$$C = \begin{bmatrix} 0 & 1 & 0 & 0 & 5 \\ 0 & 0 & 1 & 0 & 5 \\ 0 & 1 & 0 & -2 & 5 \end{bmatrix} \qquad D = \begin{bmatrix} 1 & 0 & 0 & 0 & 2 \\ 0 & 0 & 1 & 0 & 0 \\ 0 & 0 & 0 & 1 & 3 \\ 0 & 0 & 0 & 0 & 0 \end{bmatrix}$$

$$E = \begin{bmatrix} 0 & 0 & 0 & 0 & 0 \\ 0 & 0 & 1 & 2 & -3 \\ 0 & 0 & 0 & 1 & 0 \\ 0 & 0 & 0 & 0 & 0 \end{bmatrix} \qquad F = \begin{bmatrix} 1 & 0 & 0 & 3 & 0 \\ 0 & 0 & 1 & 0 & 0 \\ 0 & 0 & 0 & 0 & 1 \\ 0 & 0 & 0 & 0 & 0 \\ 0 & 0 & 0 & 0 & 0 \end{bmatrix}$$

3. 若 $A = \begin{bmatrix} 2 & 2 & 1 & 0 \\ 3 & -1 & 2 & 1 \\ 4 & 2 & 3 & 1 \end{bmatrix}$，求出一簡約列梯陣 B 使其列同義於 A.

4. 試將下列方程組寫成矩陣形式 $AX = B$.

$$\begin{cases} 4x_1 - 3x_3 + x_4 = 1 \\ 5x_1 + x_2 - 8x_4 = 3 \\ 2x_1 - 5x_2 + 9x_3 - x_4 = 0 \\ 3x_2 - x_3 + 7x_4 = 2 \end{cases}$$

5. 試寫出下列矩陣形式所表示的方程組.

$$\begin{bmatrix} 3 & -2 & 0 & 1 \\ 5 & 0 & 2 & -2 \\ 3 & 1 & 4 & 7 \\ -2 & 5 & 1 & 6 \end{bmatrix} \begin{bmatrix} x_1 \\ x_2 \\ x_3 \\ x_4 \end{bmatrix} = \begin{bmatrix} 0 \\ 0 \\ 1 \\ 4 \end{bmatrix}$$

6. 試利用高斯後代法解下列方程組.

(1) $\begin{cases} x_1 - 2x_2 + x_3 = 5 \\ -2x_1 + 3x_2 + x_3 = 1 \\ x_1 + 3x_2 + 2x_3 = 2 \end{cases}$
(2) $\begin{cases} 2x_1 - 3x_2 + x_3 = 1 \\ -x_1 + 2x_3 = 0 \\ 3x_1 - 3x_2 - x_3 = 1 \end{cases}$

7. 試利用高斯-約旦消去法解下列方程組.

(1) $\begin{cases} x_1 - 2x_2 + x_3 = 5 \\ -2x_1 + 3x_2 + x_3 = 1 \\ x_1 + 3x_2 + 2x_3 = 2 \end{cases}$
(2) $\begin{cases} -x_2 + x_3 = 3 \\ x_1 - x_2 - x_3 = 0 \\ -x_1 - x_3 = -3 \end{cases}$

8. 方陣 A 列同義於 $I \Leftrightarrow AX = 0$ 僅有零解，試利用此觀念判斷下列哪一個方程組有一組非零解.

(1) $\begin{cases} x_1 + 2x_2 + 3x_3 = 0 \\ 2x_2 + 2x_3 = 0 \\ x_1 + 2x_2 + 3x_3 = 0 \end{cases}$
(2) $\begin{cases} x_1 + x_2 + 2x_3 = 0 \\ 2x_1 + x_2 + x_3 = 0 \\ 3x_1 - x_2 + x_3 = 0 \end{cases}$

▶▶ 9-4 可逆方陣

對於每一個非零的數，均會存在一乘法反元素；但是在矩陣的運算中，對於一個非零矩陣是否會存在一矩陣，而使得此兩矩陣相乘為單位矩陣呢？這就產生了逆方陣的觀念．我們看下面的定義．

定義 9-13

若 $A=[a_{ij}]_{n\times n}$，並存在另一方陣 $B=[b_{ij}]_{n\times n}$，使得 $AB=BA=I_n$，則稱 B 為 A 的逆方陣或反方陣，此時，A 稱為可逆方陣或非奇異方陣，通常以 A^{-1} 表示 A 的逆方陣；反之，若不存在這樣的方陣 B，則稱 A 為奇異方陣．

例題 1 方陣 $A=\begin{bmatrix} 1 & 2 \\ 4 & 9 \end{bmatrix}$ 的逆方陣為 $B=\begin{bmatrix} 9 & -2 \\ -4 & 1 \end{bmatrix}$，因為

$$AB=\begin{bmatrix} 1 & 2 \\ 4 & 9 \end{bmatrix}\begin{bmatrix} 9 & -2 \\ -4 & 1 \end{bmatrix}=\begin{bmatrix} 1 & 0 \\ 0 & 1 \end{bmatrix}=I_2$$

$$BA=\begin{bmatrix} 9 & -2 \\ -4 & 1 \end{bmatrix}\begin{bmatrix} 1 & 2 \\ 4 & 9 \end{bmatrix}=\begin{bmatrix} 1 & 0 \\ 0 & 1 \end{bmatrix}=I_2.$$

例題 2 若 $A=\begin{bmatrix} 1 & 2 \\ 3 & 4 \end{bmatrix}$，則 A 的逆方陣是否存在？

解 為了求 A 的逆方陣，我們設其逆方陣為

$$A^{-1}=\begin{bmatrix} a & b \\ c & d \end{bmatrix}$$

可得
$$AA^{-1}=\begin{bmatrix} 1 & 2 \\ 3 & 4 \end{bmatrix}\begin{bmatrix} a & b \\ c & d \end{bmatrix}=\begin{bmatrix} 1 & 0 \\ 0 & 1 \end{bmatrix}$$

$$\Rightarrow \begin{bmatrix} a+2c & b+2d \\ 3a+4c & 3b+4d \end{bmatrix}=\begin{bmatrix} 1 & 0 \\ 0 & 1 \end{bmatrix}$$

上式等號兩端的矩陣相等，故其對應元素應相等，可得下列方程組

$$\begin{cases} a+2c=1 \\ 3a+4c=0 \end{cases} \text{與} \begin{cases} b+2d=0 \\ 3b+4d=1 \end{cases}$$

解上面方程組，可得 $a=-2$，$c=\dfrac{3}{2}$，$b=-2$，$d=-\dfrac{1}{2}$，又因為方陣

$$\begin{bmatrix} a & b \\ c & d \end{bmatrix} = \begin{bmatrix} -2 & 1 \\ \dfrac{3}{2} & -\dfrac{1}{2} \end{bmatrix}$$

亦滿足下列性質

$$\begin{bmatrix} -2 & 1 \\ \dfrac{3}{2} & -\dfrac{1}{2} \end{bmatrix} \begin{bmatrix} 1 & 2 \\ 3 & 4 \end{bmatrix} = \begin{bmatrix} 1 & 0 \\ 0 & 1 \end{bmatrix}$$

因此，A 為非奇異方陣，而

$$A^{-1} = \begin{bmatrix} -2 & 1 \\ \dfrac{3}{2} & -\dfrac{1}{2} \end{bmatrix}$$

一般而言，對方陣

$$A = \begin{bmatrix} a & b \\ c & d \end{bmatrix}$$

若 $ad - bc \neq 0$，則

$$A^{-1} = \dfrac{1}{ad-bc} \begin{bmatrix} d & -b \\ -c & a \end{bmatrix} = \begin{bmatrix} \dfrac{d}{ad-bc} & -\dfrac{b}{ad-bc} \\ -\dfrac{c}{ad-bc} & \dfrac{a}{ad-bc} \end{bmatrix}$$

讀者要特別注意，並非每一個方陣皆有逆方陣，例如 $A = \begin{bmatrix} 1 & 3 \\ 2 & 6 \end{bmatrix}$ 就沒有逆方陣，所以 A 是奇異方陣．

定理 9-9

若 A 為可逆方陣，則其逆方陣必唯一存在．

證：設 B、C 均為 A 的逆方陣，則

$$AB = BA = I_n, \quad AC = CA = I_n$$

又

$$B(AC) = (BA)C$$

即 $BI_n = I_n C$，故得 $B = C$．此即表示若其逆方陣存在，則必唯一．

定理 9-10

二階方陣 $A = \begin{bmatrix} a & b \\ c & d \end{bmatrix}$ 具有逆方陣，若且唯若 $\delta = ad - bc \neq 0$．在此情況下，逆方陣為

$$A^{-1} = \frac{1}{\delta} \begin{bmatrix} d & -b \\ -c & a \end{bmatrix}.$$

對於二階方陣 $A = \begin{bmatrix} a & b \\ c & d \end{bmatrix}$，條件 $\delta = ad - bc \neq 0$ 為逆方陣存在之充分且必要條件．定理 9-10 很容易證明，因為

$$\begin{bmatrix} a & b \\ c & d \end{bmatrix} \begin{bmatrix} d & -b \\ -c & a \end{bmatrix} = \begin{bmatrix} \delta & 0 \\ 0 & \delta \end{bmatrix}$$

$$\Rightarrow \begin{bmatrix} a & b \\ c & d \end{bmatrix} \begin{bmatrix} d & -b \\ -c & a \end{bmatrix} = \delta \begin{bmatrix} 1 & 0 \\ 0 & 1 \end{bmatrix}$$

若 $\delta \neq 0$，則

$$\begin{bmatrix} a & b \\ c & d \end{bmatrix} \frac{1}{\delta} \begin{bmatrix} d & -b \\ -c & a \end{bmatrix} = \begin{bmatrix} 1 & 0 \\ 0 & 1 \end{bmatrix}$$

即 $AA^{-1} = I_2$，故 A 具有逆方陣．反之亦成立，讀者可自行證明．

例題 3 方陣 $A=\begin{bmatrix} 12 & -4 \\ 9 & -3 \end{bmatrix}$ 為非可逆方陣，因為 $\delta=(12)(-3)-(-4)(9)=0$.

另外方陣 $B=\begin{bmatrix} -5 & 2 \\ 9 & -4 \end{bmatrix}$ 為可逆方陣，因為 $\delta=(-5)(-4)-(2)(9)=2\neq 0$.

B 的逆方陣為 $B^{-1}=\dfrac{1}{2}\begin{bmatrix} -4 & -2 \\ -9 & -5 \end{bmatrix}=\begin{bmatrix} -2 & -1 \\ -\dfrac{9}{2} & -\dfrac{5}{2} \end{bmatrix}$.

定理 9-11

若 A 與 B 均為可逆方陣，且 c 為非零的實數，則

(1) $(A^{-1})^{-1}=A$

(2) $(cA)^{-1}=\dfrac{1}{c}A^{-1}$

(3) $(AB)^{-1}=B^{-1}A^{-1}$

(4) $(A^n)^{-1}=(A^{-1})^n$

(5) $(A^T)^{-1}=(A^{-1})^T$

證：欲證明 (3)，可利用可逆方陣之定義，即

$$B^{-1}A^{-1}=(AB)^{-1} \Leftrightarrow B^{-1}A^{-1}(AB)=(AB)(B^{-1}A^{-1})=I_n$$

現在， $(B^{-1}A^{-1})(AB)=B^{-1}(A^{-1}A)B=B^{-1}I_nB=B^{-1}B=I_n$

且

$$(AB)(B^{-1}A^{-1})=A(BB^{-1})A^{-1}=AI_nA^{-1}=AA^{-1}=I_n$$

於是，$B^{-1}A^{-1}$ 為 AB 的逆方陣.

有關三階方陣之逆方陣的求法，須利用到矩陣之基本列運算. 若擴增矩陣 $[A \vdots I_n]$ 經矩陣之基本列運算可變形為 $[I_n \vdots B]$，即表示 B 為 A 之逆方陣，否則，則稱 A 為不可逆. 因 $[A \vdots I_n]$ 對應之矩陣方程式為 $AX=I_n$，若經矩陣基本列運算可化為 $[I_n \vdots B]$，即表示 $IX=B$，也就是 $X=B$，所以，得 $AB=I_n$；同理可得 $BA=I_n$，故 $B=A^{-1}$.

例如：若 $A=\begin{bmatrix} 3 & 1 \\ 5 & 2 \end{bmatrix}$，則由

$$\begin{bmatrix} 3 & 1 & \vdots & 1 & 0 \\ 5 & 2 & \vdots & 0 & 1 \end{bmatrix} \xrightarrow{\frac{1}{3}R_1} \begin{bmatrix} 1 & \frac{1}{3} & \vdots & \frac{1}{3} & 0 \\ 5 & 2 & \vdots & 0 & 1 \end{bmatrix} \xrightarrow{-5R_1+R_2} \begin{bmatrix} 1 & \frac{1}{3} & \vdots & \frac{1}{3} & 0 \\ 0 & \frac{1}{3} & \vdots & -\frac{5}{3} & 1 \end{bmatrix}$$

$$\xrightarrow{-1R_2+R_1} \begin{bmatrix} 1 & 0 & \vdots & 2 & -1 \\ 0 & \frac{1}{3} & \vdots & -\frac{5}{3} & 1 \end{bmatrix} \xrightarrow{3R_2} \begin{bmatrix} 1 & 0 & \vdots & 2 & -1 \\ 0 & 1 & \vdots & -5 & 3 \end{bmatrix}$$

可得 $A^{-1}=\begin{bmatrix} 2 & -1 \\ -5 & 3 \end{bmatrix}$.

例題 4 若 $A=\begin{bmatrix} 6 & -2 & -3 \\ -1 & 1 & 0 \\ -1 & 0 & 1 \end{bmatrix}$，試求 A^{-1}.

解
$$\begin{bmatrix} 6 & -2 & -3 & \vdots & 1 & 0 & 0 \\ -1 & 1 & 0 & \vdots & 0 & 1 & 0 \\ -1 & 0 & 1 & \vdots & 0 & 0 & 1 \end{bmatrix} \xrightarrow{R_1 \leftrightarrow R_3} \begin{bmatrix} -1 & 0 & 1 & \vdots & 0 & 0 & 1 \\ -1 & 1 & 0 & \vdots & 0 & 1 & 0 \\ 6 & -2 & -3 & \vdots & 1 & 0 & 0 \end{bmatrix} \xrightarrow{-1R_1}$$

$$\begin{bmatrix} 1 & 0 & -1 & \vdots & 0 & 0 & -1 \\ -1 & 1 & 0 & \vdots & 0 & 1 & 0 \\ 6 & -2 & -3 & \vdots & 1 & 0 & 0 \end{bmatrix} \xrightarrow[-6R_1+R_3]{1R_1+R_2} \begin{bmatrix} 1 & 0 & -1 & \vdots & 0 & 0 & -1 \\ 0 & 1 & -1 & \vdots & 0 & 1 & -1 \\ 0 & -2 & 3 & \vdots & 1 & 0 & 6 \end{bmatrix}$$

$$\xrightarrow{2R_2+R_3} \begin{bmatrix} 1 & 0 & -1 & \vdots & 0 & 0 & -1 \\ 0 & 1 & -1 & \vdots & 0 & 1 & -1 \\ 0 & 0 & 1 & \vdots & 1 & 2 & 4 \end{bmatrix} \xrightarrow{1R_3+R_1} \begin{bmatrix} 1 & 0 & 0 & \vdots & 1 & 2 & 3 \\ 0 & 1 & -1 & \vdots & 0 & 1 & -1 \\ 0 & 0 & 1 & \vdots & 1 & 2 & 4 \end{bmatrix}$$

$$\xrightarrow{1R_3+R_2} \begin{bmatrix} 1 & 0 & 0 & \vdots & 1 & 2 & 3 \\ 0 & 1 & 0 & \vdots & 1 & 3 & 3 \\ 0 & 0 & 1 & \vdots & 1 & 2 & 4 \end{bmatrix}$$

得 $A^{-1} = \begin{bmatrix} 1 & 2 & 3 \\ 1 & 3 & 3 \\ 1 & 2 & 4 \end{bmatrix}$.

隨堂練習 10 若 $A = \begin{bmatrix} 1 & 2 & -1 \\ 0 & 1 & 1 \\ 1 & 0 & -1 \end{bmatrix}$，試求 A^{-1}.

答案：$\begin{bmatrix} -\dfrac{1}{2} & 1 & \dfrac{3}{2} \\ \dfrac{1}{2} & 0 & -\dfrac{1}{2} \\ -\dfrac{1}{2} & 1 & \dfrac{1}{2} \end{bmatrix}$.

由前面求 A^{-1} 的實際方法中，我們可有下面的定理.

定理 9-12

一 n 階方陣為**非奇異**的充要條件是其為列同義於 I_n.

定理 9-13

令 $AX = B$ 為具有 n 個變數及 n 個一次方程式的方程組. 若 A^{-1} 存在，則此方程組之解為唯一，且 $X = A^{-1}B$.

證：我們首先證明 $X = A^{-1}B$ 為方程組的解. 將 $X = A^{-1}B$ 代入矩陣方程式中，並利用矩陣之性質，我們得到

$$AX = A(A^{-1}B) = (AA^{-1})B = I_n B = B$$

$X = A^{-1}B$ 滿足方程式；於是 $X = A^{-1}B$ 為方程式之解.

我們現在再證明解的唯一性．令 X_1 亦為其一解，則 $AX_1=B$．此式等號兩端同乘 A^{-1}，可得

$$A^{-1}AX_1=A^{-1}B$$

$$I_nX_1=A^{-1}B$$

$$X_1=A^{-1}B=X$$

於是，證得方程組有唯一解．

例題 5 試解下列一次方程組：

$$\begin{cases} 6x_1-2x_2-3x_3=1 \\ -x_1+x_2=-1 \\ -x_1+x_3=2 \end{cases}$$

解 此方程組的矩陣形式為

$$\begin{bmatrix} 6 & -2 & -3 \\ -1 & 1 & 0 \\ -1 & 0 & 1 \end{bmatrix} \begin{bmatrix} x_1 \\ x_2 \\ x_3 \end{bmatrix} = \begin{bmatrix} 1 \\ -1 \\ 2 \end{bmatrix}$$

由例題 4 得知 $A=\begin{bmatrix} 6 & -2 & -3 \\ -1 & 1 & 0 \\ -1 & 0 & 1 \end{bmatrix}$ 的逆方陣為 $A^{-1}=\begin{bmatrix} 1 & 2 & 3 \\ 1 & 3 & 3 \\ 1 & 2 & 4 \end{bmatrix}$

故方程組的解為 $X=\begin{bmatrix} x_1 \\ x_2 \\ x_3 \end{bmatrix}=\begin{bmatrix} 1 & 2 & 3 \\ 1 & 3 & 3 \\ 1 & 2 & 4 \end{bmatrix}\begin{bmatrix} 1 \\ -1 \\ 2 \end{bmatrix}=\begin{bmatrix} 5 \\ 4 \\ 7 \end{bmatrix}$

即 $x_1=5$，$x_2=4$，$x_3=7$．

隨堂練習 11 試解下列一次方程組 $\begin{cases} 4x_1-3x_2=1 \\ 2x_1-5x_2=2 \end{cases}$．

答案：$x_1 = -\dfrac{1}{14}$, $x_2 = -\dfrac{3}{7}$.

隨堂練習 12 ✎ 試求 x 使得 $\begin{bmatrix} 2x & 7 \\ 1 & 2 \end{bmatrix}^{-1} = \begin{bmatrix} 2 & -7 \\ -1 & 4 \end{bmatrix}$.

答案：$x = 2$.

定理 9-14

若 A 為 n 階方陣，則齊次方程組 $AX = 0$ 有一組非零解的充要條件是 A 為奇異方陣.

證：假設 A 為非奇異，則 A^{-1} 存在，然後將 $AX = 0$ 的左右兩邊乘上 A^{-1}，可得

$$A^{-1}(AX) = A^{-1}0$$
$$(A^{-1}A)X = 0$$
$$I_n X = 0$$
$$X = 0$$

所以，$AX = 0$ 的唯一解為 $X = 0$.

留給讀者自行證明：假設 A 為奇異，則 $AX = 0$ 有一組非零解.

例題 6 考慮齊次方程組 $AX = 0$，其中 $A = \begin{bmatrix} 6 & -2 & -3 \\ -1 & 1 & 0 \\ -1 & 0 & 1 \end{bmatrix}$. 因為 A 是非奇異，所以，

$$X = A^{-1}0 = 0$$

我們也可用高斯-約旦消去法來求解原來的方程組. 此時，我們可求出與原方程組的擴增矩陣

$$\begin{bmatrix} 6 & -2 & -3 & \vdots & 0 \\ -1 & 1 & 0 & \vdots & 0 \\ -1 & 0 & 1 & \vdots & 0 \end{bmatrix}$$

為列同義的簡約列梯陣.

$$\begin{bmatrix} 6 & -2 & -3 & \vdots & 0 \\ -1 & 1 & 0 & \vdots & 0 \\ -1 & 0 & 1 & \vdots & 0 \end{bmatrix} \underset{R_1 \leftrightarrow R_3}{\sim} \begin{bmatrix} -1 & 0 & 1 & \vdots & 0 \\ -1 & 1 & 0 & \vdots & 0 \\ 6 & -2 & -3 & \vdots & 0 \end{bmatrix} \underset{-1R_1}{\sim}$$

$$\begin{bmatrix} 1 & 0 & -1 & \vdots & 0 \\ -1 & 1 & 0 & \vdots & 0 \\ 6 & -2 & -3 & \vdots & 0 \end{bmatrix} \underset{-6R_1+R_3}{\sim} \begin{bmatrix} 1 & 0 & -1 & \vdots & 0 \\ -1 & 1 & 0 & \vdots & 0 \\ 0 & -2 & 3 & \vdots & 0 \end{bmatrix} \underset{1R_1+R_2}{\sim}$$

$$\begin{bmatrix} 1 & 0 & -1 & \vdots & 0 \\ 0 & 1 & -1 & \vdots & 0 \\ 0 & -2 & 3 & \vdots & 0 \end{bmatrix} \underset{3R_2+R_3}{\sim} \begin{bmatrix} 1 & 0 & -1 & \vdots & 0 \\ 0 & 1 & -1 & \vdots & 0 \\ 0 & 1 & 0 & \vdots & 0 \end{bmatrix} \underset{-1R_2+R_3}{\sim} \begin{bmatrix} 1 & 0 & -1 & \vdots & 0 \\ 0 & 1 & -1 & \vdots & 0 \\ 0 & 0 & 1 & \vdots & 0 \end{bmatrix}$$

$$\underset{1R_3+R_2}{\sim} \begin{bmatrix} 1 & 0 & -1 & \vdots & 0 \\ 0 & 1 & 0 & \vdots & 0 \\ 0 & 0 & 1 & \vdots & 0 \end{bmatrix} \underset{1R_3+R_1}{\sim} \begin{bmatrix} 1 & 0 & 0 & \vdots & 0 \\ 0 & 1 & 0 & \vdots & 0 \\ 0 & 0 & 1 & \vdots & 0 \end{bmatrix}$$

由上式最後矩陣可得出此解為 $X=0$.

例題 7 考慮齊次方程組 $AX=0$，其中 $A = \begin{bmatrix} 1 & 2 & -3 \\ 1 & -2 & 1 \\ 5 & -2 & -3 \end{bmatrix}$ 為一奇異方陣．此時，與原方程組的擴增矩陣，

$$\begin{bmatrix} 1 & 2 & -3 & \vdots & 0 \\ 1 & -2 & 1 & \vdots & 0 \\ 5 & -2 & -3 & \vdots & 0 \end{bmatrix}$$

為列同義的簡約列梯陣為

$$\begin{bmatrix} 1 & 2 & -3 & \vdots & 0 \\ 1 & -2 & 1 & \vdots & 0 \\ 5 & -2 & -3 & \vdots & 0 \end{bmatrix} \underset{-1R_1+R_2}{\overset{-5R_1+R_3}{\sim}} \begin{bmatrix} 1 & 2 & -3 & \vdots & 0 \\ 0 & -4 & 4 & \vdots & 0 \\ 0 & -12 & 12 & \vdots & 0 \end{bmatrix} \underset{\frac{1}{12}R_3}{\overset{\frac{1}{4}R_1}{\sim}}$$

$$\begin{bmatrix} 1 & 2 & -3 & \vdots & 0 \\ 0 & -1 & 1 & \vdots & 0 \\ 0 & -1 & 1 & \vdots & 0 \end{bmatrix} \overset{2R_2+R_1}{\sim} \begin{bmatrix} 1 & 0 & -1 & \vdots & 0 \\ 0 & -1 & 1 & \vdots & 0 \\ 0 & -1 & 1 & \vdots & 0 \end{bmatrix} \overset{-1R_2+R_3}{\sim}$$

$$\begin{bmatrix} 1 & 0 & -1 & \vdots & 0 \\ 0 & -1 & 1 & \vdots & 0 \\ 0 & 0 & 0 & \vdots & 0 \end{bmatrix} \overset{-1R_2}{\sim} \begin{bmatrix} 1 & 0 & -1 & \vdots & 0 \\ 0 & 1 & -1 & \vdots & 0 \\ 0 & 0 & 0 & \vdots & 0 \end{bmatrix}$$

上式最後矩陣隱含著

$$x_1 = t, \quad x_2 = t, \quad x_3 = t$$

其中 t 為任意實數．因此，原方程組有一組非零解．

習題 9-4

1. 試求下列的逆方陣．

(1) $A = \begin{bmatrix} 1 & 1 \\ 5 & 6 \end{bmatrix}$　　(2) $A = \begin{bmatrix} 4 & -3 \\ 2 & -5 \end{bmatrix}$　　(3) $A = \begin{bmatrix} 3 & -2 & 1 \\ 1 & 4 & 3 \\ 0 & 2 & 2 \end{bmatrix}$

2. 假設 $A = \begin{bmatrix} 1 & 3 \\ 2 & 7 \end{bmatrix}$．

(1) 試利用矩陣之基本列變換求 A^{-1}．

(2) 求 $(A^T)^{-1}$、$(A^{-1})^T$ 與 $(A^T)^{-1}$ 之關係為何？

3. 若 $A^{-1} = \begin{bmatrix} 1 & 2 & -1 \\ 3 & 4 & 2 \\ 0 & 1 & -2 \end{bmatrix}$, $B^{-1} = \begin{bmatrix} 0 & 1 & 1 \\ 1 & 0 & 1 \\ -2 & 3 & 2 \end{bmatrix}$, 試計算 $(AB)^{-1}$.

4. 試求 A 使得 $(4A^T)^{-1} = \begin{bmatrix} 2 & 3 \\ -4 & -4 \end{bmatrix}$.

5. 若 $A^{-1} = \begin{bmatrix} 1 & 2 & 0 \\ 0 & 1 & 0 \\ 3 & 1 & -1 \end{bmatrix}$, $B = \begin{bmatrix} 2 \\ 1 \\ 3 \end{bmatrix}$, 試解 $AX = B$ 的 X.

6. 試利用定理 9-12 解下列方程組

$$\begin{cases} x_1 + 3x_2 = 2 \\ 2x_1 + 7x_2 = 3 \end{cases}.$$

10 行列式

本章學習目標

- 排列、偶排列與奇排列
- 行列式的定義、二階與三階行列式
- 行列式的性質
- 行列式的展開
- 利用行列式求逆方陣
- 克雷瑪法則解一次方程組

▶▶ 10-1 排列、偶排列與奇排列

排列是瞭解行列式定義的基礎，首先我們建立有關排列的定義.

定義 10-1

設 $S=\{1, 2, 3, \cdots, n\}$ 是由 1 到 n 的自然數所成的集合，且以遞增的次序排列，則 S 之元素的重新排列 $j_1 j_2 j_3 \cdots j_n$ 稱為 S 的**排列**.

例題 1 4 2 3 1 乃是 $S=\{1, 2, 3, 4\}$ 之一排列.

我們可將 S 的 n 個元素中的任一個放置在第一位，其餘的 $(n-1)$ 個元素中的任一個放在第二位，再將剩餘的 $(n-2)$ 個元素中的任一個放在第三位，依此類推，直到第 n 個位置只能由最後剩下的一個元素放入. 因此，S 的排列數共有

$$n! = n(n-1)(n-2) \cdot \cdots 3 \cdot 2 \cdot 1 \qquad (10\text{-}1\text{-}1)$$

我們將 S 之所有排列的集合表為 S_n.

例題 2 S_1 僅由集合 $\{1\}$ 的排列所組成，其排列數為 $1!=1$，即，1；S_2 由集合 $\{1, 2\}$ 的排列所組成，其排列數為 $2!=2$，即，12 與 21；而 S_3 是由集合 $\{1, 2, 3\}$ 的排列所組成，其排列數為 $3!=3 \cdot 2 \cdot 1=6$，即，123、231、312、132、213 與 321.

在 $S=\{1, 2, 3, \cdots, n\}$ 的排列 $j_1 j_2 j_3 \cdots j_n$ 中，若一較大數 j_r 在一較小數 j_s 之前，則稱 S 有一**逆序**. 排列中依據其逆序的總數為奇數或偶數而稱為**奇排列**或**偶排列**.

若 $n \geq 2$，則可證得 S_n 有 $\dfrac{n!}{2}$ 個偶排列與 $\dfrac{n!}{2}$ 個奇排列.

例題 3 在 S_2 中，排列 12 為偶排列，因它沒有任何逆序；排列 21 則為奇排列，因它有一個逆序.

例題 4 在 S_3 中，偶排列為 123 (因逆序數為 0)、231 (二個逆序：21 與 31) 與 312 (二個逆序：31 與 32)；而奇排列為 132 (一個逆序：32)、213 (一個逆序：21) 與 321 (三個逆序：32、31 與 21).

習題 10-1

1. 求出下列各排列對於 $S=\{1, 2, 3, 4, 5\}$ 的逆序數.
   (1) 52134　　　　(2) 45213　　　　(3) 42135
   (4) 13542　　　　(5) 35241　　　　(6) 12345

2. 指出下列各排列對於 $S=\{1, 2, 3, 4\}$ 是偶排列抑或奇排列？
   (1) 4213　　　　(2) 1243　　　　(3) 1234
   (4) 3214　　　　(5) 1423　　　　(6) 2431

▶▶ 10-2 行列式的定義、二階與三階行列式

　　行列式最初乃始於解線性方程組，一般來說，行列式之定義有兩種，一種是利用排列來定義，另一種則是利用降階法來定義. 在此，我們以排列來定義行列式.

定義 10-2

設 $A=[a_{ij}]$ 為一個 n 階方陣，則將 A 的行列式寫成 $|A|$，定義如下：

$$|A| = \sum \pm a_{1j_1} a_{2j_2} a_{3j_3} \cdots a_{nj_n} \tag{10-2-1}$$

上式中之總和涵蓋了集合 $S=\{1, 2, 3, \cdots, n\}$ 的所有排列，至於用 "＋" 或 "－"，則全視排列 $j_1 j_2 j_3 \cdots j_n$ 為偶排列或奇排列而定.

有時候，我們亦以 det(A) 表示 A 的行列式，寫成

$$\det(A) = \begin{vmatrix} a_{11} & a_{12} & \cdots & a_{1n} \\ a_{21} & a_{22} & \cdots & a_{2n} \\ \vdots & \vdots & & \vdots \\ a_{n1} & a_{n2} & \cdots & a_{nn} \end{vmatrix}$$

$|A|$ 的每一項 $\pm a_{1j_1} a_{2j_2} a_{3j_3} \cdots a_{nj_n}$ 的列下標以原來的次序排列，而行下標則以 $j_1\ j_2\ j_3 \cdots j_n$ 之次序排列．因為排列 $j_1\ j_2\ j_3 \cdots j_n$ 只是數目字由 1 到 n 的重新排列，且沒有重複，所以 $|A|$ 的每一項是 A 的 n 個元素之乘積，且有其適當的正負號，至於這些元素乃是由每列中與每行中僅挑一個元素所構成．因為我們將 $S = \{1, 2, 3, \cdots, n\}$ 的所有排列加起來，所以 $|A|$ 在總和中有 $n!$ 項．當一行列式表成其各項之和時，稱為將這行列式**展開**，而其數值則稱為行列式之值．

今考慮一階方陣 $A = [a_{11}]$，則只有一個排列在 S_1 中，此恆等排列 1 為偶排列，因此，$|A| = a_{11}$．再考慮二階方陣

$$A = \begin{vmatrix} a_{11} & a_{12} \\ a_{21} & a_{22} \end{vmatrix}$$

則為了得到方陣 A 之行列式 $|A|$，我們寫出如下二項：

$$a_{1\square}\ a_{2\square},\ a_{1\square}\ a_{2\square}$$

並以 S_2 中可能的元素填入空格內；此即 12 與 21。因為 12 是偶排列，故 $a_{11} a_{22}$ 有正號，而 21 是奇排列，故 $a_{12} a_{21}$ 有負號．所以，

$$|A| = a_{11} a_{22} - a_{12} a_{21} \tag{10-2-2}$$

我們亦可藉由如下的步驟而得出 $|A|$：將 A 的元素寫出並以箭頭表示如下圖：

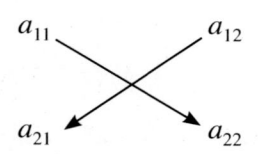

$$\begin{matrix} a_{11} & & a_{12} \\ & \diagdown \diagup & \\ & \diagup \diagdown & \\ a_{21} & & a_{22} \end{matrix}$$

然後將從左到右之行的元素乘積減掉從右到左之行的元素乘積．

例如，若
$$A = \begin{bmatrix} 2 & -4 \\ 6 & 7 \end{bmatrix}$$

則
$$|A| = (2)(7) - (-4)(6) = 14 + 24 = 38$$

同理，我們可推廣到三階方陣 A 的行列式 $|A|$，若

$$A = \begin{vmatrix} a_{11} & a_{12} & a_{13} \\ a_{21} & a_{22} & a_{23} \\ a_{31} & a_{32} & a_{33} \end{vmatrix}$$

則為了得到 $|A|$，我們寫出如下六項：

$$a_{1\square}\, a_{2\square}\, a_{3\square}, \quad a_{1\square}\, a_{2\square}\, a_{3\square}, \quad a_{1\square}\, a_{2\square}\, a_{3\square},$$
$$a_{1\square}\, a_{2\square}\, a_{3\square}, \quad a_{1\square}\, a_{2\square}\, a_{3\square} \quad 與 \quad a_{1\square}\, a_{2\square}\, a_{3\square}$$

S_3 中的所有元素皆可填入上面各項的空格內．若我們根據其排列為偶排列或奇排列而加上 "$+$" 號或 "$-$" 號，則可求出

$$|A| = a_{11}\,a_{22}\,a_{33} + a_{12}\,a_{23}\,a_{31} + a_{13}\,a_{23}\,a_{32} - a_{11}\,a_{23}\,a_{32}$$
$$- a_{12}\,a_{21}\,a_{33} - a_{13}\,a_{22}\,a_{31} \tag{10-2-3}$$

我們亦可藉由如下的步驟而得出 $|A|$：重複 A 的第一與第二行，如下圖所示，然後將所有從左到右之行的元素乘積加起來再減掉所有從右到左之行的元素乘積．

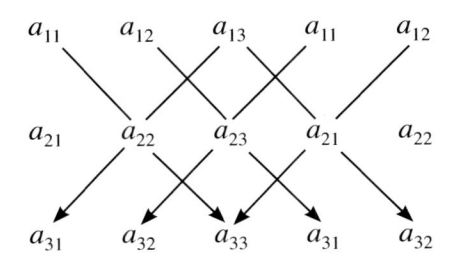

$$\begin{array}{ccccc} a_{11} & a_{12} & a_{13} & a_{11} & a_{12} \\ a_{21} & a_{22} & a_{23} & a_{21} & a_{22} \\ a_{31} & a_{32} & a_{33} & a_{31} & a_{32} \end{array}$$

例題 1 若 $A = \begin{bmatrix} 1 & 2 & 4 \\ 2 & 1 & 1 \\ 4 & 1 & 2 \end{bmatrix}$，計算 $|A|$．

解 利用式 (10-2-3) 可得

$$|A| = (1)(1)(2) + (2)(1)(4) + (4)(2)(1) - (1)(1)(1) - (2)(2)(2) - (4)(1)(4)$$
$$= 2 + 8 + 8 - 1 - 8 - 16$$
$$= -7.$$

我們亦可用如上所述的簡易方法得出相同的答案 (驗證之)．

隨堂練習 1 若 $A = \begin{bmatrix} 1 & 2 & 3 \\ 2 & 1 & 1 \\ 3 & 3 & 2 \end{bmatrix}$，計算 $|A|$．

答案：6．

讀者應該瞭解，當 $n \geq 4$ 時，$|A|$ 之計算是件很繁雜的事．我們會在下一節中提出許多行列式的性質，以便減少計算上的繁雜．

習題 10-2

試利用式 (10-2-2) 與 (10-2-3) 計算下列各行列式．

1. $\begin{vmatrix} 2 & -1 \\ 3 & 2 \end{vmatrix}$

2. $\begin{vmatrix} 2 & 1 \\ 4 & 3 \end{vmatrix}$

3. $\begin{vmatrix} 0 & 3 & 0 \\ 2 & 0 & 0 \\ 0 & 0 & -5 \end{vmatrix}$

4. $\begin{vmatrix} 4 & 2 & 0 \\ 0 & -2 & 5 \\ 0 & 0 & 3 \end{vmatrix}$

5. $\begin{vmatrix} 3 & 4 & 2 \\ 2 & 5 & 0 \\ 3 & 0 & 0 \end{vmatrix}$

10-3 行列式的性質

由行列式的定義得知，n 階行列式的展開式有 $n!$ 項．在 10-2 節中，我們曾討論 $n=2$、3 的情況，直接展開以求行列式之值．但是，當 n 略為增大時，行列式求值之計算就甚為繁雜，因此我們有必要來討論一些行列式之性質以簡化計算上的繁雜．對於較理論性的性質之證明將省略，讀者可用實例去驗證．

我們現在介紹行列式的一些很重要的基本性質．

1. 行列式的所有行、列互換，其值不變．

例如，$\begin{vmatrix} 1 & 2 & 3 \\ 2 & 1 & 3 \\ 3 & 1 & 2 \end{vmatrix} = \begin{vmatrix} 1 & 2 & 3 \\ 2 & 1 & 2 \\ 3 & 3 & 1 \end{vmatrix} = 6$

2. 行列式的任意兩列 (行) 對調，其值變號．

例如，$\begin{vmatrix} 1 & 2 & 3 \\ 2 & 1 & 3 \\ 3 & 1 & 2 \end{vmatrix} = -\begin{vmatrix} 2 & 1 & 3 \\ 1 & 2 & 3 \\ 3 & 1 & 2 \end{vmatrix}$　　(第一、二列對調)

$\begin{vmatrix} 1 & 2 & 3 \\ 2 & 1 & 3 \\ 3 & 1 & 2 \end{vmatrix} = -\begin{vmatrix} 3 & 2 & 1 \\ 3 & 1 & 2 \\ 2 & 1 & 3 \end{vmatrix}$　　(第一、三行對調)

3. 行列式的同一列 (行) 可提出同一數．

例如，$\begin{vmatrix} 2 & 4 & 6 \\ -1 & 0 & 3 \\ 3 & 5 & 2 \end{vmatrix} = 2\begin{vmatrix} 1 & 2 & 3 \\ -1 & 0 & 3 \\ 3 & 5 & 2 \end{vmatrix}$，$\begin{vmatrix} 1 & 3 & 4 \\ 0 & 6 & 5 \\ 2 & 9 & -2 \end{vmatrix} = 3\begin{vmatrix} 1 & 1 & 4 \\ 0 & 2 & 5 \\ 2 & 3 & -2 \end{vmatrix}$．

註：若行列式的一行 (列) 全為 0，則其值為 0．

4. 行列式的兩列 (行) 成比例，其值為 0.

例如，$\begin{vmatrix} 1 & 2 & 3 \\ 2 & 4 & 6 \\ 5 & -1 & 4 \end{vmatrix} = 0$ （第一、二列成比例）

$\begin{vmatrix} -4 & -2 & 6 \\ 6 & 1 & -9 \\ -8 & 5 & 12 \end{vmatrix} = 0$ （第一、三行成比例）

5. 行列式之一列 (行) 的 k 倍加到另一列 (行)，其值不變.

例如，$\begin{vmatrix} 1 & 2 & 3 \\ 4 & 5 & 6 \\ 7 & 8 & 9 \end{vmatrix} \xrightarrow{\times(-4)} = \begin{vmatrix} 1 & 2 & 3 \\ 0 & -3 & -6 \\ 7 & 8 & 9 \end{vmatrix} \xrightarrow{\times(-7)}$

$= \begin{vmatrix} 1 & 2 & 3 \\ 0 & -3 & -6 \\ 0 & -6 & -12 \end{vmatrix} = 0$ （第二、三列成比例）

定理 10-1

若 $A = [a_{ij}]$ 為上 (下) 三角矩陣，則

$$|A| = a_{11} a_{22} \cdots a_{nn}$$

即，三角矩陣的行列式之值乃是對角線上元素的乘積.

推 論

若 $A = \text{diag}(a_1, a_2, \cdots, a_n)$ 為一對角線矩陣，則 $|A| = a_1 a_2 \cdots a_n$.

例題 1 求行列式 $\begin{vmatrix} 4 & 3 & 2 \\ 3 & -2 & 5 \\ 2 & 4 & 6 \end{vmatrix}$ 的值.

解 $\begin{vmatrix} 4 & 3 & 2 \\ 3 & -2 & 5 \\ 2 & 4 & 6 \end{vmatrix} = 2\begin{vmatrix} 4 & 3 & 2 \\ 3 & -2 & 5 \\ 1 & 2 & 3 \end{vmatrix} = -2\begin{vmatrix} 1 & 2 & 3 \\ 3 & -2 & 5 \\ 4 & 3 & 2 \end{vmatrix} \begin{matrix} \\ \times(-3) \\ \end{matrix}$

$= -2\begin{vmatrix} 1 & 2 & 3 \\ 0 & -8 & -4 \\ 4 & 3 & 2 \end{vmatrix} \begin{matrix} \\ \times(-4) \\ \end{matrix} = -2\begin{vmatrix} 1 & 2 & 3 \\ 0 & -8 & -4 \\ 0 & -5 & -10 \end{vmatrix}$

$= (-2)(4)\begin{vmatrix} 1 & 2 & 3 \\ 0 & -2 & -1 \\ 0 & -5 & -10 \end{vmatrix}$

$= (-2)(4)(5)\begin{vmatrix} 1 & 2 & 3 \\ 0 & -2 & -1 \\ 0 & -1 & -2 \end{vmatrix} \begin{matrix} \\ \times\left(-\dfrac{1}{2}\right) \\ \end{matrix}$

$= (-2)(4)(5)\begin{vmatrix} 1 & 2 & 3 \\ 0 & -2 & -1 \\ 0 & 0 & -\dfrac{3}{2} \end{vmatrix}$

$= (-2)(4)(5)(1)(-2)\left(-\dfrac{3}{2}\right) = -120.$

隨堂練習 2 求行列式 $\begin{vmatrix} 3 & -6 & 9 \\ 4 & 16 & 20 \\ 5 & 15 & -40 \end{vmatrix}$ 的值.

答案：$-4560.$

例題 2 求行列式 $\begin{vmatrix} 0 & -b & a \\ -b & 0 & -c \\ -a & c & 0 \end{vmatrix}$ 的值.

解)
$$\begin{vmatrix} 0 & -b & a \\ -b & 0 & -c \\ -a & c & 0 \end{vmatrix} = (-1) \begin{vmatrix} 0 & b & -a \\ b & 0 & -c \\ -a & c & 0 \end{vmatrix} \quad \text{(由性質 3)}$$

$$= (-1)(-1) \begin{vmatrix} 0 & b & -a \\ -b & 0 & c \\ -a & c & 0 \end{vmatrix} \quad \text{(由性質 3)}$$

$$= (-1)(-1)(-1) \begin{vmatrix} 0 & b & -a \\ -b & 0 & c \\ a & -c & 0 \end{vmatrix} \quad \text{(由性質 3)}$$

$$= (-1)^3 \begin{vmatrix} 0 & -b & a \\ b & 0 & -c \\ -a & c & 0 \end{vmatrix} \quad \text{(由性質 1)}$$

$$= \begin{vmatrix} 0 & -b & a \\ b & 0 & -c \\ -a & c & 0 \end{vmatrix}$$

故 $\begin{vmatrix} 0 & -b & a \\ b & 0 & -c \\ -a & c & 0 \end{vmatrix} = 0.$

隨堂練習 3 求行列式 $\begin{vmatrix} 1 & a & a^2 \\ 1 & b & b^2 \\ 1 & c & c^2 \end{vmatrix}$ 的值.

答案：$(a-b)(b-c)(c-a)$.

定理 10-2

兩方陣乘積的行列式值等於各方陣的行列式值之乘積，即，$|AB| = |A||B|$.

例題 3 設 $A = \begin{bmatrix} 1 & 2 \\ 3 & 4 \end{bmatrix}$, $B = \begin{bmatrix} 2 & -1 \\ 1 & 2 \end{bmatrix}$, 則 $|A| = -2$, $|B| = 5$.

又 $AB = \begin{bmatrix} 4 & 3 \\ 10 & 5 \end{bmatrix}$, 故 $|AB| = -10 = |A||B|$.

推 論

若 A 為非奇異方陣, 則 $|A| \neq 0$, 且 $A^{-1} = \dfrac{1}{|A|}$.

例題 4 設 $A = \begin{bmatrix} 1 & 2 \\ 3 & 4 \end{bmatrix}$, 則 $|A| = -2$, 而 $A^{-1} = \begin{bmatrix} -2 & 1 \\ \dfrac{3}{2} & -\dfrac{1}{2} \end{bmatrix}$.

於是, $|A^{-1}| = -\dfrac{1}{2} = \dfrac{1}{|A|}$.

習題 10-3

1. 若 $\begin{vmatrix} a_1 & a_2 & a_3 \\ b_1 & b_2 & b_3 \\ c_1 & c_2 & c_3 \end{vmatrix} = -4$, 求下列各行列式的值.

(1) $\begin{vmatrix} a_3 & a_2 & a_1 \\ b_3 & b_2 & b_1 \\ c_3 & c_2 & c_1 \end{vmatrix}$

(2) $\begin{vmatrix} a_1 & a_2 & a_3 \\ b_1 & b_2 & b_3 \\ 2c_1 & 2c_2 & 2c_3 \end{vmatrix}$

(3) $\begin{vmatrix} a_1 & a_2 & a_3 \\ b_1+4c_1 & b_2+4c_2 & b_3+4c_3 \\ c_1 & c_2 & c_3 \end{vmatrix}$

2. 若 $A=\begin{bmatrix} 1 & -1 & 2 \\ 3 & 4 & 1 \\ 2 & 5 & 1 \end{bmatrix}$，試證：$|A|=|A^T|$．

3. 試利用本節有關行列式之性質，求下列各行列式的值．

(1) $\begin{vmatrix} 4 & -3 & 5 \\ 5 & 2 & 0 \\ 2 & 0 & 4 \end{vmatrix}$
(2) $\begin{vmatrix} 2 & 0 & 1 & 4 \\ 3 & 2 & -4 & -2 \\ 2 & 3 & -1 & 0 \\ 11 & 8 & -4 & 6 \end{vmatrix}$

(3) $\begin{vmatrix} 4 & 0 & 0 & 0 \\ -1 & 2 & 0 & 0 \\ 1 & 2 & -3 & 0 \\ 1 & 5 & 3 & 5 \end{vmatrix}$
(4) $\begin{vmatrix} 4 & 2 & 3 & -4 \\ 3 & -2 & 1 & 5 \\ -2 & 0 & 1 & -3 \\ 8 & -2 & 6 & 4 \end{vmatrix}$

4. 試證：$\begin{vmatrix} b+c & a & a \\ b & c+a & b \\ c & c & a+b \end{vmatrix}=4abc$．

▶▶ 10-4 行列式的展開

到目前為止，我們已學過用 10-2 節中的式 (10-2-1) 以及藉由一些行列式之性質來計算行列式．然而當 n 稍大時，要將 $n!$ 個排列全部寫出來以求行列式之值，實在是件非常困難的事．本節所用的方法，即所謂的**降階法**，乃是以較低階行列式來表出較高階之行列式，這樣逐次降低行列式的階數，可將原問題簡化．

定義 10-3

令 $A = [a_{ij}]$ 為一 n 階方陣，且 M_{ij} 為自 A 取得的 $(n-1) \times (n-1)$ 階的子矩陣，它是由刪去含有元素 a_{ij} 的第 i 列及第 j 行所獲得。行列式 $|M_{ij}|$ 稱為 a_{ij} 的子行列式，a_{ij} 的餘因子 A_{ij} 定義為

$$A_{ij} = (-1)^{i+j} |M_{ij}|.$$

例題 1 在行列式 $\begin{vmatrix} 1 & 2 & 3 & 4 \\ 5 & 6 & 7 & 8 \\ 9 & 10 & 11 & 12 \\ 13 & 14 & 15 & 16 \end{vmatrix}$ 中，元素 7 在第二列第三行，所以 $i = 2$, $j = 3$.

將第二列第三行刪去，可得元素 7 的子行列式為

$$\begin{vmatrix} 1 & 2 & 4 \\ 9 & 10 & 12 \\ 13 & 14 & 16 \end{vmatrix}$$

而元素 7 的餘因子為

$$(-1)^{2+3} \begin{vmatrix} 1 & 2 & 4 \\ 9 & 10 & 12 \\ 13 & 14 & 16 \end{vmatrix} = -\begin{vmatrix} 1 & 2 & 4 \\ 9 & 10 & 12 \\ 13 & 14 & 16 \end{vmatrix}$$

$$= -(160 + 312 + 504 - 520 - 168 - 288) = 0.$$

例題 2 設 $A = \begin{bmatrix} 3 & -1 & 2 \\ 4 & 5 & 6 \\ 7 & 1 & 2 \end{bmatrix}$，則

$$|M_{12}| = \begin{vmatrix} 4 & 6 \\ 7 & 2 \end{vmatrix} = 8 - 42 = -34, \qquad |M_{23}| = \begin{vmatrix} 3 & -1 \\ 7 & 1 \end{vmatrix} = 3 + 7 = 10,$$

$$|M_{31}| = \begin{vmatrix} -1 & 2 \\ 5 & 6 \end{vmatrix} = -6-10 = -16$$

而
$$A_{12} = (-1)^{1+2}|M_{12}| = (-1)(-34) = 34$$
$$A_{23} = (-1)^{2+3}|M_{23}| = (-1)(10) = -10$$
$$A_{31} = (-1)^{1+3}|M_{31}| = (1)(-16) = -16.$$

讀者應特別注意：元素 a_{ij} 之餘因子 A_{ij} 及其子行列式 $|M_{ij}|$ 僅是正、負號上之不同，即，$A_{ij} = \pm|M_{ij}|$；A_{ij} 表示數值，而 M_{ij} 表示方陣.

例如，$A_{11} = |M_{11}|$，$A_{21} = -|M_{21}|$，$A_{12} = -|M_{12}|$，$A_{22} = |M_{22}|$，…等等.

考慮一般的三階方陣

$$A = \begin{bmatrix} a_{11} & a_{12} & a_{13} \\ a_{21} & a_{22} & a_{23} \\ a_{31} & a_{32} & a_{33} \end{bmatrix}$$

我們已求得

$$|A| = a_{11}a_{22}a_{33} + a_{12}a_{23}a_{31} + a_{13}a_{21}a_{32}$$
$$- a_{11}a_{23}a_{32} - a_{12}a_{21}a_{33} + a_{13}a_{22}a_{31}$$

將上式重新寫為

$$|A| = a_{11}(a_{22}a_{33} - a_{23}a_{32}) + a_{21}(a_{13}a_{32} - a_{12}a_{33}) + a_{31}(a_{12}a_{23} - a_{13}a_{22})$$

因括弧內之式子正好是餘因子 A_{11}、A_{21} 及 A_{31}，故

$$|A| = a_{11}A_{11} + a_{21}A_{21} + a_{31}A_{31}$$

上式說明 A 之行列式可由 A 之第一行之各元素乘其餘因子後相加而得到. 此計算 $|A|$ 之方法被稱為沿 A 之第一行的餘因子展開. 同理，我們可重排 $|A|$ 中的各項，而證得

$$|A| = a_{11}A_{11} + a_{12}A_{12} + a_{13}A_{13}$$
$$= a_{11}A_{11} + a_{21}A_{21} + a_{31}A_{31}$$
$$= a_{21}A_{21} + a_{22}A_{22} + a_{23}A_{23}$$

$$= a_{12}A_{12} + a_{22}A_{22} + a_{32}A_{32}$$
$$= a_{31}A_{31} + a_{32}A_{32} + a_{33}A_{33}$$
$$= a_{13}A_{13} + a_{23}A_{23} + a_{33}A_{33}$$

讀者可注意到每一個等號右邊式子的元素及餘因子皆來自同一列或同一行，這些式子被稱為 $|A|$ 的餘因子展開式。下面是有關 $|A|$ 之餘因子展開式的一般定理，其證明從略。

定理 10-3

一個 n 階方陣 A 的行列式值可用任一列（或行）之每一元素乘其餘因子後相加來計算，即，

$$|A| = a_{i1}A_{i1} + a_{i2}A_{i2} + \cdots + a_{in}A_{in} = \sum_{k=1}^{n} a_{ik}A_{ik} \qquad \text{（對第 } i \text{ 列展開）}$$

或

$$|A| = a_{1j}A_{1j} + a_{2j}A_{2j} + \cdots + a_{nj}A_{nj} = \sum_{i=1}^{n} a_{ij}A_{ij} \qquad \text{（對第 } j \text{ 行展開）}$$

定理 10-4

設 $|A|$ 為 n 階行列式，則

(1) $a_{i1}A_{j1} + a_{i2}A_{j2} + a_{i3}A_{j3} + \cdots + a_{in}A_{jn} = \begin{cases} |A|, & \text{若 } i=j \\ 0, & \text{若 } i \neq j \end{cases}$

(2) $a_{1i}A_{1j} + a_{2i}A_{2j} + a_{3i}A_{3j} + \cdots + a_{ni}A_{nj} = \begin{cases} |A|, & \text{若 } i=j \\ 0, & \text{若 } i \neq j \end{cases}$

例題 3 已知行列式 $|A| = \begin{vmatrix} a & b & c & d \\ e & f & g & h \\ i & j & k & l \\ m & n & o & p \end{vmatrix}$，對第一列展開，可得

$$|A| = a\begin{vmatrix} f & g & h \\ j & k & l \\ n & o & p \end{vmatrix} - b\begin{vmatrix} e & g & h \\ i & k & l \\ m & o & p \end{vmatrix} + c\begin{vmatrix} e & f & h \\ i & j & l \\ m & n & p \end{vmatrix} - d\begin{vmatrix} e & f & g \\ i & j & k \\ m & n & o \end{vmatrix}$$

亦可對第二列展開，則

$$|A| = -e\begin{vmatrix} b & c & d \\ j & k & l \\ n & o & p \end{vmatrix} + f\begin{vmatrix} a & c & d \\ i & k & l \\ m & o & p \end{vmatrix} - g\begin{vmatrix} a & b & d \\ i & j & l \\ m & n & p \end{vmatrix} + h\begin{vmatrix} a & b & c \\ i & j & k \\ m & n & o \end{vmatrix}$$

同時亦可分別對第三列、第四列、第一行、第二行、第三行、第四行展開，所得的行列式值皆相同.

例題 4 令 $A = \begin{bmatrix} 3 & 1 & 0 \\ -2 & -4 & 3 \\ 5 & 4 & -2 \end{bmatrix}$，利用沿 A 之第一行的餘因子展開式計算 $|A|$.

解 $|A| = 3\begin{vmatrix} -4 & 3 \\ 4 & -2 \end{vmatrix} - (-2)\begin{vmatrix} 1 & 0 \\ 4 & -2 \end{vmatrix} + 5\begin{vmatrix} 1 & 0 \\ -4 & 3 \end{vmatrix}$

$= 3(-4) - (-2)(-2) + 5(3) = -1$

例題 5 求行列式 $\begin{vmatrix} 1 & 2 & -3 & 4 \\ -4 & 2 & 1 & 3 \\ 3 & 0 & 0 & -3 \\ 2 & 0 & -2 & 3 \end{vmatrix}$ 的值.

解 我們發現最好是對第二行或第三列展開，因為它們各有兩個 0. 對第三列展開，可得

$\begin{vmatrix} 1 & 2 & -3 & 4 \\ -4 & 2 & 1 & 3 \\ 3 & 0 & 0 & -3 \\ 2 & 0 & -2 & 3 \end{vmatrix} = 3\begin{vmatrix} 2 & -3 & 4 \\ 2 & 1 & 3 \\ 0 & -2 & 3 \end{vmatrix} - 0\begin{vmatrix} 1 & -3 & 4 \\ -4 & 1 & 3 \\ 2 & -2 & 3 \end{vmatrix}$

$$+0\begin{vmatrix} 1 & 2 & 4 \\ -4 & 2 & 3 \\ 2 & 0 & 3 \end{vmatrix} - (-3)\begin{vmatrix} 1 & 2 & -3 \\ -4 & 2 & 1 \\ 2 & 0 & -2 \end{vmatrix}$$

現在計算 $\begin{vmatrix} 2 & -3 & 4 \\ 2 & 1 & 3 \\ 0 & -2 & 3 \end{vmatrix}$，對第一行展開，可得

$$\begin{vmatrix} 2 & -3 & 4 \\ 2 & 1 & 3 \\ 0 & -2 & 3 \end{vmatrix} = 2\begin{vmatrix} 1 & 3 \\ -2 & 3 \end{vmatrix} - 2\begin{vmatrix} -3 & 4 \\ -2 & 3 \end{vmatrix}$$

$$=(2)(9)-(2)(-1)=20$$

其次，計算 $\begin{vmatrix} 1 & 2 & -3 \\ -4 & 2 & 1 \\ 2 & 0 & -2 \end{vmatrix}$，對第三列展開，可得

$$\begin{vmatrix} 1 & 2 & -3 \\ -4 & 2 & 1 \\ 2 & 0 & -2 \end{vmatrix} = 2\begin{vmatrix} 2 & -3 \\ 2 & 1 \end{vmatrix} + (-2)\begin{vmatrix} 1 & 2 \\ -4 & 2 \end{vmatrix}$$

$$=(2)(8)+(-2)(10)$$
$$=16-20=-4$$

故 $\begin{vmatrix} 1 & 2 & -3 & 4 \\ -4 & 2 & 1 & 3 \\ 3 & 0 & 0 & -3 \\ 2 & 0 & -2 & 3 \end{vmatrix} = (3)(20)-(-3)(-4)=60-12=48.$

我們可用 10-3 節中的性質，在原來的行或列導出許多 0，然後再對這些行或列展開．詳細的說明，請見下面的例子．

例題 6 考慮例題 5 的行列式，得到

$$\begin{vmatrix} 1 & 2 & -3 & 4 \\ -4 & 2 & 1 & 3 \\ 3 & 0 & 0 & -3 \\ 2 & 0 & -2 & 3 \end{vmatrix} = \begin{vmatrix} 1 & 2 & -3 & 5 \\ -4 & 2 & 1 & -1 \\ 3 & 0 & 0 & 0 \\ 2 & 0 & -2 & 5 \end{vmatrix}$$

$$= 3\begin{vmatrix} 2 & -3 & 5 \\ 2 & 1 & -1 \\ 0 & -2 & 5 \end{vmatrix} \xrightarrow{\times(-1)} = 3\begin{vmatrix} 0 & -4 & 6 \\ 2 & 1 & -1 \\ 0 & -2 & 5 \end{vmatrix}$$

$$= (3)(-2)\begin{vmatrix} -4 & 6 \\ -2 & 5 \end{vmatrix} = (3)(-2)(-20+12)$$

$$= (3)(-2)(-8) = 48.$$

隨堂練習 4 ✎ 試求行列式 $\begin{vmatrix} 1 & 3 & 2 & 4 \\ 3 & 2 & 4 & 1 \\ 4 & 1 & 3 & 2 \\ 2 & 4 & 1 & 3 \end{vmatrix}$ 之值.

答案：-80.

習題 10-4

1. 設 $A = \begin{bmatrix} 1 & 0 & -2 \\ 3 & 1 & 4 \\ 5 & 2 & -3 \end{bmatrix}$，計算所有的餘因子.

2. 設 $A = \begin{bmatrix} 1 & 0 & 3 & 0 \\ 2 & 1 & 4 & -1 \\ 3 & 2 & 4 & 0 \\ 0 & 3 & -1 & 0 \end{bmatrix}$，計算第三行之元素的所有餘因子.

在習題 3 至 6 中，利用定理 10-3 計算各行列式．

3. $\begin{vmatrix} 1 & 2 & 3 \\ -1 & 5 & 2 \\ 3 & 2 & 0 \end{vmatrix}$

4. $\begin{vmatrix} 4 & -4 & 2 & 1 \\ 1 & 2 & 0 & 3 \\ 2 & 0 & 3 & 4 \\ 0 & -3 & 2 & 1 \end{vmatrix}$

5. $\begin{vmatrix} 0 & 1 & -2 \\ -1 & 3 & 1 \\ 2 & -2 & 3 \end{vmatrix}$

6. $\begin{vmatrix} 2 & 2 & -3 & 1 \\ 0 & 1 & 2 & -1 \\ 3 & -1 & 4 & 1 \\ 2 & 3 & 0 & 0 \end{vmatrix}$

7. 利用矩陣 $A = \begin{bmatrix} -2 & 3 & 0 \\ 4 & 1 & -3 \\ 2 & 0 & 1 \end{bmatrix}$，計算 $a_{11}A_{12} + a_{21}A_{22} + a_{31}A_{32}$ 以驗證定理 10-4．

▶▶ *10-5* 利用行列式求逆方陣

我們在 9-4 節中，曾學過如何求可逆方陣之逆方陣．在本節中，我們介紹一種利用行列式求可逆方陣之逆方陣的方法．

定義 10-4 ↻

若 $A = [a_{ij}]_{n \times n}$，且 A_{ij} 為 a_{ij} 的餘因子，則矩陣

$$\begin{bmatrix} A_{11} & A_{12} & \cdots & A_{1n} \\ A_{21} & A_{22} & \cdots & A_{2n} \\ \vdots & \vdots & & \vdots \\ A_{n1} & A_{n2} & \cdots & A_{nn} \end{bmatrix}$$

稱為 A 的**餘因子矩陣**，此矩陣的轉置矩陣稱為 A 的**伴隨矩陣**，記為 $\operatorname{adj} A$．

例題 1 令 $A=\begin{bmatrix} 3 & 2 & -1 \\ 1 & 6 & 3 \\ 2 & -4 & 0 \end{bmatrix}$，求 adj A.

解 A 的餘因子為

$$A_{11}=12 \quad A_{12}=6 \quad A_{13}=-16$$
$$A_{21}=4 \quad A_{22}=2 \quad A_{23}=16$$
$$A_{31}=12 \quad A_{32}=-10 \quad A_{33}=16$$

所以，餘因子矩陣為

$$\begin{bmatrix} 12 & 6 & -16 \\ 4 & 2 & 16 \\ 12 & -10 & 16 \end{bmatrix}$$

而 A 的伴隨矩陣為

$$\text{adj}\,A = \begin{bmatrix} 12 & 4 & 12 \\ 6 & 2 & -10 \\ -16 & 16 & 16 \end{bmatrix}$$

我們現在可建立求可逆方陣之逆方陣的公式.

定理 10-5

已知 $A=[a_{ij}]_{m \times n}$，則

$$A(\text{adj}\,A) = (\text{adj}\,A)A = |A|\,I_n.$$

證：$A(\text{adj}\,A) = \begin{bmatrix} a_{11} & a_{12} & a_{13} & \cdots & a_{1n} \\ a_{21} & a_{22} & a_{23} & \cdots & a_{2n} \\ \vdots & \vdots & \vdots & & \vdots \\ a_{i1} & a_{i2} & a_{i3} & \cdots & a_{in} \\ \vdots & \vdots & \vdots & & \vdots \\ a_{n1} & a_{n2} & a_{n3} & \cdots & a_{nn} \end{bmatrix} \begin{bmatrix} A_{11} & A_{21} & \cdots & A_{j1} & \cdots & A_{n1} \\ A_{12} & A_{22} & \cdots & A_{j2} & \cdots & A_{n2} \\ A_{13} & A_{23} & \cdots & A_{j3} & \cdots & A_{n3} \\ \vdots & \vdots & & \vdots & & \vdots \\ A_{1n} & A_{2n} & \cdots & A_{jn} & \cdots & A_{nn} \end{bmatrix}$

由定理 10-4 (1) 知，矩陣乘積 $A(adj\,A)$ 之第 i 列第 j 行的元素為

$$a_{i1}A_{j1}+a_{i2}A_{j2}+\cdots+a_{in}A_{jn}=|A|, \text{ 若 } i=j$$
$$=0, \quad \text{若 } i\neq j$$

即，

$$A(\mathrm{adj}\,A)=\begin{vmatrix} |A| & 0 & \cdots & 0 \\ 0 & |A| & \cdots & 0 \\ \vdots & \vdots & \ddots & \vdots \\ 0 & \cdots & \cdots & |A| \end{vmatrix}=|A|\,I_n$$

由定理 10-4 (2)，矩陣乘積 $(\mathrm{adj}\,A)A$ 之第 i 列第 j 行的元素為

$$A_{1i}a_{1j}+A_{2i}a_{2j}+\cdots+A_{ni}a_{nj}=|A|, \text{ 若 } i=j$$
$$=0, \quad \text{若 } i\neq j$$

可得 $\quad(\mathrm{adj}\,A)A=|A|\,I_n$

因此，$\quad A(\mathrm{adj}\ A)=(\mathrm{adj}\ A)A=|A|\,I_n.$

定理 10-6 ↵

若 A 為一可逆方陣，且 $|A|\neq 0$，則

$$A^{-1}=\frac{1}{|A|}(\mathrm{adj}\,A)=\begin{vmatrix} \dfrac{A_{11}}{|A|} & \dfrac{A_{21}}{|A|} & \cdots & \dfrac{A_{n1}}{|A|} \\[6pt] \dfrac{A_{12}}{|A|} & \dfrac{A_{22}}{|A|} & \cdots & \dfrac{A_{n2}}{|A|} \\[6pt] \vdots & \vdots & \cdots & \vdots \\[6pt] \dfrac{A_{1n}}{|A|} & \dfrac{A_{2n}}{|A|} & \cdots & \dfrac{A_{nn}}{|A|} \end{vmatrix}$$

證：由定理 10-5 知，$A(\mathrm{adj}\,A)=|A|\,I_n.$ 若 $|A|\neq 0$，則

$$A \frac{1}{|A|} (\text{adj } A) = \frac{1}{|A|} [A(\text{adj } A)] = \frac{1}{|A|} (|A| I_n) = I_n$$

因此,

$$A^{-1} = \frac{1}{|A|} (\text{adj } A).$$

推 論

(1) 矩陣 A 是非奇異的充要條件為 $|A| \neq 0$.

(2) 若 $A = [a_{ij}]_{n \times n}$, 則齊次方程組 $AX = 0$ 有一組非零解的充要條件為 $|A| = 0$.

例題 2 求 $A = \begin{bmatrix} 3 & -2 & 1 \\ 5 & 6 & 2 \\ 1 & 0 & -3 \end{bmatrix}$ 的逆方陣, 並驗證 $AA^{-1} = I_3$.

解 A 的餘因子如下:

$$A_{11} = (-1)^{1+1} \begin{vmatrix} 6 & 2 \\ 0 & -3 \end{vmatrix} = -18, \quad A_{12} = (-1)^{1+2} \begin{vmatrix} 5 & 2 \\ 1 & -3 \end{vmatrix} = 17,$$

$$A_{13} = (-1)^{1+3} \begin{vmatrix} 5 & 6 \\ 1 & 0 \end{vmatrix} = -6,$$

$$A_{21} = (-1)^{2+1} \begin{vmatrix} -2 & 1 \\ 0 & -3 \end{vmatrix} = -6, \quad A_{22} = (-1)^{2+2} \begin{vmatrix} 3 & 1 \\ 1 & -3 \end{vmatrix} = -10,$$

$$A_{23} = (-1)^{2+3} \begin{vmatrix} 3 & -2 \\ 1 & 0 \end{vmatrix} = -2,$$

$$A_{31} = (-1)^{3+1} \begin{vmatrix} -2 & 1 \\ 6 & 2 \end{vmatrix} = -10, \quad A_{32} = (-1)^{3+2} \begin{vmatrix} 3 & 1 \\ 5 & 2 \end{vmatrix} = -1,$$

$$A_{33} = (-1)^{3+3} \begin{vmatrix} 3 & -2 \\ 5 & 6 \end{vmatrix} = 28,$$

$$\operatorname{adj} \boldsymbol{A} = \begin{bmatrix} A_{11} & A_{21} & A_{31} \\ A_{12} & A_{22} & A_{32} \\ A_{13} & A_{23} & A_{33} \end{bmatrix} = \begin{bmatrix} -18 & -6 & -10 \\ 17 & -10 & -1 \\ -6 & -2 & 28 \end{bmatrix}$$

且 $|\boldsymbol{A}| = \begin{vmatrix} 3 & -2 & 1 \\ 5 & 6 & 2 \\ 1 & 0 & -3 \end{vmatrix} = 3 \begin{vmatrix} 6 & 2 \\ 0 & -3 \end{vmatrix} - (-2) \begin{vmatrix} 5 & 2 \\ 1 & -3 \end{vmatrix} + \begin{vmatrix} 5 & 6 \\ 1 & 0 \end{vmatrix} = -94$

故 $\boldsymbol{A}^{-1} = \dfrac{1}{|\boldsymbol{A}|}(\operatorname{adj} \boldsymbol{A}) = -\dfrac{1}{94} \begin{bmatrix} -18 & -6 & -10 \\ 17 & -10 & -1 \\ -6 & -2 & 28 \end{bmatrix}$

$$= \begin{bmatrix} \dfrac{9}{47} & \dfrac{3}{47} & \dfrac{5}{47} \\ -\dfrac{17}{94} & \dfrac{5}{47} & \dfrac{1}{94} \\ \dfrac{3}{47} & \dfrac{1}{47} & -\dfrac{14}{47} \end{bmatrix}$$

$$\boldsymbol{A}\boldsymbol{A}^{-1} = \begin{bmatrix} 3 & -2 & 1 \\ 5 & 6 & 2 \\ 1 & 0 & -3 \end{bmatrix} = \begin{bmatrix} \dfrac{9}{47} & \dfrac{3}{47} & \dfrac{5}{47} \\ -\dfrac{17}{94} & \dfrac{5}{47} & \dfrac{1}{94} \\ \dfrac{3}{47} & \dfrac{1}{47} & -\dfrac{14}{47} \end{bmatrix}$$

$$= \begin{bmatrix} \dfrac{27}{47}+\dfrac{34}{94}+\dfrac{3}{47} & \dfrac{9}{47}-\dfrac{10}{47}+\dfrac{1}{47} & \dfrac{15}{47}-\dfrac{2}{94}-\dfrac{14}{47} \\ \dfrac{45}{47}-\dfrac{102}{94}+\dfrac{6}{47} & \dfrac{15}{47}+\dfrac{30}{47}+\dfrac{2}{47} & \dfrac{25}{47}+\dfrac{6}{94}-\dfrac{28}{47} \\ \dfrac{9}{47}+0-\dfrac{9}{47} & \dfrac{3}{47}+0-\dfrac{3}{47} & \dfrac{5}{47}+0+\dfrac{42}{47} \end{bmatrix}$$

$$= \begin{bmatrix} 1 & 0 & 0 \\ 0 & 1 & 0 \\ 0 & 0 & 1 \end{bmatrix}.$$

隨堂練習 5 試求 $A = \begin{bmatrix} 1 & 1 & -1 \\ 1 & 2 & -4 \\ 2 & 5 & -10 \end{bmatrix}$ 的逆方陣.

答案：$A^{-1} = \begin{bmatrix} 0 & 5 & -2 \\ 2 & -8 & 3 \\ 1 & -3 & 1 \end{bmatrix}.$

習題 10-5

1. 設 $A = \begin{bmatrix} 6 & 2 & 8 \\ -3 & 4 & 1 \\ 4 & -4 & 5 \end{bmatrix}$，(1) 求 $\text{adj } A$，(2) 計算 $|A|$，(3) 證明 $(\text{adj } A)A = |A| I_3$.

2. 求下列方陣的逆方陣.

(1) $\begin{bmatrix} 3 & 2 \\ -3 & 4 \end{bmatrix}$ 　　 (2) $\begin{bmatrix} 4 & 2 & 1 \\ 0 & 1 & 2 \\ 1 & 0 & 3 \end{bmatrix}$ 　　 (3) $\begin{bmatrix} 2 & 0 & 1 \\ 3 & 2 & -1 \\ 1 & 0 & 1 \end{bmatrix}$

3. 指出下列方陣是否為非奇異矩陣？

(1) $\begin{bmatrix} 1 & 2 & 3 \\ 0 & 1 & 2 \\ 2 & -3 & 1 \end{bmatrix}$ 　　 (2) $\begin{bmatrix} 1 & 3 & 2 \\ 2 & 1 & 4 \\ 1 & -7 & 2 \end{bmatrix}$ 　　 (3) $\begin{bmatrix} 1 & 2 & 0 & 5 \\ 3 & 4 & 1 & 7 \\ -2 & 5 & 2 & 0 \\ 0 & 1 & 2 & -7 \end{bmatrix}$

10-6 克雷瑪法則解一次方程組

我們已在 9-3 節中利用**高斯-約旦消去法**求解一次方程組．現在，下面定理又提供了含 n 個未知數之 n 個一次方程式所構成方程組的解法，稱為**克雷瑪法則**．

定理 10-7

設

$$a_{11}x_1 + a_{12}x_2 + \cdots + a_{1n}x_n = b_1$$
$$a_{21}x_1 + a_{22}x_2 + \cdots + a_{2n}x_n = b_2$$
$$\vdots \qquad\qquad\qquad \vdots$$
$$a_{n1}x_1 + a_{n2}x_2 + \cdots + a_{nn}x_n = b_n$$

為一含有 n 個未知數的一次方程組，$A = [a_{ij}]$ 為係數矩陣，並將原方程組寫成 $AX = B$，其中

$$B = \begin{bmatrix} b_1 \\ b_2 \\ \vdots \\ b_n \end{bmatrix}$$

若 $|A| \neq 0$，則此方程組有唯一解：

$$x_1 = \frac{|A_1|}{A},\ x_2 = \frac{|A_2|}{A},\ \cdots,\ x_n = \frac{|A_n|}{A}$$

其中 A_i 乃是以 B 取代 A 的第 i 行而得．

證：若 $|A| \neq 0$，則由定理 10-6 的推論知 A 為非奇異矩陣．因此，

$$X=\begin{bmatrix} x_1 \\ x_2 \\ \vdots \\ x_n \end{bmatrix}=A^{-1}B=\begin{bmatrix} \dfrac{A_{11}}{|A|} & \dfrac{A_{21}}{|A|} & \cdots & \dfrac{A_{n1}}{|A|} \\ \dfrac{A_{12}}{|A|} & \dfrac{A_{22}}{|A|} & \cdots & \dfrac{A_{n2}}{|A|} \\ \vdots & \vdots & \cdots & \vdots \\ \dfrac{A_{1i}}{|A|} & \dfrac{A_{2i}}{|A|} & \cdots & \dfrac{A_{ni}}{|A|} \\ \vdots & \vdots & \cdots & \vdots \\ \dfrac{A_{1n}}{|A|} & \dfrac{A_{2n}}{|A|} & \cdots & \dfrac{A_{nn}}{|A|} \end{bmatrix}\begin{bmatrix} b_1 \\ b_2 \\ \vdots \\ b_n \end{bmatrix}$$

即,

$$x_i = \frac{A_{1i}}{|A|}b_1 + \frac{A_{2i}}{|A|}b_2 + \cdots + \frac{A_{ni}}{|A|}b_n \quad (1 \leq i \leq n)$$

$$= \frac{1}{|A|}(b_1 A_{1i} + b_2 A_{2i} + b_3 A_{3i} + \cdots + b_n A_{ni})$$

茲設

$$A_i = \begin{bmatrix} a_{11} & a_{12} & \cdots & a_{1(i-1)} & b_1 & a_{1(i+1)} & \cdots & a_{1n} \\ a_{21} & a_{22} & \cdots & a_{2(i-1)} & b_2 & a_{2(i+1)} & \cdots & a_{2n} \\ \vdots & \vdots & & \vdots & & \vdots & & \\ a_{n1} & a_{n2} & \cdots & a_{n(i-1)} & b_n & a_{n(i+1)} & \cdots & a_{nn} \end{bmatrix}$$

若我們按第 i 行各元素展開以求 $|A_i|$ 的值,則可得

$$|A_i| = b_1 A_{1i} + b_2 A_{2i} + b_3 A_{3i} + \cdots + b_n A_{ni}$$

因此,對 $i=1, 2, \cdots, n$ 而言,可知

$$x_i = \frac{A_i}{|A|}.$$

讀者應注意,利用**克雷瑪法則**求解一次方程組時,

1. 若 $|A| \neq 0$，則 n 元一次方程組為**相容方程組**，其唯一解為：

$$x_1 = \frac{A_1}{|A|},\ x_2 = \frac{A_2}{|A|},\ \cdots,\ x_n = \frac{A_n}{|A|}$$

2. 若 $|A| = |A_1| = |A_2| = \cdots = |A_n| = 0$，則 n 元一次方程組為**相依方程組**，其有無限多組解.

3. 若 $|A| = 0$，而 $|A_1| \neq 0$，或 $|A_2| \neq 0$，$\cdots$，或 $|A_n| \neq 0$，則 n 元一次方程組為**矛盾方程組**，其為無解.

例題 1 解一次方程組 $\begin{cases} x_1 + + 2x_3 = 6 \\ -3x_1 + 4x_2 + 6x_3 = 30 \\ -x_1 - 2x_2 + 3x_3 = 8 \end{cases}$.

解 因方程組的係數矩陣為

$$A = \begin{bmatrix} 1 & 0 & 2 \\ -3 & 4 & 6 \\ -1 & -2 & 3 \end{bmatrix}$$

故 $|A| = \begin{vmatrix} 1 & 0 & 2 \\ -3 & 4 & 6 \\ -1 & -2 & 3 \end{vmatrix} = 12 + 0 + 12 + 8 + 12 - 0 = 44$

又 $|A_1| = \begin{vmatrix} 6 & 0 & 2 \\ 30 & 4 & 6 \\ 8 & -2 & 3 \end{vmatrix} = 72 + 0 - 120 - 64 - 0 + 72 = -40$

$|A_2| = \begin{vmatrix} 1 & 6 & 2 \\ -1 & 30 & 6 \\ -1 & 8 & 3 \end{vmatrix} = 90 - 36 - 48 + 60 - 48 + 54 = 72$

$|A_3| = \begin{vmatrix} 1 & 0 & 6 \\ -3 & 4 & 30 \\ -1 & -2 & 8 \end{vmatrix} = 32 + 0 + 36 + 24 - 0 + 60 = 152$

所以，$x_1 = \dfrac{A_1}{|A|} = \dfrac{-40}{44} = -\dfrac{10}{11}$，$x_2 = \dfrac{A_2}{|A|} = \dfrac{72}{44} = \dfrac{18}{11}$，

$x_3 = \dfrac{A_3}{|A|} = \dfrac{152}{44} = \dfrac{38}{11}$.

例題 2 解一次方程組 $\begin{cases} x_1 - x_2 + 2x_3 = 4 \\ 2x_1 - x_2 + 2x_3 = 1 \\ 5x_1 - 3x_2 + 6x_3 = 6 \end{cases}$.

解 方程組的係數矩陣為

$$A = \begin{bmatrix} 1 & -1 & 2 \\ 2 & -1 & 2 \\ 5 & -3 & 6 \end{bmatrix}$$

而 $|A| = \begin{vmatrix} 1 & -1 & 2 \\ 2 & -1 & 2 \\ 5 & -3 & 6 \end{vmatrix} = -2 \begin{vmatrix} 1 & 1 & 1 \\ 2 & 1 & 1 \\ 5 & 3 & 3 \end{vmatrix} = 0$

又 $|A_1| = \begin{vmatrix} 4 & -1 & 2 \\ 1 & -1 & 2 \\ 6 & -3 & 6 \end{vmatrix} = -2 \begin{vmatrix} 4 & 1 & 1 \\ 1 & 1 & 1 \\ 6 & 3 & 3 \end{vmatrix} = 0$

$|A_2| = \begin{vmatrix} 1 & 4 & 2 \\ 2 & 1 & 2 \\ 5 & 6 & 6 \end{vmatrix} = 6 + 40 + 24 - 10 - 12 - 48 = 0$

$|A_3| = \begin{vmatrix} 1 & -1 & 4 \\ 2 & -1 & 1 \\ 5 & -3 & 6 \end{vmatrix} = -6 - 24 - 5 + 20 + 12 + 3 = 0$

所以，此方程組有無限多組解.

隨堂練習 6 試利用克雷瑪法則求下列線性方程組

$$\begin{cases} x_1 - 2x_2 + 2x_3 = 9 \\ 2x_1 + x_2 = a \\ 3x_1 - x_2 - x_3 = -10 \end{cases}$$

時，若有 $x_2 = 1$ 此解之所有 a 值.

答案：$a = -1$.

習題 10-6

利用克雷瑪法則解下列方程組.

1. $\begin{cases} 2x_1 + x_2 + x_3 = 0 \\ 4x_1 + 3x_2 + 2x_3 = 2 \\ 2x_1 - x_2 - 3x_3 = 0 \end{cases}$

2. $\begin{cases} 2x_1 + 4x_2 + 6x_3 = 2 \\ x_1 + 2x_3 = 0 \\ 2x_1 + 3x_2 - x_3 = -5 \end{cases}$

3. $\begin{cases} 2x_1 + x_2 + x_3 = 6 \\ 3x_1 + 2x_2 - 2x_3 = -2 \\ x_1 + x_2 + 2x_3 = 4 \end{cases}$

附表 1 四位常用對數表

N	0	1	2	3	4	5	6	7	8	9
10	0000	0043	0086	0128	0170	0212	0253	0294	0334	0374
11	0414	0453	0492	0531	0569	0607	0645	0682	0719	0755
12	0792	0828	0864	0899	0934	0969	1004	1038	1072	1106
13	1139	1173	1206	1239	1271	1303	1335	1367	1399	1430
14	1461	1492	1523	1553	1584	1614	1644	1673	1703	1732
15	1761	1790	1818	1847	1875	1903	1931	1959	1987	2014
16	2041	2068	2095	2122	2148	2175	2201	2227	2253	2279
17	2304	2330	2355	2380	2405	2430	2455	2480	2504	2529
18	2553	2577	2601	2625	2648	2672	2695	2718	2742	2765
19	2788	2810	2833	2856	2878	2900	2923	2945	2967	2989
20	3010	3032	3054	3075	3096	3118	3139	3160	3181	3201
21	3222	3243	3263	3284	3304	3324	3345	3365	3385	3404
22	3424	3444	3464	3483	3502	3522	3541	3560	3579	3598
23	3617	3636	3655	3674	3692	3711	3729	3747	3766	3784
24	3802	3820	3838	3856	3874	3892	3909	3927	3945	3962
25	3979	3997	4014	4031	4048	4068	4082	4099	4116	4133
26	4150	4166	4183	4200	4216	4232	4249	4265	4281	4298
27	4314	4330	4346	4362	4378	4393	4409	4425	4440	4456
28	4472	4487	4502	4518	4533	4548	4564	4579	4594	4609
29	4624	4639	4654	4669	4683	4698	4713	4728	4742	4757
30	4771	4786	4800	4814	4829	4843	4857	4871	4886	4900
31	4914	4928	4942	4955	4969	4983	4997	5011	5024	5038
32	5051	5065	5079	5092	5105	5119	5132	5145	5159	5172
33	5185	5198	5211	5224	5237	5250	5263	5276	5289	5302
34	5315	5328	5340	5353	5366	5378	5391	5403	5416	5428
35	5441	5453	5465	5478	5490	5502	5514	5527	5539	5551
36	5563	5575	5587	5599	5611	5623	5635	5647	5658	5670
37	5682	5694	5705	5717	5729	5740	5752	5763	5775	5786
38	5798	5809	5821	5832	5843	5855	5866	5877	5888	5899
39	5911	5922	5933	5944	5955	5966	5977	5988	5999	6010
40	6021	6031	6042	6053	6064	6075	6085	6096	6107	6117
41	6128	6138	6149	6160	6170	6180	6191	6201	6212	6222
42	6232	6243	6253	6263	6274	6284	6294	6304	6314	6325
43	6335	6345	6355	6365	6375	6385	6395	6405	6415	6425
44	6435	6444	6454	6464	6474	6484	6493	6503	6513	6522
45	6532	6542	6551	6561	6571	6580	6590	6599	6609	6618
46	6628	6637	6646	6656	6665	6675	6684	6693	6702	6712
47	6721	6730	6739	6749	6758	6767	6776	6785	6794	6803
48	6812	6821	6830	6839	6848	6857	6866	6875	6884	6893
49	6902	6911	6920	6928	6937	6946	6955	6964	6972	6981
N	0	1	2	3	4	5	6	7	8	9

N	0	1	2	3	4	5	6	7	8	9
50	6990	6998	7007	7016	7024	7033	7042	7050	7059	7067
51	7076	7084	7093	7101	7110	7118	7126	7135	7143	7152
52	7160	7168	7177	7185	7193	7202	7210	7218	7226	7235
53	7243	7251	7259	7267	7275	7284	7292	7300	7308	7316
54	7324	7332	7340	7348	7356	7364	7372	7380	7388	7396
55	7404	7412	7419	7427	7435	7443	7451	7459	7466	7474
56	7482	7490	7497	7505	7513	7520	7528	7536	7543	7551
57	7559	7566	7574	7582	7589	7597	7604	7612	7619	7627
58	7634	7642	7649	7657	7664	7672	7679	7686	7694	7701
59	7709	7716	7723	7731	7738	7745	7752	7760	7767	7774
60	7782	7789	7796	7803	7810	7818	7825	7832	7839	7846
61	7853	7860	7868	7875	7882	7889	7896	7903	7910	7917
62	7924	7931	7938	7945	7952	7959	7966	7973	7980	7987
63	7993	8000	8007	8014	8021	8028	8035	8041	8048	8055
64	8062	8069	8075	8082	8089	8096	8102	8109	8116	8122
65	8129	8136	8142	8149	8156	8162	8169	8176	8182	8189
66	8195	8202	8209	8215	8222	8228	8235	8241	8248	8254
67	8261	8267	8274	8280	8287	8293	8299	8306	8312	8319
68	8325	8331	8338	8344	8351	8357	8363	8370	8376	8382
69	8388	8395	8401	8407	8414	8420	8426	8432	8439	8445
70	8451	8457	8463	8470	8476	8482	8488	8494	8500	8506
71	8513	8519	8525	8531	8537	8543	8549	8555	8561	8567
72	8573	8579	8585	8591	8597	8603	8609	8615	8621	8627
73	8633	8639	8645	8651	8657	8663	8669	8675	8681	8686
74	8692	8698	8704	8710	8716	8722	8727	8733	8739	8745
75	8751	8756	8762	8768	8774	8779	8785	8791	8797	8802
76	8808	8814	8820	8825	8831	8837	8842	8848	8854	8859
77	8865	8871	8876	8882	8887	8893	8899	8904	8910	8915
78	8921	8927	8932	8938	8943	8949	8954	8960	8965	8971
79	8976	8982	8987	8993	8998	9004	9009	9015	9020	9025
80	9031	9036	9042	9047	9053	9058	9063	9069	9074	9079
81	9085	9090	9096	9101	9106	9112	9117	9122	9128	9133
82	9138	9143	9149	9154	9159	9165	9170	9175	9180	9186
83	9191	9196	9201	9206	9212	9217	9222	9227	9232	9238
84	9243	9248	9253	9258	9263	9269	9274	9279	9284	9289
85	9294	9299	9304	9309	9315	9320	9325	9330	9335	9340
86	9345	9350	9355	9360	9365	9370	9375	9380	9385	9390
87	9395	9400	9405	9410	9415	9420	9425	9430	9435	9440
88	9445	9450	9455	9460	9465	9469	9474	9479	9484	9489
89	9494	9499	9504	9509	9513	9518	9523	9528	9533	9538
90	9542	9547	9552	9557	9562	9566	9571	9576	9581	9586
91	9590	9595	9600	9605	9609	9614	9619	9624	9628	9633
92	9638	9643	9647	9652	9657	9661	9666	9671	9675	9680
93	9685	9689	9694	9699	9703	9708	9713	9717	9722	9727
94	9731	9736	9741	9745	9750	9754	9759	9763	9768	9773
95	9777	9782	9786	9791	9795	9800	9805	9809	9814	9818
96	9823	9827	9832	9836	9841	9845	9850	9854	9859	9863
97	9868	9872	9877	9881	9886	9890	9894	9899	9903	9908
98	9912	9917	9921	9926	9930	9934	9939	9943	9948	9952
99	9956	9961	9965	9969	9974	9978	9983	9987	9991	9996
N	0	1	2	3	4	5	6	7	8	9

附表 2　指數函數表

x	e^g	e^{-g}	x	e^g	e^{-g}	x	e^g	e^{-g}	x	e^g	e^{-g}
.00	1.0000	1.00000	.40	1.4918	.67032	.80	2.2255	.44933	3.00	20.086	.04979
.01	1.0101	.99005	.41	1.5068	.66365	.81	2.2479	.44486	3.10	22.198	.04505
.02	1.0202	.98020	.42	1.5220	.65705	.82	2.2705	.44043	3.20	24.533	.04076
.03	1.0305	.97045	.43	1.5373	.65051	.83	2.2933	.43605	3.30	27.113	.03688
.04	1.0408	.96079	.44	1.5527	.64404	.84	2.3164	.43171	3.40	29.964	.03337
.05	1.0513	.95123	.45	1.5683	.63763	.85	2.3396	.42741	3.50	33.115	.03020
.06	1.0618	.94176	.46	1.5841	.63128	.86	2.3632	.42316	3.60	36.598	.02732
.07	1.0725	.93239	.47	1.6000	.62500	.87	2.3869	.41895	3.70	40.447	.02472
.08	1.0833	.92312	.48	1.6161	.61878	.88	2.4109	.41478	3.80	44.701	.02237
.09	1.0942	.91393	.49	1.6323	.61263	.89	2.4351	.41066	3.90	49.402	.02024
.10	1.1052	.90484	.50	1.6487	.60653	.90	2.4596	.40657	4.00	54.598	.01832
.11	1.1163	.89583	.51	1.6653	.60050	.91	2.4843	.40252	4.10	60.340	.01657
.12	1.1275	.88692	.52	1.6820	.59452	.92	2.5093	.39852	4.20	66.686	.01500
.13	1.1388	.87809	.53	1.6989	.58860	.93	2.5345	.39455	4.30	73.700	.01357
.14	1.1503	.86936	.54	1.7160	.58275	.94	2.5600	.39063	4.40	81.451	.01227
.15	1.1618	.86071	.55	1.7333	.57695	.95	2.5857	.38674	4.50	90.017	.01111
.16	1.1735	.85214	.56	1.7507	.57121	.96	2.6117	.38289	4.60	99.484	.01005
.17	1.1853	.84366	.57	1.7683	.56553	.97	2.6379	.37908	4.70	109.95	.00910
.18	1.1972	.83527	.58	1.7860	.55990	.98	2.6645	.37531	4.80	121.51	.00823
.19	1.2092	.82696	.59	1.8040	.55433	.99	2.6912	.37158	4.90	134.29	.00745
.20	1.2214	.81873	.60	1.8221	.54881	1.00	2.7183	.36788	5.00	148.41	.00674
.21	1.2337	.81058	.61	1.8404	.54335	1.10	3.0042	.33287	5.10	164.02	.00610
.22	1.2461	.80252	.62	1.8589	.53794	1.20	3.3201	.30119	5.20	181.27	.00552
.23	1.2586	.79453	.63	1.8776	.53259	1.30	3.6693	.27253	5.30	200.34	.00499
.24	1.2712	.78663	.64	1.8965	.52729	1.40	4.0552	.24660	5.40	221.41	.00452
.25	1.2840	.77880	.65	1.9155	.52205	1.50	4.4817	.22313	5.50	244.69	.00409
.26	1.2969	.77105	.66	1.9348	.51685	1.60	4.9530	.20190	5.60	270.43	.00370
.27	1.3100	.76338	.67	1.9542	.51171	1.70	5.4739	.18268	5.70	298.87	.00335
.28	1.3231	.75578	.68	1.9739	.50662	1.80	6.0496	.16530	5.80	330.30	.00303
.29	1.3364	.74826	.69	1.9937	.50158	1.90	6.6859	.14957	5.90	365.04	.00274
.30	1.3499	.74082	.70	2.0138	.49659	2.00	7.3891	.13534	6.00	403.43	.00248
.31	1.3634	.73345	.71	2.0340	.49164	2.10	8.1662	.12246	6.25	518.01	.00193
.32	1.3771	.72615	.72	2.0544	.48675	2.20	9.0250	.11080	6.50	665.14	.00150
.33	1.3910	.71892	.73	2.0751	.48191	2.30	9.9742	.10026	6.75	854.06	.00117
.34	1.4049	.71177	.74	2.0959	.47711	2.40	11.023	.09072	7.00	1096.6	.00091
.35	1.4191	.70469	.75	2.1170	.47237	2.50	12.182	.08208	7.50	1808.0	.00055
.36	1.4333	.69768	.76	2.1383	.46767	2.60	13.464	.07427	8.00	2981.0	.00034
.37	1.4477	.69073	.77	2.1598	.46301	2.70	14.880	.06721	8.50	4914.8	.00020
.38	1.4623	.68386	.78	2.1815	.45841	2.80	16.445	.06081	9.00	8103.1	.00012
.39	1.4770	.67706	.79	2.2034	.45384	2.90	18.174	.05502	9.50	13360	.00007

附表 3　自然對數表

n	$\ln n$	n	$\ln n$	n	$\ln n$
0.0	—	4.5	1.5041	9.0	2.1972
0.1	−2.3026	4.6	1.5261	9.1	2.2083
0.2	−1.6094	4.7	1.5476	9.2	2.2192
0.3	−1.2040	4.8	1.5686	9.3	2.2300
0.4	−0.9163	4.9	1.5892	9.4	2.2407
0.5	−0.6931	5.0	1.6094	9.5	2.2513
0.6	−0.5108	5.1	1.6292	9.6	2.2618
0.7	−0.3567	5.2	1.6487	9.7	2.2721
0.8	−0.2231	5.3	1.6677	9.8	2.2824
0.9	−0.1054	5.4	1.6864	9.9	2.2925
1.0	0.0000	5.5	1.7047	10	2.3026
1.1	0.0953	5.6	1.7228	11	2.3979
1.2	0.1823	5.7	1.7405	12	2.4849
1.3	0.2624	5.8	1.7579	13	2.5649
1.4	0.3365	5.9	1.7750	14	2.6391
1.5	0.4055	6.0	1.7918	15	2.7081
1.6	0.4700	6.1	1.8083	16	2.7726
1.7	0.5306	6.2	1.8245	17	2.8332
1.8	0.5878	6.3	1.8405	18	2.8904
1.9	0.6419	6.4	1.8563	19	2.9444
2.0	0.6931	6.5	1.8718	20	2.9957
2.1	0.7419	6.6	1.8871	25	3.2189
2.2	0.7885	6.7	1.9021	30	3.4012
2.3	0.8329	6.8	1.9169	35	3.5553
2.4	0.8755	6.9	1.9315	40	3.6889
2.5	0.9163	7.0	1.9459	45	3.8067
2.6	0.9555	7.1	1.9601	50	3.9120
2.7	0.9933	7.2	1.9741	55	4.0073
2.8	1.0296	7.3	1.9879	60	4.0943
2.9	1.0647	7.4	2.0015	65	4.1744
3.0	1.0986	7.5	2.0149	70	4.2485
3.1	1.1314	7.6	2.0281	75	4.3175
3.2	1.1632	7.7	2.0412	80	4.3820
3.3	1.1939	7.8	2.0541	85	4.4427
3.4	1.2238	7.9	2.0669	90	4.4998
3.5	1.2528	8.0	2.0794	95	4.5539
3.6	1.2809	8.1	2.0919	100	4.6052
3.7	1.3083	8.2	2.1041	200	5.2983
3.8	1.3350	8.3	2.1163	300	5.7038
3.9	1.3610	8.4	2.1282	400	5.9915
4.0	1.3863	8.5	2.1401	500	6.2146
4.1	1.4110	8.6	2.1518	600	6.3069
4.2	1.4351	8.7	2.1633	700	6.5511
4.3	1.4586	8.8	2.1748	800	6.6846
4.4	1.4816	8.9	2.1861	900	6.8024

習題答案

第 1 章 邏輯與集合

習題 1-1

1. 充分　2. 必要　3. 充分　4. 必要　5. 充分　6. 充分
7. 必要　8. 必要　9. 充要　10. 必要　11. 必要　12. 充要
13. 充要　14. 必要　15. 不能確定　16. 充要　17. 充要

習題 1-2

1. $0 \in \mathbb{Z}$，$\dfrac{1}{2} \in \mathbb{Q}$，$\sqrt{2} \notin \mathbb{Q}$，$1 \in \mathbb{N}$，$\pi \notin \mathbb{Q}$

2. $B = \{2, 8\}$，$C = \{1, 3, 5, 9\}$，$D = \{5, 8, 9\}$

3. (1) $A = \{1, 2, 3, 4, 5, 6, 7, 8, 9\}$　(2) $S = \{n, u, m, b, e, r\}$
   (3) $B = \{-1, 0, 1, 2\}$　(4) $C = \{3, 6, 9, 12, 15, 18, 21, 24\}$

4. (1) $X = \{3p \mid p = 1, 2, 3\}$　(2) $A = \{x \mid x = 10^n,\ n \in \mathbb{N}\}$
   (3) $A = \{x \mid x\ \text{為整數，且}\ x\ \text{能被 2 整除}\}$　(4) $Y = \{x \mid |x| < 7,\ x \in \mathbb{N}\}$

5. (1) 偽　(2) 真　(3) 偽　(4) 偽　(5) 偽　(6) 偽

6. $A \cup B = \{x \mid x\ \text{為實數},\ 0 \leq x \leq 3\}$，$A \cap B = \{x \mid x\ \text{為實數},\ 1 \leq x \leq 2\}$

7. $A \cup B = \{x \mid x\ \text{為實數},\ 0 < x < 2,\ x \neq 1\}$，$A \cap B = \phi$

8. $A \cap B = \left\{\left(\dfrac{25}{19},\ -\dfrac{29}{19}\right)\right\}$

9. $A - B = \{1, 2\}$，$B - A = \{5, 6\}$，$A' = \{5, 6\}$，$B' = \{1, 2\}$
   $A' \cap B' = \phi$，$A' \cup B' = \{1, 2, 5, 6\}$

10. (1) $A \cup B = \{1, 2, 3, 4, 6, 8\}$

(2) $(A \cup B) \cup C = \{1, 2, 3, 4, 5, 6, 8\}$

(3) $A \cup (B \cup C) = \{1, 2, 3, 4, 5, 6, 8\}$

11. (1) $(A \cap B) \cap C = \{2, 4\} \cap \{3, 4, 5, 6\} = \{4\}$

(2) $A \cap (B \cap C) = \{1, 2, 3, 4\} \cap \{4, 6\} = \{4\}$

12. (1) $A' \cap B = \{c, e\} \cap \{b, d, e\} = \{e\}$

(2) $A \cup B' = \{a, b, d\} \cup \{a, c\} = \{a, b, c, d\}$

(3) $A' \cap B' = \{c, e\} \cap \{a, c\} = \{c\}$

(4) $B' - A' = \{a, c\} - \{c, e\} = \{a\}$

(5) $(A \cap B)' = \{a, c, e\}$

(6) $(A \cup B)' = \{c\}$

13. (1) $A \cap B = \phi$ (2) $A \cap C = \{(0, 0)\}$ (3) $B \cap C = \{(1, 2)\}$

14. $A \cup B = \{1, 2, 3, 4, 5\}$ 15. 略 16. (1)、(3)、(5)、(6) 為真

17. $A - B = \{x \mid |x| > 2\}$，$B - A = \{x \mid -1 \leq x \leq 1\}$

18. (1) $\{(a, 1), (a, 3), (b, 1), (b, 3)\}$

(2) $\{(1, a), (1, b), (3, a), (3, b)\}$

(3) 不相等，但 $n(A \times B) = n(B \times A)$

19. $(a, b) = (0, -6)$ 20. (1) $A \cup B = \{-1, -2, 4\}$ (2) $A - B = \{4\}$

第 2 章　數

習題 2-1

1. (1) 略 (2) 998,001 2. (1) 530,000 (2) 809,775 3. (1) 略 (2) 50,609

4. 略 5. 略 6. $(-1, 2)$、$(1, -2)$、$(7, 2)$、$(-7, -2)$ 共 4 組 7. 35

8. (1) $1500 = 2^2 \cdot 3 \cdot 5^3$ (2) $3600 = 2^4 \cdot 3^2 \cdot 5^2$ (3) $3^{12} - 7^6 = 2^5 \cdot 67 \cdot 193$

(4) $333333 = 3^2 \cdot 7 \cdot 11 \cdot 13 \cdot 37$

9. (1) 質數 (2) 質數 (3) 質數 (4) 非質數 (5) 非質數 (6) 質數 (7) 非質數

10. $q = 286$，$r = 95$

11. (1) $(1596, 2527) = 133$ (2) $(3431, 2397) = 47$

(3) $(12240, 6936, 16524) = 204$ (4) $[4312, 1008] = 77616$

(5) $[108, 84, 78] = 9828$

12. 略　　**13.** $a_1=4$, $a_2=0$ 或 $a_1=9$, $a_2=5$　　**14.** $\{1, 3, 5, 7, 9\}$

15. $m=1$ 或 5　　**16.** $a=1$ 或 5　　**17.** $p=3, 5, 9, 35$

18. $x=-1$ 或 1, 此質數為 5　　**19.** x 為偶數, y 為奇數

習題 2-2

1. (1) $\dfrac{23}{99}$　(2) $\dfrac{37}{999}$　(3) $\dfrac{229}{990}$　　**2.** $a=2$ 或 3　　**3.** $a=10$, $b=\dfrac{9}{2}$

4. $P<Q<T$　　**5.** $\left\{-\dfrac{1}{2}, \dfrac{1}{2}\right\}$　　**6.** $x=-\dfrac{5}{2}$ 或 -25

7. 3　　**8.** $\sqrt[10]{6}<\sqrt[6]{3}<\sqrt[15]{16}$

9. (1) 3^7　(2) 0　(3) $2\sqrt{2}-1$　(4) $\sqrt{2}+2-\sqrt{6}$
(5) $2-\sqrt{2}$　(6) $2-\sqrt{2}$　(7) $4+\sqrt{6}$

10. (1) $x>\dfrac{5}{3}$ 或 $x<-\dfrac{1}{3}$　(2) $-2\leq x\leq\dfrac{10}{3}$

11. 略　　**12.** 0.69　　**13.** $2-\sqrt{5}$　　**14.** $a=7$　　**15.** $a=-\dfrac{3}{4}$, $b=\dfrac{3}{2}$

16. $\dfrac{\sqrt{2}}{2}$　　**17.** $-7\leq x\leq 1$ 或 $3\leq x\leq 11$　　**18.** $\dfrac{mb+na}{m+n}$

19. $a=1$, $b=8$　　**20.** $a=4$, $b=6$　　**21.** 略

習題 2-3

1. $(3\sqrt{2}+\sqrt{3}+5\sqrt{7})i$　　**2.** $\left(\dfrac{1}{8}-\dfrac{4\sqrt{2}}{3}\right)i$　　**3.** $-2\sqrt{15}\,i$

4. $-\dfrac{5\sqrt{6}}{64}$　　**5.** $8-i$　　**6.** $-i$　　**7.** -1　　**8.** $4+2i$

9. $(4+\sqrt{6})+(2\sqrt{2}-2\sqrt{3})i$　　**10.** $\dfrac{17}{10}+\dfrac{1}{10}i$　　**11.** $\dfrac{1}{2}+\dfrac{1}{2}i$

12. $-119+120i$ 13. $26-7i$ 14. $-i$ 15. $\dfrac{17}{5}$ 16. $\dfrac{-1+\sqrt{3}\,i}{2}$

17. $(x, y)=\left(\dfrac{1}{\sqrt{2}}, \dfrac{1}{\sqrt{2}}\right)$ 或 $\left(-\dfrac{1}{\sqrt{2}}, -\dfrac{1}{\sqrt{2}}\right)$ 18. $\dfrac{14}{13}+\dfrac{-31}{13}i$

19. $1+2i$ 和 $-1-2i$

習題 2-4

1. (1) $x=-\dfrac{3}{5}$ 或 $x=2$ (2) $x=-1$ (重根)   (3) $x=5$ 或 $x=-7$

    (4) $x=\dfrac{1}{4}$ 或 $x=\dfrac{2}{5}$ (5) $x=-\dfrac{4}{9}$ 或 $x=1$

2. (1) $x=-\dfrac{1}{2}\pm\dfrac{\sqrt{3}\,i}{2}$ (2) $x=5$ 或 $x=\dfrac{2}{3}$ (3) $x=\dfrac{1}{2}$ 或 $x=-\dfrac{2}{3}$

    (4) $x=\dfrac{3\pm\sqrt{47}\,i}{4}$ (5) $x=\dfrac{1}{7}$ 或 $x=-\dfrac{2}{3}$ (6) $x=\dfrac{1\pm\sqrt{3}\,i}{4}$

3. (1) $x=-\dfrac{1}{2}$ 或 $x=\dfrac{1}{3}$ (2) $x=\dfrac{-3+\sqrt{41}}{4}$ 或 $x=\dfrac{-3-\sqrt{41}}{4}$

    (3) $x=\dfrac{-1+\sqrt{3}\,i}{2}$ 或 $x=\dfrac{-1-\sqrt{3}\,i}{2}$

    (4) $x=\dfrac{-5+\sqrt{59}\,i}{6}$ 或 $x=\dfrac{-5-\sqrt{59}\,i}{6}$ (5) $x=\dfrac{3}{2}$ 或 $x=-5$

4. $x=-i$ 或 $x=-1$

5. (1) 二根為相異實數   (2) 二根為共軛複數   (3) 二根為相異實數

6. $k=\pm 2\sqrt{6}$ 7. $x=-1+\sqrt{5}$ 或 $x=1-\sqrt{3}$

8. (1) $k<\dfrac{9}{4}$，$k\neq 0$ 時有相異二實根   (2) $k=\dfrac{9}{4}$ 時有相等二實根

(3) $k > \dfrac{9}{4}$ 時有二共軛虛根　(4) $k \leq \dfrac{9}{4}$，$k \neq 0$ 時有二實根

9. (1) -8　(2) 6　(3) 52　(4) $-\dfrac{4}{3}$　(5) $\dfrac{26}{3}$

10. (1) $x^2+5x-24=0$　(2) $6x^2+x-2=0$　11. 11

12. (1) 有相異的實根，$k > -\dfrac{1}{24}$.　(2) 有相等的實根，$k = -\dfrac{1}{24}$.

(3) 有相異的虛根，$k < -\dfrac{1}{24}$.

13. $k=6$　14. $z=-1+2i$ 或 $z=-3+i$　15. $x=-1-\sqrt{3}$ 或 $x=3+3\sqrt{3}$

16. 略　17. $p=4$，$q=3$　18. $\dfrac{7}{3}$　19. $x^2+5x-24=0$，二根為 3、-8

20. 30 棵

第 3 章　直線方程式

習題 3-1

1. 第四象限　2. 第二象限　3. 第三象限　4. 第一象限

5. 第三象限　6. $\overline{OP_1}=\sqrt{10}$　7. $\overline{OP_2}=\sqrt{34}$　8. $\overline{OP_3}=5$

9. $d=2\sqrt{5}$　10. $d=2\sqrt{61}$　11. 略　12. $P\left(\dfrac{x_1-rx_2}{1-r},\ \dfrac{y_1-ry_2}{1-r}\right)$

13. 等腰三角形　14. 10　15. $\left(\dfrac{1}{2},\ \dfrac{5\sqrt{3}}{2}\right)$　16. $y=12$ 或 -12

17. (1) $\overline{AB}$ 的中點 R 坐標為 (2, 5)，$\overline{BC}$ 的中點 P 坐標為 (1, 1)，$\overline{AC}$ 的中點 Q 坐標為 (3, 2)

(2) $\overline{BQ}=\sqrt{13}$，$\overline{AP}=\sqrt{34}$，$\overline{CR}=7$

18. $\left(\dfrac{13}{14},\ 0\right)$　19. $\left(\dfrac{x_1+x_2+x_3}{3},\ \dfrac{y_1+y_2+y_3}{3}\right)$　20. (3, 0)

習題 3-2

1. (1) $y=14$ (2) $x=-\dfrac{1}{3}$ 2. $k=\dfrac{9}{8}$ 3. $k=29$

4. $m_1=\dfrac{3}{7}$, $m_2=\dfrac{5}{3}$, $m_3=-\dfrac{1}{2}$ 5. (1) 是 (2) 否

6. $x=6$, $y=3$ 7. $k=2$ 8. $3x+2y-1=0$ 9. $x-4y-19=0$

10. $x-2y+5=0$ 11. (1) $x=1$, $y=-2$ (2) $x=\dfrac{1}{2}$, $y=3$

12. 略   13. $\dfrac{49}{6}$ 14. 圖形過 I、IV、III 象限

15. $\dfrac{x}{-1}+\dfrac{y}{2}=1$ 或 $\dfrac{x}{-2}+\dfrac{y}{3}=1$ 16. $\dfrac{x}{2}+\dfrac{y}{4}=1$ 或 $\dfrac{x}{-4}+\dfrac{y}{-2}=1$

17. $\dfrac{6}{5}$ 18. (1) $P(1,-1)$ (2) $x+y=0$ 19. $\dfrac{x}{3}+\dfrac{y}{-2}=1$ 或 $\dfrac{x}{-2}+\dfrac{y}{3}=1$

20. 若 $P\neq Q$，$\dfrac{x}{4}+\dfrac{y}{4}=1$ 或 $\dfrac{x}{-2}+\dfrac{y}{2}=1$；若 $P=Q$，$3x-y=0$ 21. $\dfrac{2\sqrt{5}}{5}$

第 4 章　函數與函數的圖形

習題 4-1

1. (1) 不是函數 (2) 是函數，值域為 {15，20，25} (3) 不是函數
   (4) 是函數，值域為 {10，15，20，25}

2. (1) 與 (3) 為函數圖形，(2) 與 (4) 不為函數圖形

3. $f(1)=2$, $f(3)=\sqrt{2}+6$, $f(10)=23$ 4. $D_f=\{x\,|\,x\in\mathbb{R}\}$

5. $D_f=\{x\,|\,x\in\mathbb{R},\ x\geq 2$ 或 $x\leq -2\}$ 6. $D_f=\{x\,|\,x\in\mathbb{R}\}$

7. $D_f=\{x\,|\,x\in\mathbb{R}$ 且 $x\neq 0\}$ 8. $D_f=\{x\,|\,x\in\mathbb{R},\ 0\leq x\leq 1\}$

9. $D_f=\left\{x\,\Big|\,x>\dfrac{5}{3}\right\}$ 10. $D_f=\{x\,|\,x\neq 1,\ x>2\}$

11. $f\left(\dfrac{1}{2}\right)=\dfrac{5}{2}$, $f\left(\dfrac{3}{2}\right)=\dfrac{5}{2}$　　**12.** $f(x)=5x-7$　　**13.** $f(x)=3x^2+x+1$

14. $f(-3)=1$, $f(-2)=2$, $f(0)=-2$, $f(3)=16$

15. 略　　**16.** $a=\dfrac{3}{2}$, $b=\dfrac{1}{2}$, $c=1$　　**17.** (1) $f(0)=0$　(2) $f(11)=0$

18. -7　　**19.** $g(4)=-43$, $g(0)=-8$, $g(-3)=3$

习题 **4-2**

1. $(f+g)(x)=x^2-1+\sqrt{2x-1}$, $x\in\left[\dfrac{1}{2},\infty\right)$

$(f-g)(x)=x^2-1-\sqrt{2x-1}$, $x\in\left[\dfrac{1}{2},\infty\right)$

$(f\cdot g)(x)=(x^2-1)\sqrt{2x-1}$, $x\in\left[\dfrac{1}{2},\infty\right)$

$\left(\dfrac{f}{g}\right)(x)=\dfrac{x^2-1}{\sqrt{2x-1}}$, $x\in\left(\dfrac{1}{2},\infty\right)$

2. $(f+g)(x)=\dfrac{x-3}{2}+\sqrt{x}$, $\forall x\in[0,\infty)$

$(f-g)(x)=\dfrac{x-3}{2}-\sqrt{x}$, $\forall x\in[0,\infty)$

$(f\cdot g)(x)=\dfrac{x-3}{2}\cdot\sqrt{x}$, $\forall x\in[0,\infty)$

$\left(\dfrac{f}{g}\right)(x)=\dfrac{x-3}{2\sqrt{x}}$, $\forall x\in(0,\infty)$

3. (1) $\dfrac{28}{5}$　(2) 4　(3) $\dfrac{1}{9}$　　**4.** $g\circ f\neq f\circ g$

5. $(f\circ g)(2)=1$, $(f\circ g)(4)=2$, $(g\circ f)(1)=3$, $(g\circ f)(3)=4$

6. (1) $(f\circ g)(x)=\sqrt{7x^2+5}$, $(g\circ f)(x)=\sqrt{7x^2+29}$

(2) $(f \circ g)(x) = \dfrac{18x^4+24x^2+11}{9x^4+12x^2+4}$, $(g \circ f)(x) = \dfrac{1}{27x^4+36x^2+14}$

7. 略 **8.** $f(x) = \left(\dfrac{1}{x}\right)^{10}$, $g(x) = x+1$

9. $f(x) = \sqrt{x}$, $g(x) = \sqrt{x^2+2}$ **10.** $f(x) = \sqrt{x}$, $g(x) = x^2+x-1$

11. $g(g(x)) = x$ **12.** $f(x) = \dfrac{x-1}{x+1}$ **13.** $\dfrac{5}{7}$

14. $(f+g)(x) = \begin{cases} 1-x, & x \leq 1 \\ 2x-2, & x \geq 2 \end{cases}$, $D_{f+g} = \{x \mid x \leq 1 \text{ 或 } x \geq 2\}$

15. $(f-g)(x) = \begin{cases} 1-x, & x \leq 1 \\ 2x, & x \geq 2 \end{cases}$, $D_{f-g} = \{x \mid x \leq 1 \text{ 或 } x \geq 2\}$

16. $(f \cdot g)(x) = \begin{cases} 0, & x \leq 1 \\ -2x+1, & x \geq 2 \end{cases}$, $D_{f \cdot g} = \{x \mid x \leq 1 \text{ 或 } x \geq 2\}$

17. (1) $f(0.2) = 0$ (2) $f(2.5) = 2$ (3) $f(3) = 3$ **18.** 略

習題 4-3

1. 偶函數 **2.** 奇函數 **3.** 奇函數 **4.** 偶函數 **5.** 奇函數 **6.** 偶函數 **7.** 偶函數

8.

9.

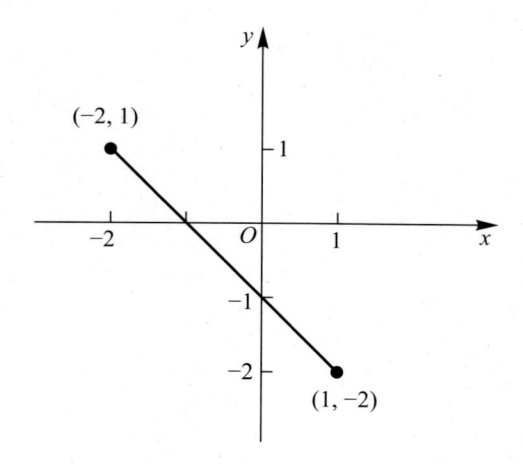

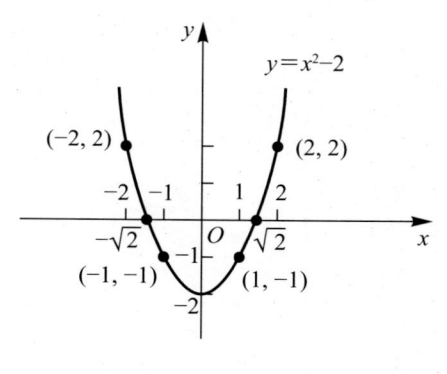

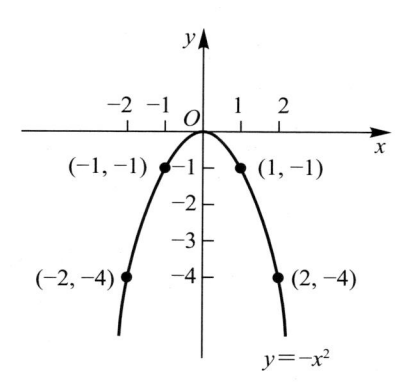

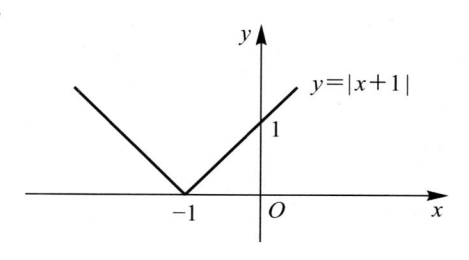

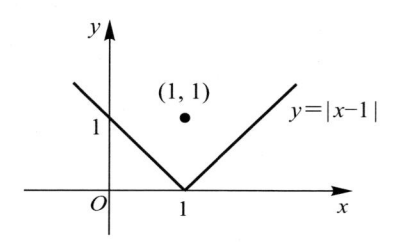

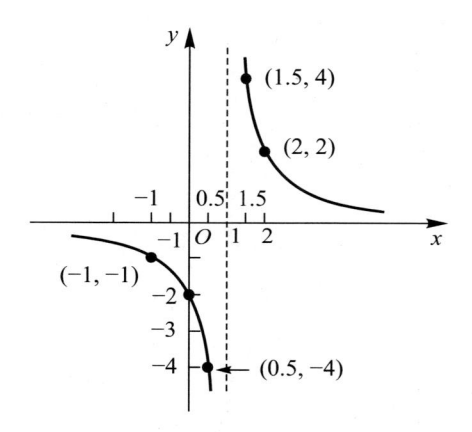

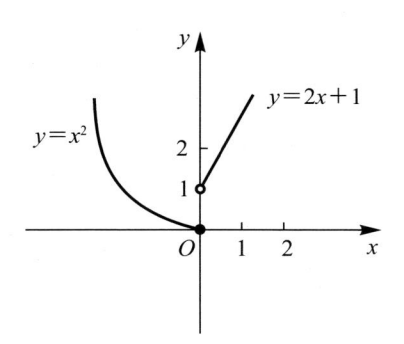

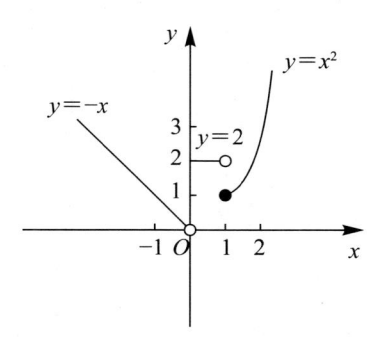

10.

11.

12.

13.

14.

15.

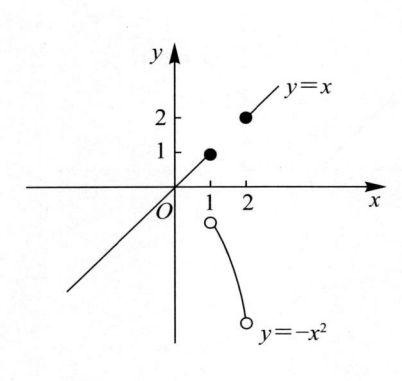

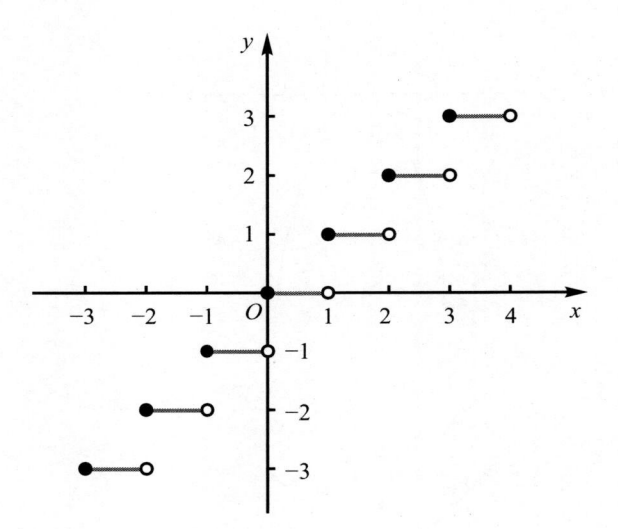

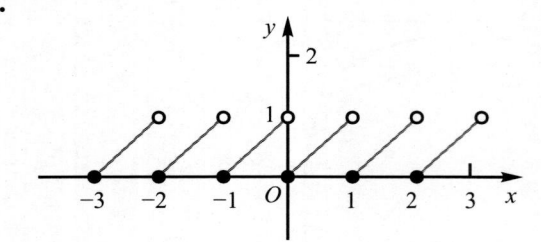

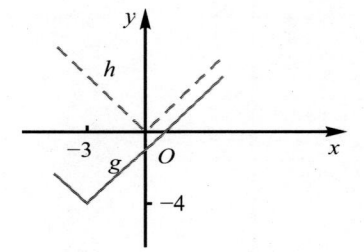

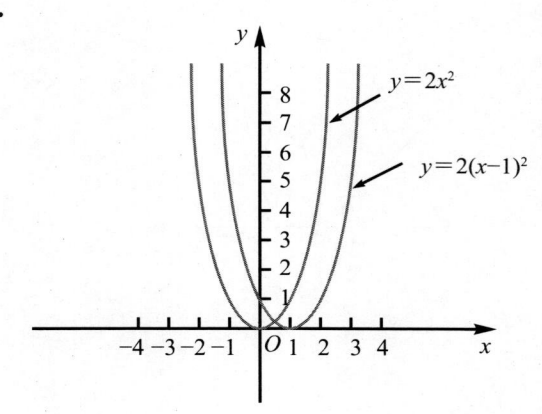

16.

17.

18.

19.

20.

習題 4-4

1. (1) f 不是一對一函數. (2) f 是一對一函數.   2. f 為可逆函數.

3. f 非可逆函數.   4. f 為可逆函數.   5. f 為可逆函數.   6. f 為可逆函數.

7. f 為可逆函數.   8. f 為可逆函數   9. $y=f^{-1}(x)=x-5$ 10. $y=f^{-1}(x)=2x+3$

11. $y=f^{-1}(x)=x^{1/3}$ 12. $y=f^{-1}(x)=\sqrt{6-x}$ ($0 \leq x \leq 6$)

13. $y=f^{-1}(x)=\sqrt[3]{\dfrac{x+5}{2}}$ 14. $y=f^{-1}(x)=(x-2)^3$

15. $y=f^{-1}(x)=\dfrac{\sqrt{1-x^2}}{2}$ ($0 \leq x \leq 1$)

16. (1) $f(x)$ 無反函數，因為 f 非一對一函數.

    (2) 若限制 $x \geq 0$，則 $f(x)$ 為一對一函數，故具有反函數.

    (3)

17. (i) $y=\sqrt[3]{x-1}$ (ii) 略   18. 略

19. $f \circ g$ 之反函數為 $y=f^{-1}(x)=\dfrac{x+8}{6}$，$g \circ f$ 之反函數為 $y=f^{-1}(x)=\dfrac{x+1}{6}$.

第 5 章 二次函數

習題 5-1

1. (1) 開口向上，頂點 $(0, -4)$，對稱軸 $x=0$.

    (2) 開口向下，頂點 $(0, 4)$，對稱軸 $x=0$.

    (3) 開口向上，頂點 $(1, 2)$，對稱軸 $x=1$.

(4) 開口向下，頂點 $(1, 2)$，對稱軸 $x=1$.

(5) 開口向上，頂點 $\left(\dfrac{1}{4}, \dfrac{23}{8}\right)$，對稱軸 $x=\dfrac{1}{4}$.

(6) 開口向下，頂點 $\left(\dfrac{3}{2}, \dfrac{1}{4}\right)$，對稱軸 $x=\dfrac{3}{2}$.

2. 10 **3.** (1) $f(x)=x^2+2x-7$ (2) $f(x)=x^2-2x+3$ **4.** $y=2x^2+4x-1$

5. 頂點 $(-8, -9)$，對稱軸 $x+8=0$. **6.** $f(x)=x^2+x+1$

習題 5-2

1. (1) 極小值為 -1，圖形的最低點為 $(2, -1)$.

(2) 極小值為 $\dfrac{23}{8}$，圖形的最低點為 $\left(\dfrac{5}{4}, \dfrac{23}{8}\right)$.

(3) 極大值為 $\dfrac{29}{4}$，圖形的最高點為 $\left(\dfrac{3}{2}, \dfrac{29}{4}\right)$.

(4) 極大值為 $\dfrac{7}{3}$，圖形的最高點為 $\left(\dfrac{2}{3}, \dfrac{7}{3}\right)$.

(5) 極小值為 7，圖形的最低點為 $(-2, 7)$

2. 25 **3.** $m=2$ **4.** $b=-4, c=9$ **5.** $a=1, b=-4$ **6.** $m=2$

第 6 章 指數與對數

習題 6-1

1. 250 **2.** $\dfrac{8}{9}$ **3.** 0.09 **4.** $\dfrac{3}{2a}$ **5.** b **6.** $a^{4/3}-4a^{2/3}+3-6a^{-1/3}$

7. 2 **8.** $\pi^{-2\sqrt{3}}$ **9.** $\dfrac{a^{1/2}}{b^3}$ **10.** ab^3 **11.** $\dfrac{109}{4}$ **12.** 52

13. $\dfrac{1}{24}$ **14.** 略 **15.** (1) 4.8×10^4 (2) 1×10^9 (3) 5×10^2 (4) 2.396×10^9

習題 6-2

1. (1) $\sqrt{5}$ (2) $\dfrac{\sqrt{5}}{5}$ (3) $5\sqrt{5}$ (4) $\dfrac{\sqrt{5}}{25}$

2. (1) $x=0$ 或 $x=2$ (2) $x=-1$ (3) $x=3$ (4) $x=-1$ 或 $x=2$ (5) $x=2$

3. (1) $x\leq \dfrac{2}{3}$ (2) $x>6$ **4.** $f(g(2))=512$，$g(f(2))=81$ **5.** 略

6. (1) $\pm\sqrt{5}$ (2) 7 (3) 18

習題 6-3

1. (1) $x=\dfrac{1}{81}$ (2) $x=12$ (3) $x=2\sqrt{2}$ (4) $x=\dfrac{5}{2}$ (5) $x\doteq 7.154$ (6) $x=\log_2 \dfrac{6}{11}$

2. $\log_{10} 40=1.6020$，$\log_{10}\sqrt{5}=0.3495$，$\log_2\sqrt{5}=1.1611$ **3.** (1) 1 (2) 2 (3) 3

4. (1) $x=10^{-2}$ 或 $x=10^3$ (2) $x=10$ 或 $x=100$ (3) $x=2$

(4) $x=10$ (5) $x=\dfrac{-1+\sqrt{21}}{6}$ **5.** 8 **6.** 略

習題 6-4

1. $f(1)=0$, $f(2)=0.6309$, $f(3)=1$, $f\left(\dfrac{1}{2}\right)=-0.6309$, $f\left(\dfrac{1}{3}\right)=-1$

2.

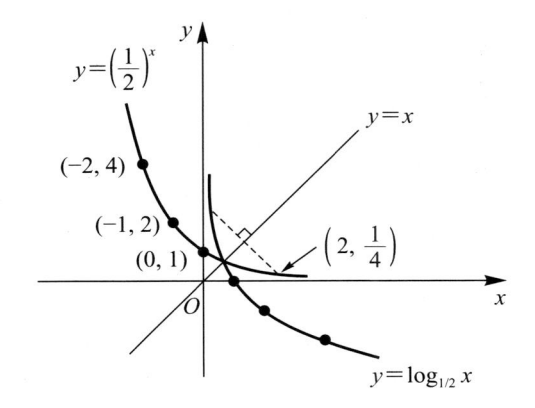

3. $f(g(x))=x$, $g(f(x))=x$ **4.** $f^{-1}(x)=\log_a x\ (x>0)$

5. (1) $D_f = \{x \mid x < 1\}$ (2) $D_f = \{x \mid -2 < x < 2\}$ (3) $D_f = \{x \mid x > 1\}$

習題 6-5

1. (1) 首數為 4，尾數為 $\log 5.16 \fallingdotseq 0.7126$.
   (2) 首數為 -3，尾數為 $\log 4.57 \fallingdotseq 0.6599$.
   (3) 首數為 1，尾數為 $\log 4.31 \fallingdotseq 0.6345$.
2. (1) 首數為 0，尾數為 0.5740.
   (2) 首數為 4，尾數為 0.5740.
   (3) 首數為 -5，尾數為 0.5740.
3. (1) 首數為 -3，尾數為 0.4286.
   (2) 首數為 -6，尾數為 0.4286.
   (3) 首數為 5，尾數為 0.5714.
4. (1) $x = 3.036$ (2) $x = 71.56$ (3) $x = 0.2197$ 5. 16 位數
6. (1) 11 位數 (2) $n = 14$
7. 101 位數   8. $m = 47$，a 之整數部分為 5   9. $x = 0.00555$
10. 228   11. 第 21 位   12. 2.806 立方公尺
13. $n = 7$ 14. 44.70   15. 22518.75   16. 2.0591
17. 2.9842   18. -0.84437 19. 1539.7

第 7 章 方程式

習題 7-1

1. (1) 商式 $= x^2 - \dfrac{5}{3} x - \dfrac{2}{9}$；餘式 $= \dfrac{16}{9}$

   (2) 商式 $= x^3 - 7x^2 + 14x - 6$；餘式 $= -10$

2. (1) $(x+2)(2x-1)(3x+1)$ (2) $(x+1)(2x+1)(x^2+4)$

3. $x = 2$ 為二重根   4. $x^3 + x^2 - 7x - 3 = 0$ 5. $2 - \sqrt{2}$、1 與 2

6. (1) $x = -3$、-2、3   (2) $x = \dfrac{2}{3}$，$\pm \dfrac{\sqrt{7}}{2}$ (3) $x = -3$，$\dfrac{5}{3}$、$2 \pm \sqrt{3}$

(4) $\dfrac{-5-\sqrt{13}}{2}$ 與 $\dfrac{-5+\sqrt{13}}{2}$, $\dfrac{-5-\sqrt{3}i}{2}$ 與 $\dfrac{-5+\sqrt{3}i}{2}$

習題 7-2

1. $x=2$　2. $x=2$　3. $x=2+i$ 與 $x=2-i$　4. $x=3$ 與 $x=\pm\sqrt{2}$

5. $x=-2$ 與 $x=-3$　6. $x=-5$　7. $x=-\dfrac{3}{2}$

習題 7-3

1. $x=2$　2. $x=9$　3. $x=\dfrac{7}{9}$　4. $x=10$　5. $x=4$　6. 無解　7. $x=3$

第 8 章　不等式

習題 8-1

1. $x^3 > x^2-x+1$　2. $(x+5)(x+7) < (x+6)^2$

3. $(2a+1)(a-3) < (a-6)(2a+7)+45$　4. 略　5. 略　6. 略　7. 略

8. 略　9. 略　10. $\sqrt{6}$　11. 略

習題 8-2

1. $x > \dfrac{16}{5}$　2. $x > -\dfrac{15}{7}$　3. $x < -\dfrac{30}{13}$　4. $x < -3$ 或 $x > 2$

5. $x \geq -\dfrac{95}{6}$　6. $x > \dfrac{70}{9}$　7. $x=7$ 或 -8　8. $x \leq -3$ 或 $x=-1$ 或 $x \geq 3$

習題 8-3

1. (1) $\{x\,|\,x\in \mathbb{R}\}$　(2) 無解　(3) $\left\{x\,\Big|\,-\dfrac{1}{8} \leq x \leq \dfrac{3}{2}\right\}$

(4) $\{x\,|\,x\in \mathbb{R},\ x \neq -2\}$　(5) 無解　(6) $x=\dfrac{2}{3}$

(7) $\{x\,|\,x\in \mathbb{R}\}$　(8) $\left\{x\,\Big|\,x\in \mathbb{R},\ x \neq \dfrac{\sqrt{3}}{3}\right\}$

2. $-3 \leq a \leq 1$　3. $7 < k < 9$　4. $\left\{x\,\Big|\,x<1,\ x>\dfrac{3}{2}\right\}$

5. $-2 < x < -1$ 或 $2 < x < 4$

習題 8-4

1. $-4 < x < -2$ 或 $1 < x < 3$ **2.** $2 < x < 3$ 或 $x > 6$

3. $-2 < x \leq -1$ 或 $0 < x < 3$ **4.** $2 \leq x < 3$ 或 $x > 6$

5. $x > 16$ **6.** $x \leq -1$ 或 $x \geq 6$

習題 8-5

1. 反側

2. (1)

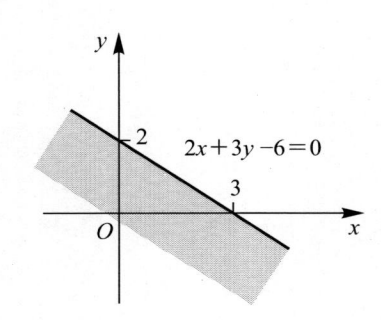

(2)

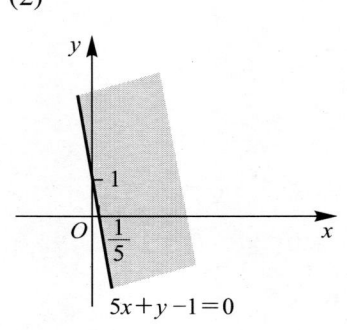

(3)

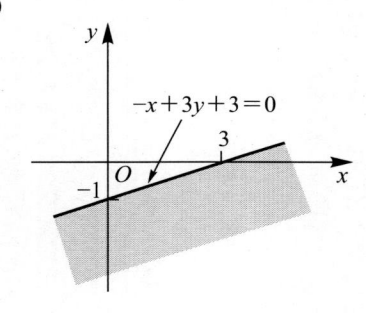

3. (1)

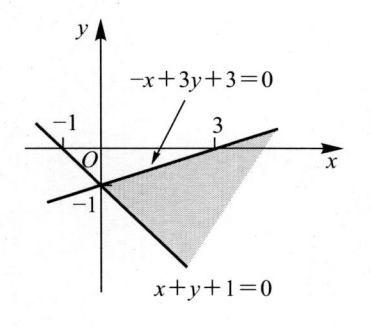

(2)

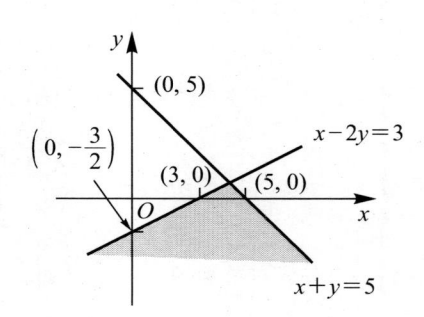

(3)

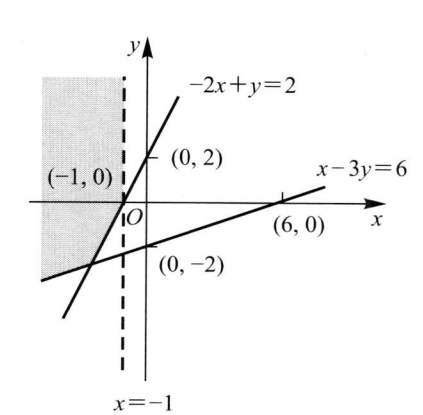

(4)

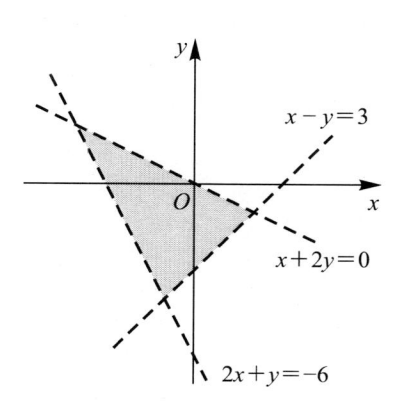

(5)

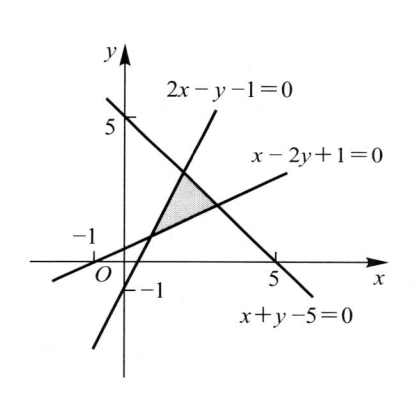

(6)

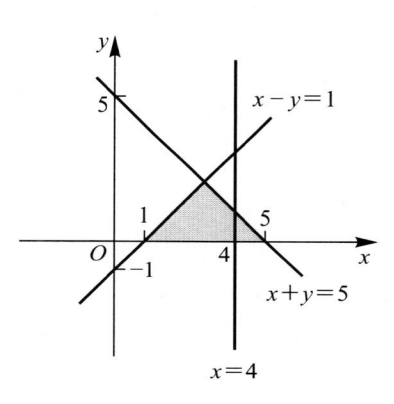

4. (1)

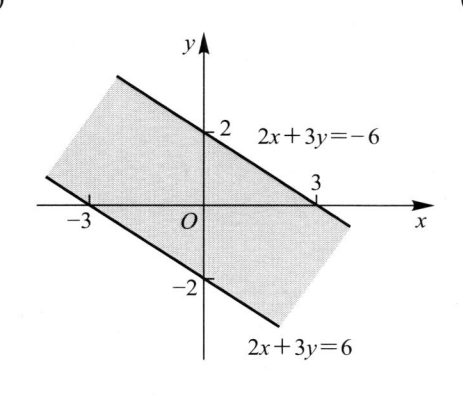

(2)

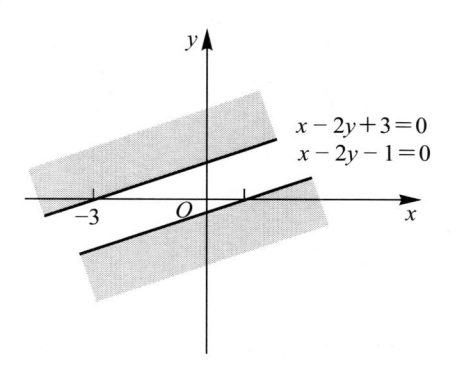

習題 8-6

1. $\dfrac{35}{3}$ **2.** 最大值 28，最小值 0   **3.** 最大值 1，最小值 -9

4. (1) 最大值 7，最小值 3　(2) 最大值 14，最小值 2
5. A：10 噸，B：30 噸，900 萬元　**6.** 各 400 克，128 元
7. 3 片及 9 片，或 4 片及 8 片

第 9 章　矩　陣

習題 9-1

1. (1) 2×1 階　(2) 2×2 階　(3) 2×3 階
　　(4) 1×4 階　(5) 3×4 階

2. $A = \begin{bmatrix} 1 & 0 & 0 \\ 0 & 1 & 0 \\ 0 & 0 & 1 \end{bmatrix}$　　**3.** $A^T = \begin{bmatrix} 2 & 3 & 0 \\ 1 & 7 & -1 \\ 4 & 5 & 9 \end{bmatrix}$

4. [1], [2], [3], [4], $\begin{bmatrix} 1 \\ 2 \end{bmatrix}$, $\begin{bmatrix} 3 \\ 4 \end{bmatrix}$, [1, 3], [2, 4], $\begin{bmatrix} 1 & 3 \\ 2 & 4 \end{bmatrix}$ 共九個.

習題 9-2

1. -1　　**2.** $x = -2$, $y = 3$　　**3.** $X = \begin{bmatrix} \dfrac{7}{3} & \dfrac{1}{3} & -\dfrac{2}{3} \\ 0 & \dfrac{1}{3} & \dfrac{1}{3} \end{bmatrix}$

4. (1) 14　(2) $\begin{bmatrix} 4 & -1 \\ -5 & -11 \end{bmatrix}$　(3) $\begin{bmatrix} 1 & 9 & -9 \\ -5 & 4 & -2 \\ 8 & 5 & -11 \end{bmatrix}$　(4) $\begin{bmatrix} 12 & 23 \\ -7 & 17 \\ 0 & 52 \end{bmatrix}$

5. $\begin{bmatrix} -182 & -232 \\ -2 & 12 \end{bmatrix}$，相等　**6.** $AB = \begin{bmatrix} 1 & 1 & 4 \\ -4 & -1 & -1 \end{bmatrix}$，$BA$ 不可乘

7. $AA^T = [6]$，$A^TA = \begin{bmatrix} 1 & -1 & 0 & 2 \\ -1 & 1 & 0 & -2 \\ 0 & 0 & 0 & 0 \\ 2 & -2 & 0 & 4 \end{bmatrix}$

8. 成本費為 $[1\ 1\ 1\ 1]\begin{bmatrix} 500 \\ 500 \\ 380 \\ 460 \end{bmatrix} = [1840]$

習題 9-3

1. (1) $\begin{bmatrix} 2 & 0 & 4 & 2 \\ -1 & 3 & 1 & 1 \\ 3 & -2 & 5 & 6 \end{bmatrix}$ (2) $\begin{bmatrix} 2 & 0 & 4 & 2 \\ -12 & 8 & -20 & -24 \\ -1 & 3 & 1 & 1 \end{bmatrix}$ (3) $\begin{bmatrix} 0 & 6 & 6 & 4 \\ 3 & -2 & 5 & 6 \\ -1 & 3 & 1 & 1 \end{bmatrix}$

2. A 為簡約列梯陣，B 不是簡約列梯陣，C 不是簡約列梯陣，
   D 為簡約列梯陣，E 不是簡約列梯陣，F 是簡約列梯陣

3. $B = \begin{bmatrix} 1 & 0 & 0 & -\dfrac{1}{6} \\ 0 & 1 & 0 & -\dfrac{1}{6} \\ 0 & 0 & 1 & \dfrac{2}{3} \end{bmatrix}$

4. $\begin{bmatrix} 4 & 0 & -3 & 1 \\ 5 & 1 & 0 & -8 \\ 2 & -5 & 9 & -1 \\ 0 & 3 & -1 & 7 \end{bmatrix} \begin{bmatrix} x_1 \\ x_2 \\ x_3 \\ x_n \end{bmatrix} = \begin{bmatrix} 1 \\ 3 \\ 0 \\ 2 \end{bmatrix}$

5. $\begin{cases} 3x_1 - 2x_2 + x_4 = 0 \\ 5x_1 + 2x_3 - 2x_4 = 0 \\ 3x_1 + x_2 + 4x_3 + 7x_4 = 1 \\ -2x_1 + 5x_2 + x_3 + 6x_4 = 4 \end{cases}$

6. (1) $x_1 = -\dfrac{3}{4}$, $x_2 = -\dfrac{5}{4}$, $x_3 = \dfrac{13}{4}$ (2) $x_1 = 2t$, $x_2 = \dfrac{5t}{3} - \dfrac{1}{3}$, $x_3 = t$, $t \in \mathbb{R}$

7. (1) $x_1 = -\dfrac{3}{4}$, $x_2 = -\dfrac{5}{4}$, $x_3 = \dfrac{13}{4}$ (2) $x_1 = 1$, $x_2 = -1$, $x_3 = 2$

8. (1) 有非零解 (2) 僅有零解

習題 9-4

1. (1) $A^{-1} = \begin{bmatrix} 6 & -1 \\ -5 & 1 \end{bmatrix}$ (2) $A^{-1} = \begin{bmatrix} \dfrac{5}{14} & -\dfrac{3}{14} \\ \dfrac{2}{14} & -\dfrac{4}{14} \end{bmatrix}$

(3) $A^{-1} = \begin{bmatrix} \dfrac{1}{6} & \dfrac{1}{2} & -\dfrac{5}{6} \\ -\dfrac{1}{6} & \dfrac{1}{2} & -\dfrac{2}{3} \\ \dfrac{1}{6} & -\dfrac{1}{2} & \dfrac{7}{6} \end{bmatrix}$

2. (1) $A^{-1} = \begin{bmatrix} 7 & -3 \\ -2 & 1 \end{bmatrix}$ (2) $(A^T)^{-1} = \begin{bmatrix} 7 & -2 \\ -3 & 1 \end{bmatrix}$, $(A^T)^{-1} = (A^{-1})$

3. $\begin{bmatrix} 3 & 5 & 0 \\ 1 & 3 & -3 \\ 7 & 10 & 4 \end{bmatrix}$ **4.** $A = \begin{bmatrix} -\dfrac{1}{4} & \dfrac{1}{4} \\ -\dfrac{3}{16} & \dfrac{1}{8} \end{bmatrix}$ **5.** $X = \begin{bmatrix} 4 \\ 1 \\ 4 \end{bmatrix}$ **6.** $x_1 = 5$, $x_2 = -1$

第 10 章 行列式

習題 10-1

1. (1) 54，53，51，52，21 等五個逆序

(2) 42，41，43，52，51，53，21 等七個逆序

(3) 42，41，43，21 等四個逆序

(4) 32，54，52，42 等四個逆序

(5) 32，31，52，54，51，21，41 等七個逆序

(6) 沒有逆序

2. (1) 偶排列 (2) 奇排列 (3) 偶排列 (4) 奇排列 (5) 偶排列 (6) 偶排列

習題 10-2

1. 7 **2.** 2 **3.** 30 **4.** −24 **5.** −30

習題 10-3

1. (1) 4 (2) −8 (3) −4 **2.** 略 **3.** (1) 72 (2) 0 (3) −120 (4) −30 **4.** 略

習題 10-4

1. $A_{11}=-11$, $A_{12}=29$, $A_{13}=1$, $A_{21}=-4$, $A_{22}=7$, $A_{23}=-2$, $A_{31}=2$, $A_{32}=-10$, $A_{33}=1$

2. $A_{13}=-9$, $A_{23}=0$, $A_{33}=3$, $A_{43}=-2$ **3.** −43 **4.** 75 **5.** 13 **6.** 9 **7.** 0

習題 10-5

1. (1) $\operatorname{adj} A = \begin{bmatrix} 24 & -42 & -30 \\ 19 & -2 & -30 \\ -4 & 32 & 30 \end{bmatrix}$ (2) $|A|=150$ (3) 略

2. (1) $A^{-1} = \begin{bmatrix} \dfrac{2}{9} & -\dfrac{1}{9} \\ \dfrac{1}{6} & \dfrac{1}{6} \end{bmatrix}$ (2) $A^{-1} = \begin{bmatrix} \dfrac{3}{14} & -\dfrac{3}{7} & \dfrac{1}{7} \\ \dfrac{1}{7} & \dfrac{5}{7} & -\dfrac{4}{7} \\ -\dfrac{1}{14} & \dfrac{1}{7} & \dfrac{2}{7} \end{bmatrix}$

(3) $A^{-1} = \begin{bmatrix} 1 & 0 & -1 \\ -2 & \dfrac{1}{2} & \dfrac{5}{2} \\ -1 & 0 & 2 \end{bmatrix}$

3. (1) 非奇異矩陣 (2) 奇異矩陣 (3) 非奇異矩陣

習題 10-6

1. $x_1 = -\dfrac{1}{2}$, $x_2 = 2$, $x_3 = -1$ **2.** $x_1 = -2$, $x_2 = 0$, $x_3 = 1$

3. $x_1 = \dfrac{22}{5}$, $x_2 = -\dfrac{26}{5}$, $x_3 = \dfrac{12}{5}$